国家精品课程配套教材

机械原理考研指导及实战训练

闫　辉　焦映厚　主编

哈爾濱工業大學出版社

内 容 简 介

本书是为高等学校本科生复习和考研而编写的“机械原理”课程复习指导书，主要帮助学生解决学习本课程的基本要求、重点和难点等问题。特别是针对“机械原理”课程解题方法和思路较难掌握的特点，本书每章“例题精选与答题技巧”部分列举了大量例题，并给出了详细的解答。

本书主要内容包括：平面机构的结构分析；连杆机构分析和设计；凸轮机构及其设计；齿轮机构及其设计；轮系；其他常用机构；机械的运转及其速度波动的调节；机械的平衡。各章均包括基本要求、内容提要（重点和难点）、例题精选与答题技巧、思考题与习题。思考题与习题部分按章节给出了近年来硕士研究生入学考试机械原理试题，供学生复习时使用。本书内容全面、重难点突出、例题量大，具有较强的指导性，是一本有效的“机械原理”课程复习和考研指导书。

图书在版编目（CIP）数据

机械原理考研指导及实战训练/闫辉，焦映厚主编
.—哈尔滨：哈尔滨工业大学出版社，2021.8
ISBN 978-7-5603-9568-5

Ⅰ.①机… Ⅱ.①闫… ②焦… Ⅲ.①机械原理-研究生-入学考试-自学参考资料 Ⅳ.①TH111

中国版本图书馆 CIP 数据核字（2021）第 128824 号

策划编辑　黄菊英　王桂芝
责任编辑　陈雪巍
出版发行　哈尔滨工业大学出版社
社　　址　哈尔滨市南岗区复华四道街 10 号　邮编 150006
传　　真　0451-86414749
网　　址　http://hitpress.hit.edu.cn
印　　刷　哈尔滨市工大节能印刷厂
开　　本　787 mm×1 092 mm　1/16　印张 11.25　字数 267 千字
版　　次　2021 年 8 月第 1 版　2021 年 8 月第 1 次印刷
书　　号　ISBN 978-7-5603-9568-5
定　　价　42.00 元

前　言

“机械原理”是高等工科学校机械类专业普遍开设的一门重要技术基础课，也是机械类专业硕士研究生入学考试的重要考试科目之一。随着招生规模的不断扩大和选考“机械原理”或“机械设计基础”考生人数的逐年增加，每年都有大量考生想要购买考研相关复习资料。为了帮助考生系统地复习本门课程，编者结合多年的教学经验和体会，在参阅大量相关参考书的基础上，编写了这本《机械原理考研指导及实战训练》。本书可有效地指导和帮助本科生与考研同学复习本课程。

考虑到课程的特点和考生的实际需求，本书所使用的教材和考研指定参考书配合使用，期望起到辅助和指导的作用。编写本书的目的是帮助考生明确本门课程的基本要求、重点和难点，特别是帮助考生解决“基本内容自认为比较熟悉或已掌握，但是一做题就感觉较难，甚至有些题目感觉无从下手”的问题。针对这一情况，本书在每一章节的“试题精选与答题技巧”部分列举了大量例题，指出了解题要点和详细的解题过程，力图使备考者融会贯通、深刻全面地掌握本门课程的知识点和解题难点，扩大其解题思路，培养分析和解决问题的能力。同时在每章的最后给出了部分思考题和习题，并包含近年来硕士研究生入学考试真题，以便考生复习时试做。

本书主要是针对报考机械类专业硕士研究生的考生编写的，同时也兼顾了本、专科生期末复习备考。特别指出的是，近年来随着“机械原理”课程教学体系改革的深入进行，各高等学校使用的教材不同，同一课程讲授范围和考试重点也有一些差别。请读者在使用中给予关注。

本书主要与高等教育出版社出版的《机械原理》（邓宗全等主编）和《机械原理》（孙桓等主编）两本教材配合使用。

本书在修订过程中，得到了哈尔滨工业大学机械设计系诸多老师的支持与帮助，编者在此表示由衷的感谢。

限于编者的能力和水平，书中难免存在疏漏之处，欢迎使用本书的读者提出宝贵意见。

编　者

2021 年 5 月

目　录

第1章 平面机构的结构分析

1.1 基本要求

（1）掌握组成机构的零件、构件、运动副、运动链及机构的基本概念和联系；掌握运动副的常用类型及特点。

（2）掌握常用机构构件和运动副的简图符号及机构运动简图的绘制方法。

（3）掌握机构自由度的意义和机构具有确定运动的条件；掌握平面机构自由度的计算公式，并正确识别出机构中存在的复合铰链、局部自由度和虚约束，并做出正确处理。

（4）掌握机构的组成原理和结构分析方法，重点掌握用基本杆组法进行机构的结构分析。

1.2 内容提要

1.2.1 本章重点

本章重点是有关机构组成中的构件、运动副、运动链及机构等概念；机构具有确定运动的条件，机构运动简图的绘制和平面机构自由度的计算；机构的组成分析和机构的级别判别。

1. 机构组成的基本概念及机构具有确定运动的条件

构件是机构运动的单元体，是组成机构的基本要素。而零件是制造的单元体。实际的构件可以是一个零件，也可以是由若干个零件固连在一起组成的一个独立运动的整体，是机构运动的单元体。

运动副是由两构件直接接触而又能产生一定相对运动的可动连接，也是组成机构的又一基本要素。把两构件参与接触而构成运动副的部分，称为运动副元素。运动副可按其接触形式，分为高副（即点或线接触的运动副）和低副（即面接触的运动副）；又可按所能产生相对运动的形式，分为转动副、移动副、螺旋副及球面副等。由于两构件构成运动副之后，它们之间能产生何种相对运动，取决于该运动副所引入约束的情况，所以运动副常根据其所引入约束的数目，分为Ⅰ级副、Ⅱ级副、Ⅲ级副、Ⅳ级副、Ⅴ级副五类。常用运动副及其简图见表1.1所示。

运动链是由两个或两个以上构件通过运动副连接而构成的相对可动的系统。如果运动链中构件构成首末封闭的系统，则称为闭式链，否则称为开式链。

表 1.1 常用运动副及其简图

名称	图形	简图符号	副级	自由度	名称	图形	简图符号	副级	自由度
球面高副			I	5	圆柱套筒副			IV	2
柱面高副			II	4	转动副		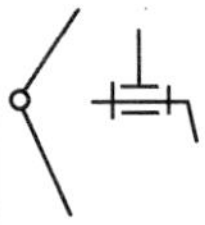	V	1
球面低副	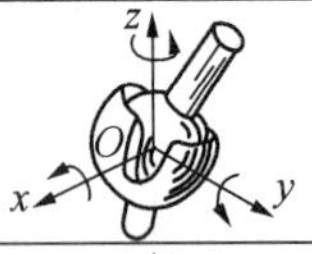		III	3	移动副	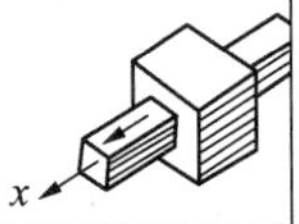	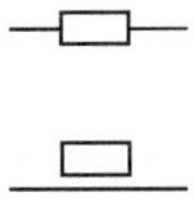	V	1
球销副	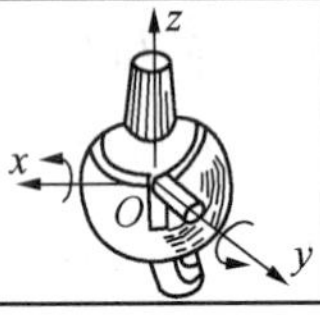		IV	2	螺旋副	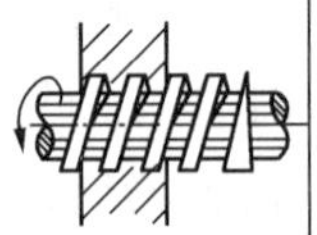	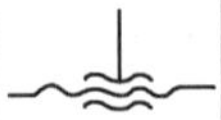	V	1

如果将运动链中的一个构件固定作为参考系,则这种运动链就成为机构。从结构功能来理解,机构是一种用来传递运动和力的可动装置;从机器的特征来看,机构是具有相对运动规律的构件组合;而从机构组成来看,机构是具有固定构件的运动链。机构中的固定构件,称为机架;按给定已知运动规律独立运动的构件,称为原动件;而其余活动构件,称为从动件。从动件的运动规律决定于原动件的运动规律和机构的结构。

机构的自由度是机构具有确定位置时所必须给定的独立运动参数数目。在机构中引入独立运动参数的方式,通常是使其原动件按给定的某一运动规律运动,所以,可以认为机构的自由度也就是机构应当具有的原动件数目。机构的自由度 F、机构原动件的数目和机构的运动有着密切的关系:① 若机构自由度 $F \leqslant 0$,则机构不能动;② 若 $F>0$ 且与原动件数相等,则机构各构件间的相对运动是确定的,因此,机构具有确定运动的条件是机构的原动件数等于机构的自由度数;③ 若 $F>0$,而原动件数小于 F,则构件间的运动是不确定的;④ 若 $F>0$,而原动件数大于 F,则构件间不能运动或产生破坏。

2. 机构运动简图的绘制

为了便于研究机构的运动,可以撇开构件、运动副的外形和具体构造,而只用简单的线条和符号代表构件和运动副,并按比例定出各运动副的位置,表示机构的组成和传动情况。这样绘制出能够准确表达机构运动特性的简明图形,就称为机构运动简图。机构运动简图与原机构具有完全相同的运动特性,故可以根据运动简图对机构进行运动分析和动力分析。

有时,只是为了表明机构的运动状态或各构件的相互关系,也可以不按比例来绘制运动简图,通常把这样的简图称为机构示意图。

表 1.2 给出了绘制机构运动简图时的常用机构示意图代表符号(摘自GB/T 4460—2013《机械制图 机械运动简图用图形符号》)。

表 1.2　常用机构示意图代表符号

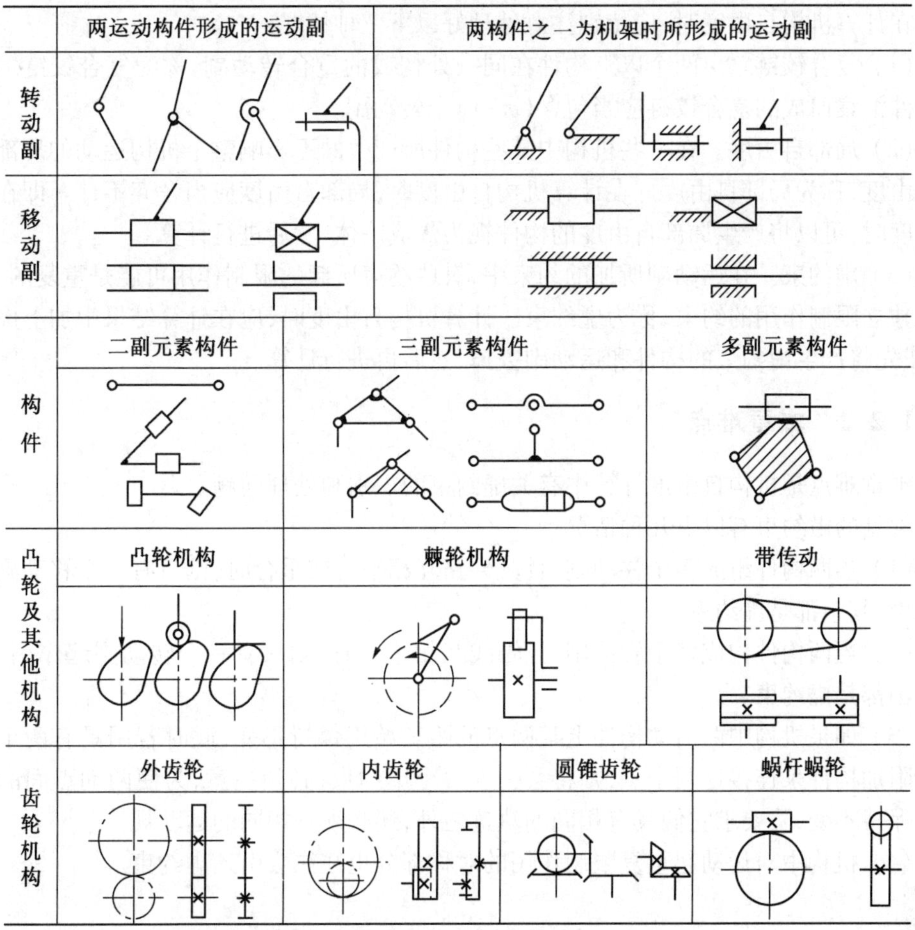

	两运动构件形成的运动副		两构件之一为机架时所形成的运动副	
转动副				
移动副				
	二副元素构件	三副元素构件	多副元素构件	
构件				
凸轮及其他机构	凸轮机构	棘轮机构	带传动	
齿轮机构	外齿轮	内齿轮	圆锥齿轮	蜗杆蜗轮

绘制机构运动简图时应注意的问题：

(1) 必须搞清楚机械的实际构造和运动情况。首先确定机构的原动件和执行构件，两者之间为传动部分，由此确定组成机构的所有构件，然后确定构件间运动副的类型。

(2) 恰当地选择投影面。一般选择与多数构件的运动平面相平行的面为投影面，必要时也可以就机械的不同部分选择两个或两个以上的投影面，然后展开到同一平面上。

(3) 做完上述准备工作之后，便可选择适当的比例尺，根据机构的运动尺寸定出各运动副之间的相对位置，然后用规定的符号画出各类运动副，并将同一构件上的运动副符号用简单线条连接起来，这样便可绘制出机构的运动简图。总之，绘制机构运动简图要以正确、简单、清晰为原则。

3. 机构自由度的计算

平面机构自由度的计算公式为

$$F=3n-2P_L-P_H \tag{1.1}$$

式中　n——机构中活动构件的数目；

P_L——机构中低副的数目；

P_H——机构中高副的数目。

在计算机构自由度时,应特别注意处理好以下三种情况:

(1) 复合铰链。由两个以上构件在同一处构成的重合转动副,称为复合铰链。由 m 个构件汇集而成的复合铰链应当包含$(m-1)$个转动副。

(2) 局部自由度。在一些机构中某些构件所产生的不影响整个机构运动的局部运动的自由度,称为局部自由度。在计算机构自由度时,局部自由度应当舍弃不计。即在计算自由度时,可以将产生局部自由度的构件视为焊成一体,然后进行计算。

(3) 虚约束。在运动副所加的约束中,有些约束所起的限制作用可能是重复的,这种不起独立限制作用的约束,称为虚约束。计算机构自由度时,应在计算结果中加上虚约束数;或先将产生虚约束的构件和运动副去掉,然后再进行计算。

1.2.2 本章难点

本章难点是机构自由度计算中有关虚约束的识别和处理问题。

常见的虚约束有以下几种情况:

(1) 当两构件组成多个移动副,且其导路互相平行或重合时,则只有一个移动副起约束作用,其余都是虚约束。

(2) 当两构件构成多个转动副,且轴线互相重合时,则只有一个转动副起作用,其余转动副都是虚约束。

(3) 如果机构中两活动构件上某两点的距离始终保持不变,此时若用具有两个转动副的附加构件来连接这两个点,则将会引入一个虚约束;必须注意,为使两动点间的距离始终保持不变,除要求它们具有相同的轨迹之外,还必须有相同的运动规律。

(4) 机构中对运动起重复限制作用的对称部分也往往会引入虚约束。

1.3 例题精选与答题技巧

【例 1.1】 图 1.1(a)所示为牛头刨床设计方案草图。设计思路为:动力由曲柄 1 输入,通过滑块 2 使摆动导杆 3 做往复摆动,并带动滑枕 4 做往复移动,以达到刨削的目的。试问图示的构件组合是否能达到此目的? 如果不能,该如何修改?

解题要点:

① 增加一个低副和一个活动构件;

② 用一个高副代替低副。

【解】 首先根据图 1.1(a)所示方案草图计算自由度,即

$$n=4 \qquad P_L=6 \qquad P_H=0$$

$$F=3n-2P_L-P_H=3\times4-2\times6-0=0$$

说明如果按此方案设计不能成为机构,是不能运动的。必须做修改,以达到设计的目的。

修改方案如图 1.1(b) ~1.1(i)所示。

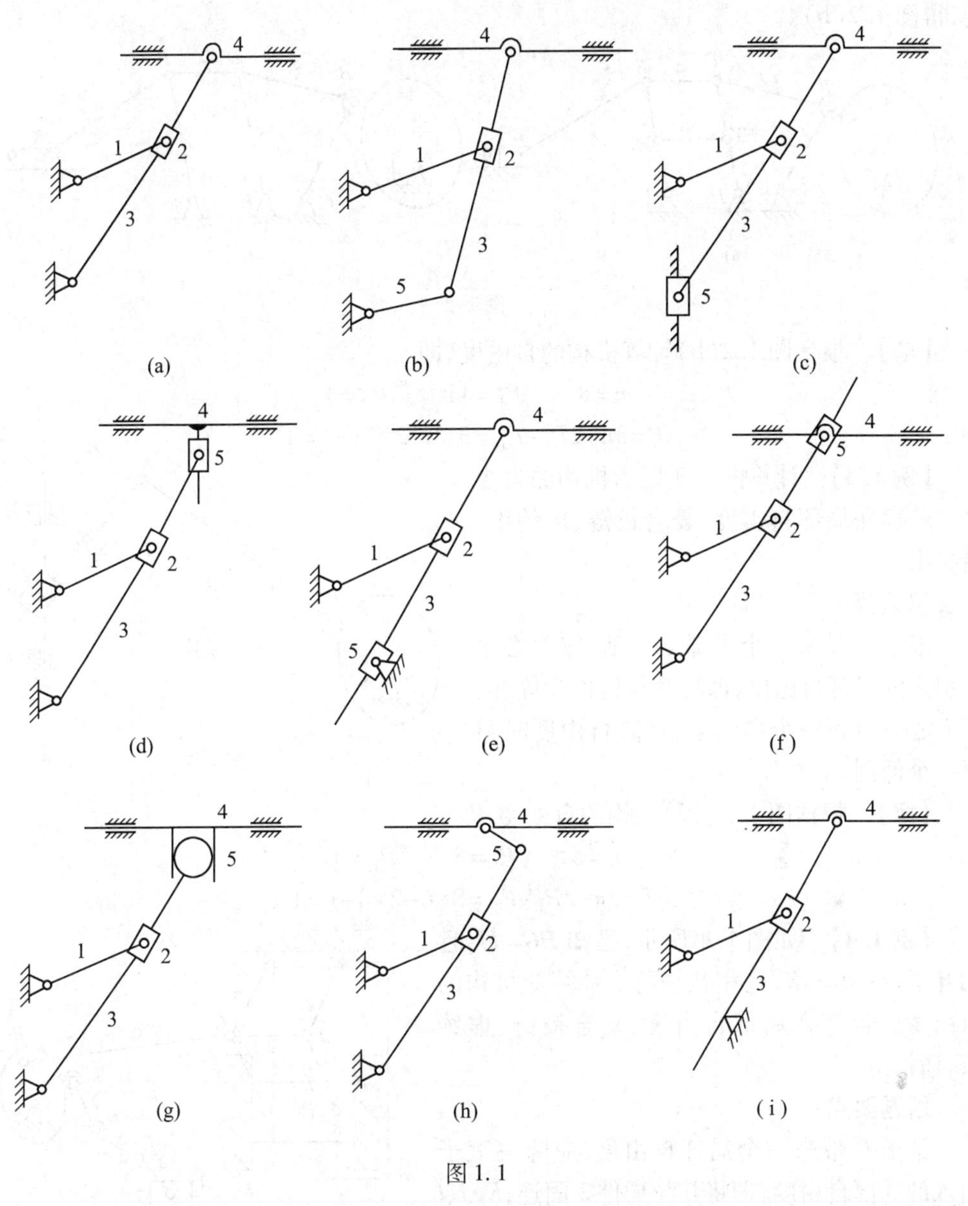

图 1.1

【例 1.2】 如图 1.2(a)所示,已知 $DE=FG=HI$,且相互平行;$DF=EG$,且相互平行;$DH=EI$,且相互平行。计算此机构的自由度。若存在局部自由度、复合铰链、虚约束,请指出。

解题要点:

这是同时具有复合铰链、局部自由度和虚约束的典型例题。计算自由度时,要注意 D、E 为复合铰链;滚子绕自身几何中心 B 的转动自由度为局部自由度;由于 $DFHIGE$ 的特殊几何关系,构件 FG 的存在只是为了改善平行四边形 $DHIE$ 的受力状况等,对整个机构的受力不起约束作用,故 FG 杆及其两端的转动副所引入的约束为虚约束。在计算机构自由度时,除去 FG 杆及其带入的约束、除去滚子引入的局部自由度,并将其与杆 2 固连，得图 1.2(b)。

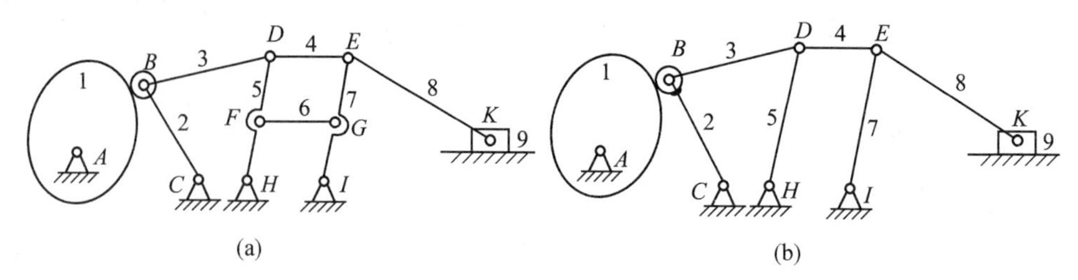

图 1.2

【解】　根据图 1.2(b)计算机构的自由度，即

$$n=8 \qquad P_L=11 \qquad P_H=1$$

$$F=3n-2P_L-P_H=3\times8-2\times11-1=1$$

【例 1.3】　计算图 1.3 所示机构的自由度。若存在局部自由度、复合铰链、虚约束，请指出。

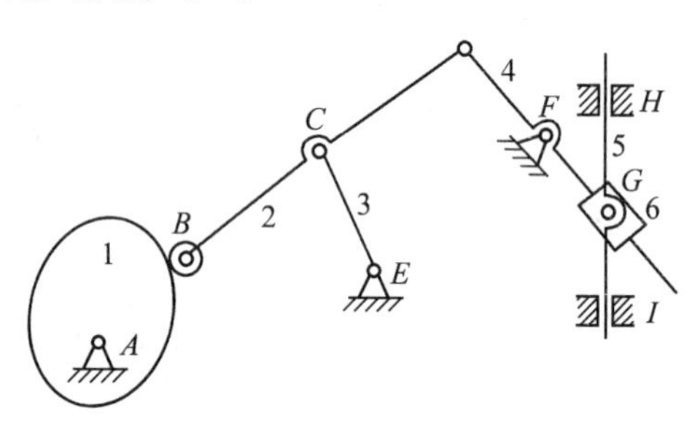

图 1.3

解题要点：

滚子 B 带来一个局部自由度，应除去滚子引入的局部自由度，即将其与构件 2 固连；H、I 之一引入一个虚约束，计算自由度时只算一个低副。

【解】　根据图 1.3 计算机构的自由度，即

$$n=6 \qquad P_L=8 \qquad P_H=1$$

$$F=3n-2P_L-P_H=3\times6-2\times8-1=1$$

【例 1.4】　如图 1.4 所示，已知 $HG=IJ$，且相互平行；$GL=JK$，且相互平行。计算此机构的自由度。若存在局部自由度、复合铰链、虚约束，请指出。

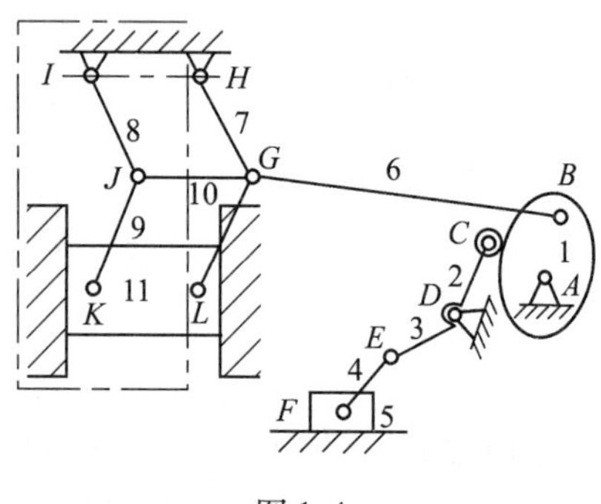

图 1.4

解题要点：

滚子 C 带来一个局部自由度，应除去滚子引入的局部自由度，即将其与构件 2 固连；K、J、I 和 G 为虚约束，计算自由度时应不予考虑；G 为复合铰链。

【解】　根据图 1.4 计算机构的自由度，即

$$n=8 \qquad P_L=11 \qquad P_H=1$$

$$F=3n-2P_L-P_H=3\times8-2\times11-1=1$$

【例 1.5】　计算如图 1.5 所示机构的自由度。若存在局部自由度、复合铰链、虚约束，请指出。

解题要点：

注意 C 为复合铰链。

【解】　根据图 1.5 计算机构的自由度，即

$$n=7 \qquad P_{\mathrm{L}}=10 \qquad P_{\mathrm{H}}=0$$

$$F=3n-2P_{\mathrm{L}}-P_{\mathrm{H}}=3\times7-2\times10-0=1$$

【例 1.6】　计算如图 1.6 所示机构的自由度。若存在局部自由度、复合铰链、虚约束，请指出。

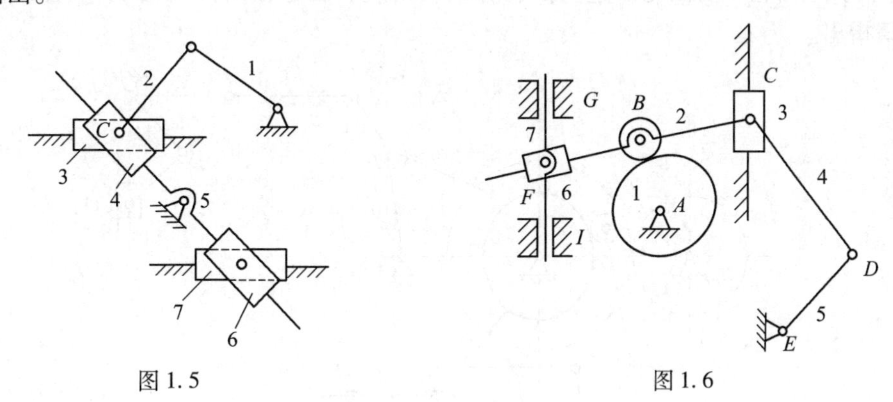

图 1.5　　　　　　图 1.6

解题要点：

C 为复合铰链；G、I 之一为虚约束；滚子 B 带来一个局部自由度，应除去滚子引入的局部自由度，即将其与构件 2 固连。

【解】　根据图 1.6 计算机构的自由度，即

$$n=7 \qquad P_{\mathrm{L}}=9 \qquad P_{\mathrm{H}}=1$$

$$F=3n-2P_{\mathrm{L}}-P_{\mathrm{H}}=3\times7-2\times9-1=2$$

【例 1.7】　计算如图 1.7 所示机构的自由度，$GI=HI=IJ$（若存在局部自由度、复合铰链、虚约束，请指出）。

解题要点：

D 为复合铰链；HI 或滑块 9 之一为虚约束；滚子 B 带来一个局部自由度，应除去滚子引入的局部自由度，即将其与构件 2 固连。

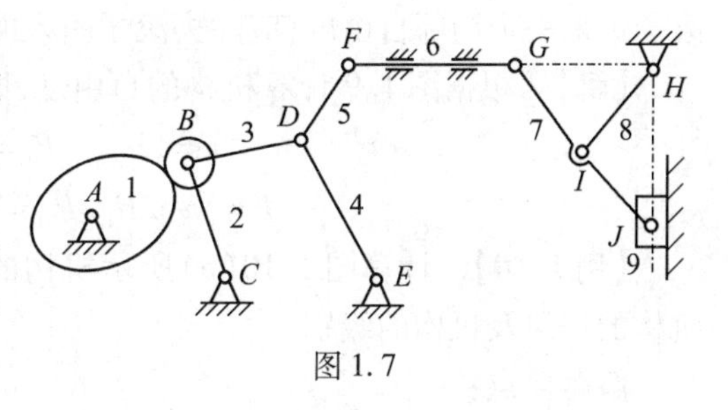

图 1.7

【解】　根据图 1.7 计算机构的自由度，即

$$n=8 \qquad P_{\mathrm{L}}=11 \qquad P_{\mathrm{H}}=1$$

$$F=3n-2P_{\mathrm{L}}-P_{\mathrm{H}}=3\times8-2\times11-1=1$$

【例 1.8】　计算如图 1.8 所示机构的自由度，$\triangle ECF\cong\triangle HDG$，且 $FCDG$ 为平行四边形。若存在局部自由度、复合铰链、虚约束，请指出。

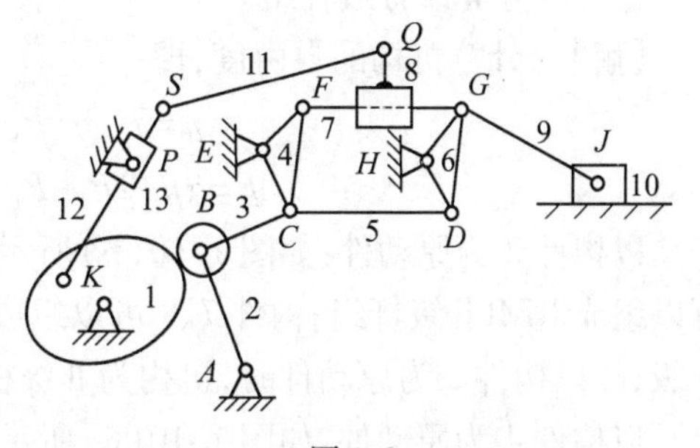

图 1.8

解题要点：

G 为复合铰链；CD 为虚约束；滚子 B 带来一个局部自由度，应除去滚子引入的局部自由度，即将其与构件 2 固连。

【解】 根据图 1.8 计算机构的自由度,即

$$n=12 \qquad P_{\mathrm{L}}=17 \qquad P_{\mathrm{H}}=1$$

$$F=3n-2P_{\mathrm{L}}-P_{\mathrm{H}}=3\times12-2\times17-1=1$$

【例 1.9】 如图 1.9 所示,已知 $AD/\!/BE/\!/CF$,并且 $AD=BE=CF$;$LN=MN=NO$,构件 1、2 为齿轮,且齿轮 2 与凸轮固连。试计算其自由度。若存在局部自由度、复合铰链、虚约束,请指出。

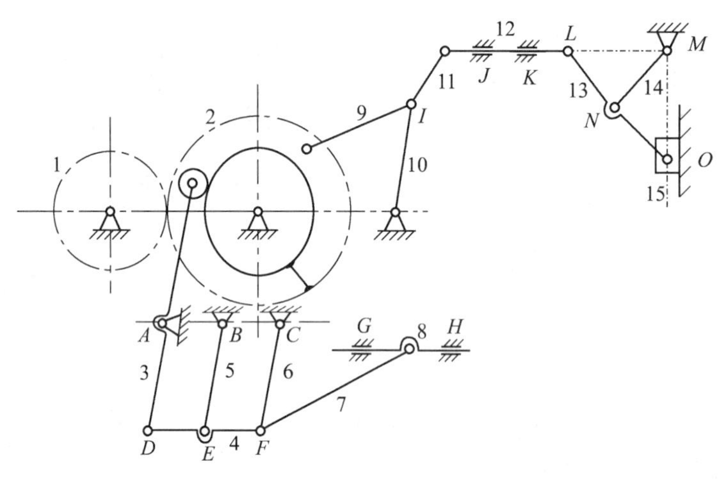

图 1.9

解题要点:

F、I 为复合铰链;BE、MN 或滑块 15 之一为虚约束,G、H 之一及 J、K 之一为虚约束;滚子带来一个局部自由度,应除去滚子引入的局部自由度,即将其与构件 3 固连。

【解】 根据图 1.9 计算机构的自由度,即

$$n=13 \qquad P_{\mathrm{L}}=18 \qquad P_{\mathrm{H}}=2$$

$$F=3n-2P_{\mathrm{L}}-P_{\mathrm{H}}=3\times13-2\times18-2=1$$

【例 1.10】 计算图 1.10(a)所示机构的自由度,分别以构件 2、4、8 为原动件,确定机构的杆组及机构的级别。

解题要点:

正确区分Ⅱ或Ⅲ级杆组。

【解】 计算机构的自由度,即

$$n=7 \qquad P_{\mathrm{L}}=10 \qquad P_{\mathrm{H}}=0$$

$$F=3n-2P_{\mathrm{L}}-P_{\mathrm{H}}=3\times7-2\times10-0=1$$

以构件 2 为原动件:如图 1.10(b)所示,构件 3、4 可以组成 RRPⅡ级杆组;构件 5、6 可以组成 RRRⅡ级杆组;构件 7、8 可以组成 RRPⅡ级杆组。该机构的基本杆组最高级为Ⅱ级,故以构件 2 为原动件时,机构为Ⅱ级机构。

以构件 4 为原动件:如图 1.10(c)所示,构件 2、3 可以组成 RRRⅡ级杆组;构件 5、6 可以组成 RRRⅡ级杆组;构件 7、8 可以组成 RRPⅡ级杆组。该机构的基本杆组最高级为Ⅱ级,故以构件 4 为原动件时,机构为Ⅱ级机构。

以构件 8 为原动件：如图 1.10(d)所示，构件 6、7 可以组成 RRRⅡ级杆组；构件 2、3、4、5 可以组成Ⅲ级杆组；该机构的基本杆组最高级为Ⅲ级，故以构件 8 为原动件时，机构为Ⅲ级机构。

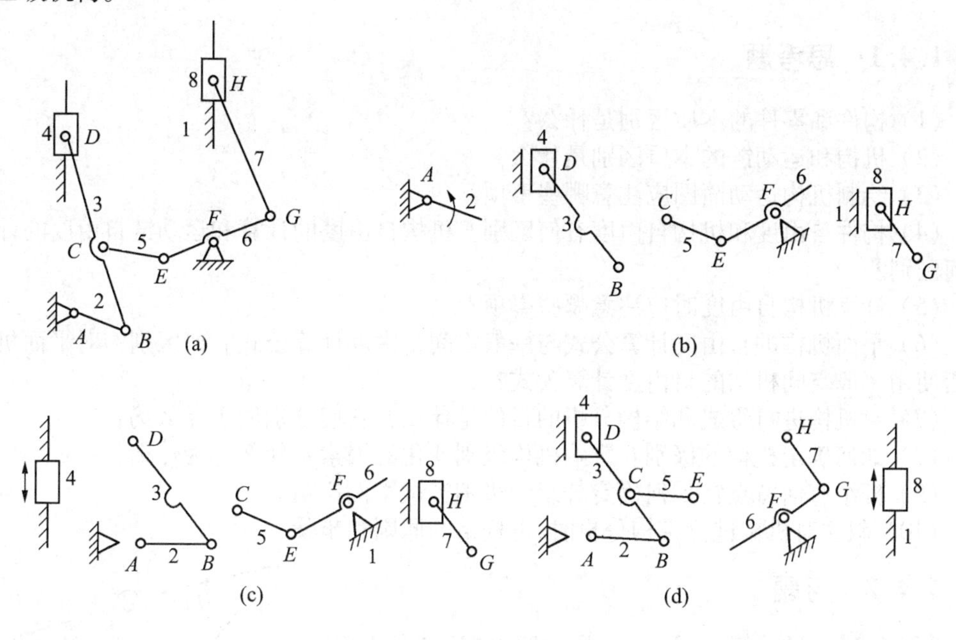

图 1.10

【例 1.11】　计算图 1.11(a)所示机构的自由度，并确定机构的杆组及机构的级别。

解题要点：

正确区分Ⅱ级或Ⅲ级杆组。

【解】　计算机构的自由度，即

$$n=9 \qquad P_{\mathrm{L}}=13 \qquad P_{\mathrm{H}}=0$$

$$F=3n-2P_{\mathrm{L}}-P_{\mathrm{H}}=3\times9-2\times13-0=1$$

如图 1.11(b)所示，构件 2、3 可以组成 RRRⅡ级杆组；构件 4、5、6、7 可以组成Ⅲ级杆组；构件 8、9 可以组成 RRRⅡ级杆组；该机构的基本杆组最高级为Ⅲ级，故机构为Ⅲ级机构。

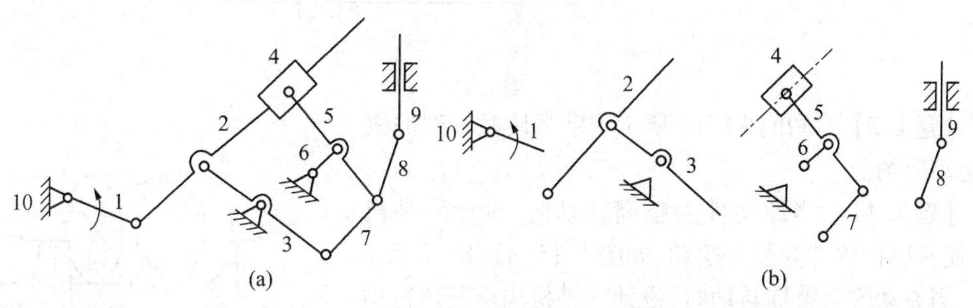

图 1.11

1.4　思考题与习题

1.4.1　思考题

(1) 构件和零件的本质区别是什么?

(2) 机构和运动链的本质区别是什么?

(3) 绘制机构运动简图应注意哪些事项?

(4) 构件自由度和机构自由度有何区别? 机构自由度的计算和运动链自由度的计算有何区别?

(5) 计算机构自由度时应注意哪些事项?

(6) 平面机构的自由度计算公式与一般空间自由度计算公式有何区别? 对平面机构能否使用一般空间机构的自由度计算公式?

(7) 对机构进行组成和结构分析的目的是什么? 它们分别用于什么场合?

(8) 如何确定机构的级别? 影响机构级别变化的因素是什么? 为什么?

(9) 杆组有何特点? 如何确定杆组的级别? 试举例说明。

(10) 叙述对机构进行结构分析时,拆杆组的原则和步骤。

1.4.2　习题

【题 1.1】 试验算如图 1.12 所示机构的运动是否确定? 如果机构的运动不确定,请提出使此机构具有确定运动的修改方案。

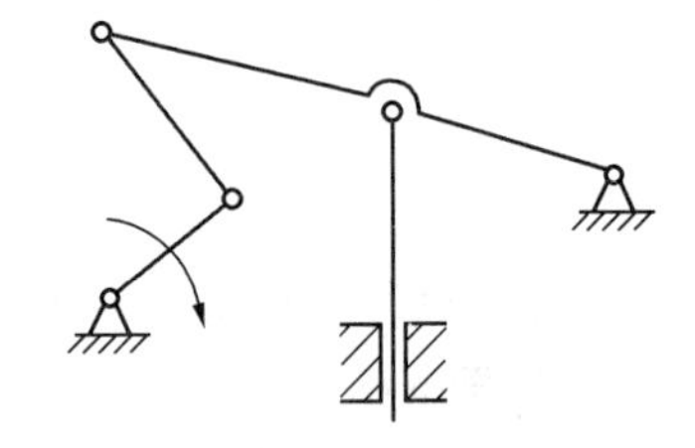

图 1.12

【题 1.2】 计算图 1.13 所示机构的自由度,机构中 $CD=DE=DF$, $EC\perp CF$。若机构中有复合铰链、局部自由度、虚约束,请在图中标出。

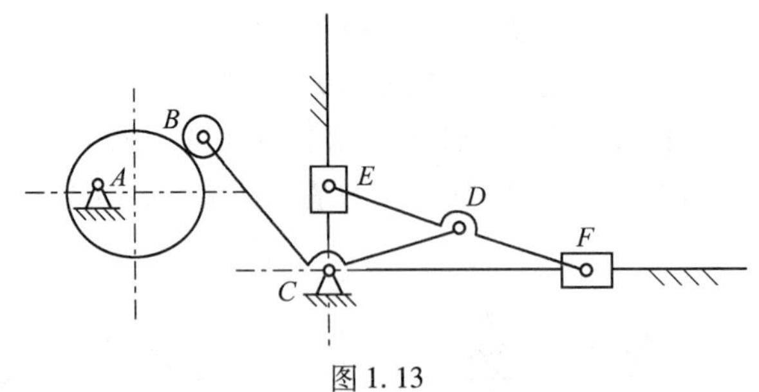

图 1.13

【题 1.3】 画出图 1.14 所示十字滑块联轴器的机构运动简图。

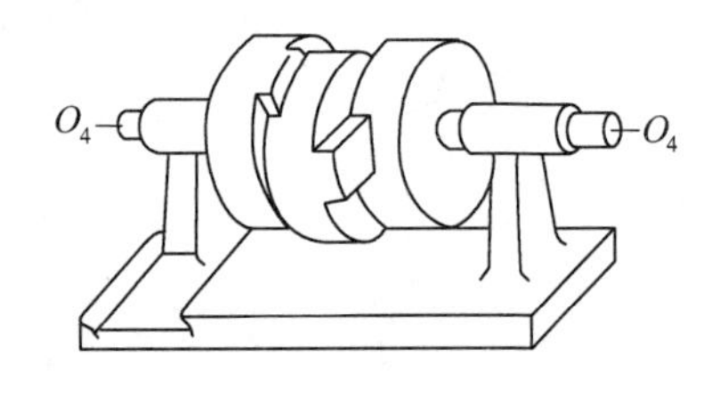

图 1.14

【题 1.4】 当原动件为整周转动时,设计一种机构,使其执行构件为往复摆动,如图 1.15(a)(b)所示。

当原动件为整周转动时,设计一种机构使其执行构件为往复直线运动,如图 1.15(c)(d)所示。

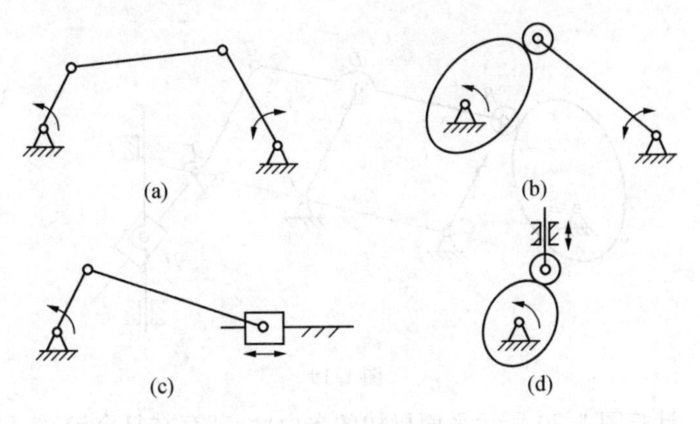

图 1.15

【题 1.5】　如图 1.16 所示机构中，已知 ML 与 ON 平行且相等，ON 与 PQ 平行且相等，$HI=HG=HJ$，求该机构的自由度。若有复合铰链、局部自由度及虚约束，请指出。

【题 1.6】　计算图 1.17 所示平面机构的自由度。若存在复合铰链、局部自由度及虚约束，请指出。

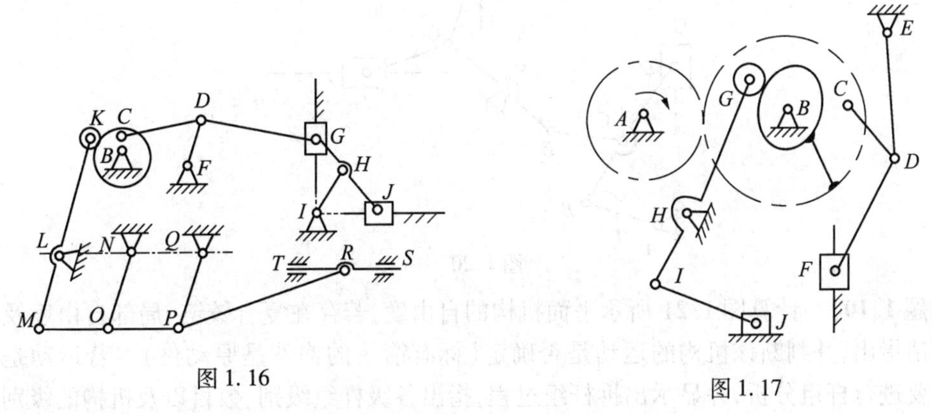

图 1.16　　　　图 1.17

【题 1.7】　计算图 1.18 所示平面机构的自由度。若存在复合铰链、局部自由度及虚约束，请指出。

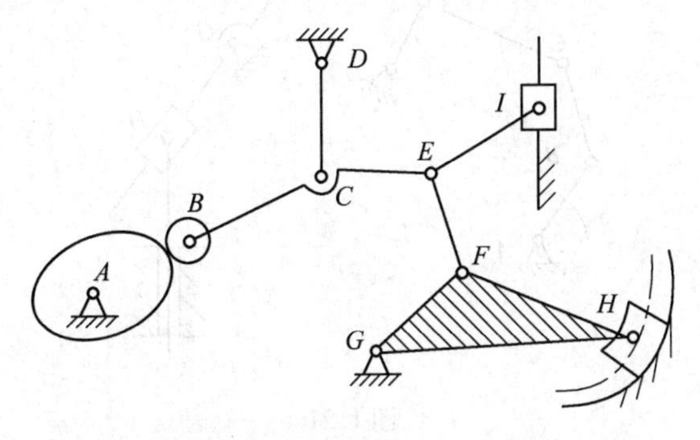

图 1.18

【题 1.8】　计算图 1.19 所示平面机构的自由度，$BC \parallel DE \parallel GF$，且分别相等。若存在复合铰链、局部自由度及虚约束，请指出。

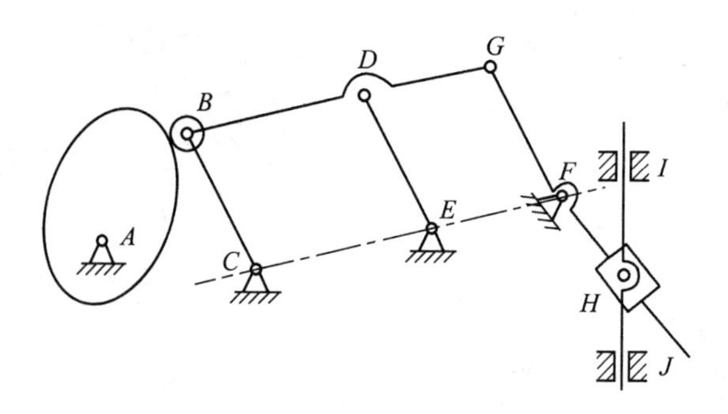

图 1.19

【题 1.9】 计算图 1.20 所示平面机构的自由度,若存在复合铰链、局部自由度及虚约束,请指出,并判断该机构的运动是否确定(标有箭头的构件是原动件)。若运动是确定的,要进行杆组分析,并显示出拆杆组过程,指出各级杆组级别、数目以及机构的级别。

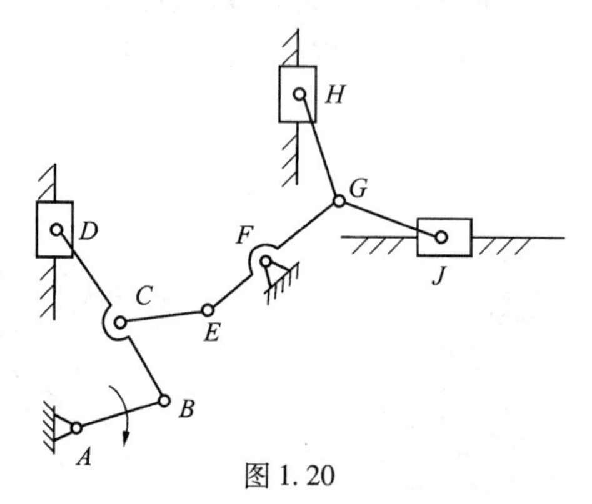

图 1.20

【题 1.10】 计算图 1.21 所示平面机构的自由度,若存在复合铰链、局部自由度及虚约束,请指出,并判断该机构的运动是否确定(标有箭头的构件是原动件)。若运动是确定的,要进行杆组分析,并显示出拆杆组过程,指出各级杆组级别、数目以及机构的级别。

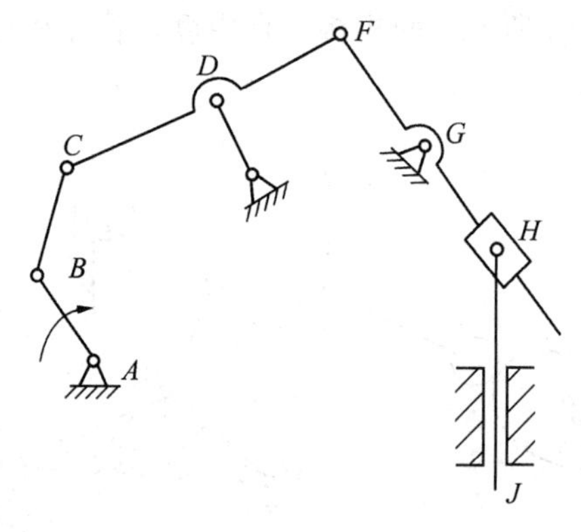

图 1.21

【题 1.11】 计算如图 1.22 所示的平面机构自由度。若存在复合铰链、局部自由度及虚约束,请指出。

【题 1.12】 计算如图 1.23 所示运动链的自由度。若有复合铰链、局部自由度和虚约束,请明确指出。若以构件 AB 为原动件,请判断运动链的运动是否确定。

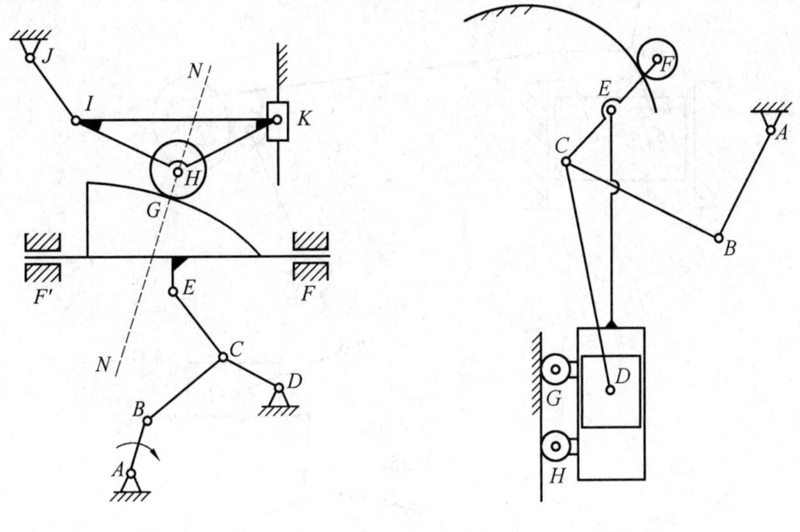

图 1.22　　　　图 1.23

【题 1.13】 图 1.24 所示是老式计算机所用的穿孔机中的机构,请计算该机构的自由度,并明确说出是否有复合铰链、虚约束及局部自由度。若有,请指出。

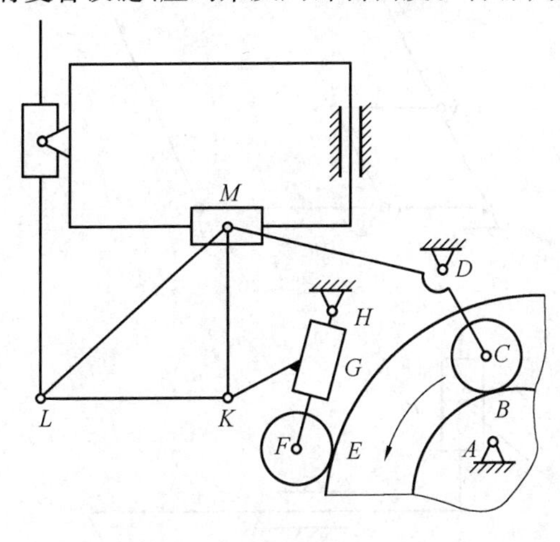

图 1.24

【题 1.14】 某机构如图 1.25 所示。已知 $CD \parallel GF$, $CE \parallel GH$,且 $CD = GF$, $CE = GH$。试计算该机构的自由度。若有复合铰链、局部自由度和虚约束,请指出。

【题 1.15】 如图 1.26 所示,一平面机构在图示位置时,$AB \parallel EF \parallel DC$, $BC \parallel GF \parallel AD$,请计算机构的自由度,并明确说出是否有复合铰链、虚约束及局部自由度。若有,指明其在何处。

【题 1.16】 某机构的机构运动简图如图 1.27 所示。请计算该机构的自由度,并明确说出是否有复合铰链、虚约束及局部自由度,若有,还要指明在何处。

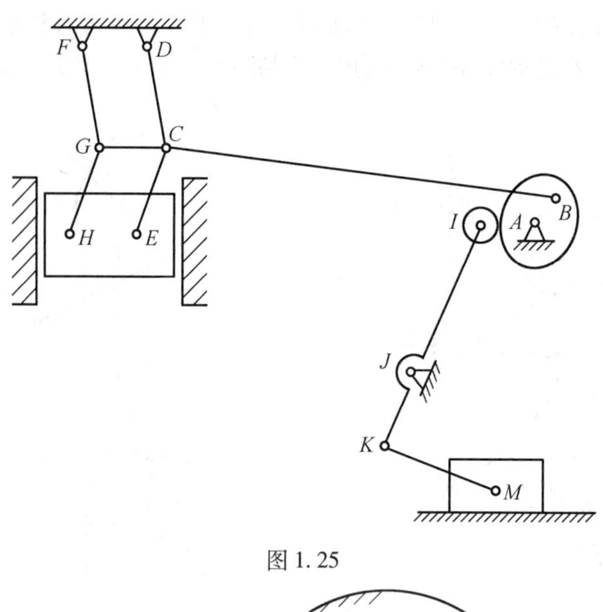

图 1.25

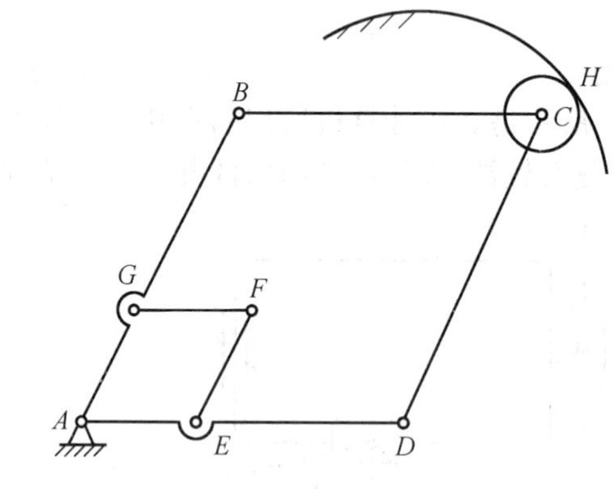

图 1.26

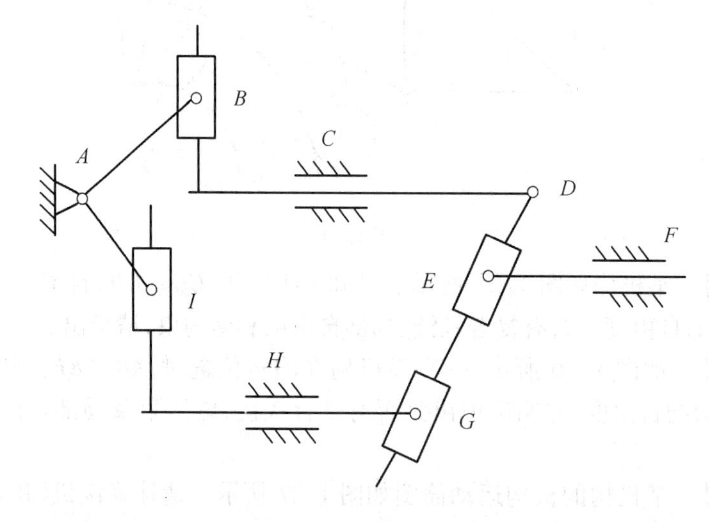

图 1.27

第2章　连杆机构分析和设计

2.1　基本要求

（1）掌握平面四杆机构的基本形式、特点及其演化方法。

（2）熟练掌握和推导铰链四杆机构的曲柄存在条件，灵活运用并判断铰链四杆机构的类型；掌握曲柄滑块机构及导杆机构等其他四杆机构的曲柄存在条件的推导过程。

（3）掌握平面四杆机构的压力角、传动角、急回运动、极位夹角、行程速比系数等基本概念；掌握连杆机构最小传动角出现的位置及计算方法；掌握极位夹角与行程速比系数的关系式；掌握死点在什么情况下出现及死点位置在机构中的应用。

（4）掌握速度瞬心的概念及如何确定机构中速度瞬心的数目；掌握三心定理，并应用三心定理确定机构中速度瞬心的位置及对机构进行速度分析。

（5）了解建立Ⅰ级机构、RRR杆组、RRP杆组、RPR杆组、PRP杆组、RPP杆组的运动分析数学模型；掌握相对运动图解法及杆组法对机构进行运动分析。

（6）掌握移动副、转动副中摩擦力的计算和自锁问题；掌握计及摩擦时平面连杆机构受力分析的方法；掌握计算机械效率的几种方法；掌握从机械效率的观点研究机械自锁条件的方法和思想。

（7）掌握平面四杆机构的运动特征及其设计的基本问题；掌握按给定行程速比系数设计四杆机构的方法。

2.2　内容提要

2.2.1　本章重点

本章重点是铰链四杆机构的曲柄存在条件，灵活运用并判断铰链四杆机构的类型；平面四杆机构最小传动角出现的位置及计算方法；用速度瞬心法对机构进行速度分析；考虑摩擦时平面连杆机构受力分析的方法；按给定行程速比系数设计四杆机构的方法。

1. 平面四杆机构的基本形式及其演化形式

平面四杆机构的基本形式是平面铰链四杆机构。在此机构中，与机架相连的构件，称为连架杆；能做整周回转的连架杆，称为曲柄，不能做整周回转的连架杆，称为摇杆；与机架不相连的中间构件，称为连杆。能使两构件做整周相对转动的转动副，称为周转副；不能做整周相对转动的转动副，称为摆转副。平面铰链四杆机构又根据两连架杆运动形式不同，分为曲柄摇杆机构、双曲柄机构和双摇杆机构。

平面四杆机构的演化形式是在平面铰链四杆机构的基础上，通过一些演化方法演化而成其他形式的四杆机构。平面四杆机构的演化方法有：

① 改变构件的形状及运动尺寸。

② 改变运动副尺寸。

③ 取不同构件为机架。

2. 有关四杆机构的一些基本知识

（1）铰链四杆机构的曲柄存在条件：

① 最短杆和最长杆长度之和小于或等于其他两杆长度之和。

② 最短杆是连架杆或机架。

最短杆与最长杆的长度之和小于或等于其他两杆长度之和，此条件称为杆长条件。

如果铰链四杆机构满足杆长条件，则有最短杆参与的转动副都是周转副，那么，以与最短杆相邻的构件为机架，将获得曲柄摇杆机构；以最短杆为机架，将获得双曲柄机构；以与最短杆相对的构件为机架，将获得双摇杆机构。

如果铰链四杆机构不满足杆长条件，则该机构中没有周转副，故无论以哪个构件为机架，均只能获得双摇杆机构。应用上述条件，若将偏置（或对心）曲柄滑块机构和导杆机构中的移动副视为转动中心位于垂直导路无穷远处的转动副，也可推导出曲柄滑块机构和导杆机构的曲柄存在条件。

（2）急回运动及行程速比系数 K。如图 2.1 所示，当连杆机构（如曲柄摇杆机构）的主动件（曲柄）为等速回转时，从动件（摇杆）空回行程的平均速度大于从动件（摇杆）工作行程的平均速度，这种运动性质称为急回作用。为了衡量摇杆急回作用的程度，通常把从动件往复摆动平均速度的比值称为行程速比系数，其急回作用的程度用行程速比系数 K 来衡量，即

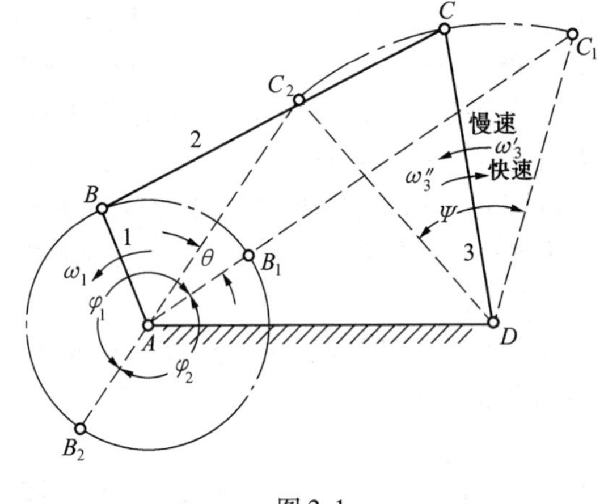

图 2.1

$$K=\frac{\text{从动件快速行程平均速度}}{\text{从动件慢速行程平均速度}}=\frac{180°+\theta}{180°-\theta} \tag{2.1}$$

故极位夹角为

$$\theta=180°\frac{K-1}{K+1} \tag{2.2}$$

行程速比系数 K 随极位夹角 θ 增大而增大，θ 值越大，急回运动特性越明显。

（3）四杆机构的压力角、传动角及死点。如图 2.2 所示，主动件曲柄通过连杆作用于从动件上的力 $\boldsymbol{F}$ 的作用线与其作用点速度方向所夹的锐角 α 称为机构在此位置的压力角。而把压力角 α 的余角 γ（即连杆与从动件摇杆所夹的锐角）称为机构在此位置的传动角。传动角常用来衡量机构的传动性能。机构的传动角 γ 越大，压力角 α 越小，力 $\boldsymbol{F}$ 的

有效分力就越大，机构的效率就越高。所以为了保证所设计的机构具有良好的传动性能，通常应使最小传动角 $\gamma_{min} \geqslant 40°$，在传递力矩较大的情况下，应使 $\gamma_{min} \geqslant 50°$。在具体设计铰链四杆机构时，一定要校验最小传动角 γ_{min} 是否满足要求。当连杆和摇杆的夹角 δ 为锐角时，$\gamma=\delta$；当 δ 为钝角时，$\gamma=180°-\delta$。夹角 δ 随曲柄转角 φ 的变化而变化。当机构在任意位置时，有

$$\cos\delta=\frac{b^2+c^2-a^2-d^2+2ad\cos\varphi}{2bc} \tag{2.3}$$

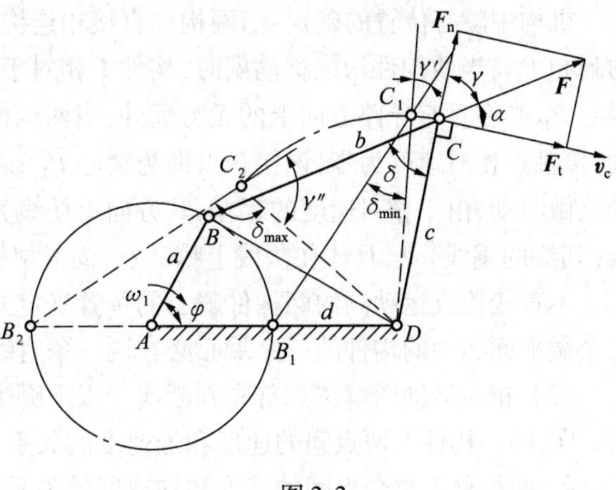

图 2.2

夹角 δ 是随各杆长和原动件转角 φ 变化而变化的。因为 $\gamma=\delta$（锐角）或 $\gamma=180°-\delta$（δ 为钝角），所以在曲柄转动一周过程中（$\varphi=0°\sim360°$），只有 δ 为 δ_{min} 或 δ_{max} 时，才会出现最小传动角。此时正是 $\varphi=0°$ 和 $\varphi=180°$ 位置，所对应的 δ 为 δ_{min} 和 δ_{max}，从而得

$$\left.\begin{aligned}\cos\delta_{min}&=\frac{b^2+c^2-(d-a)^2}{2bc}\\ \cos\delta_{max}&=\frac{b^2+c^2-(a+d)^2}{2bc}\end{aligned}\right\} \tag{2.4}$$

可能出现最小传动角的两个位置为

$$\left.\begin{aligned}\gamma'_{min}&=\delta_{min}\\ \gamma''_{min}&=180°-\delta_{max}\end{aligned}\right\} \tag{2.5}$$

比较 γ'_{min} 和 γ''_{min}，找出其中较小的角度。

机构的死点位置就是指从动件的传动角 $\gamma=0°$ 时机构所处的位置。对于传动机构，在死点位置时，驱动从动件的有效回转力矩为零，可见机构出现死点对于传动是很不利的。在实际设计中，应该采取措施，使其能顺利地通过死点位置。

3. 平面连杆机构的运动分析

（1）速度瞬心法。在理论力学中，已给出做平面运动的两个刚体的速度瞬心的概念，若把刚体视为构件，就可以得到机械原理中瞬心的定义：相对做平面运动的两构件上瞬时相对速度等于零的点或者说绝对速度相等的点（即等速重合点），称为速度瞬心。又把绝对速度为零的瞬心称为绝对瞬心；不等于零的瞬心称为相对瞬心，并用符号 P_{ij} 表示构件 i 与构件 j 的瞬心。

机构中速度瞬心数目的计算公式为

$$K=\frac{m(m-1)}{2} \tag{2.6}$$

式中　K——机构中的瞬心数；

m——机构中的构件（含机架）数。

机构中瞬心位置的确定：当两构件直接相连构成转动副时，其转动中心即为该两构件的瞬心 P_{12}；当两构件构成移动副时，构件 1 相对于构件 2 的速度均平行于移动副导路，故瞬心 P_{12}必在垂直导路方向上的无穷远处；当两构件以平面高副相连接时，两构件做纯滚动，接触点相对速度为零，该接触点即为瞬心 P_{12}；若当两构件在接触的高副处既做相对滑动又做滚动，由于相对速度的存在，其方向沿切线方向，则瞬心 P_{12}必位于过接触点的公法线（切线的垂线）上，具体在法线上哪一点，尚需根据其他条件再做具体分析确定。

不直接构成运动副的两构件瞬心的位置确定方法——三心定理。所谓三心定理就是三个做平面运动的构件的三个瞬心必在同一条直线上。

（2）相对运动图解法。首先判断属于以下哪类问题：

① 同一构件上两点间的速度和加速度的关系。

② 两构件上重合点间的速度和加速度的关系。

然后逐步列出相应的速度、加速度矢量方程式，标出各矢量的大小和方向。当一矢量方程式中有两个未知量时，即可用作图法求解。

③ 比例尺。机构运动分析的图解法包括作机构位置图、速度及加速度矢量多边形，因此所用比例尺为

长度比例尺 $$\mu_l=\frac{\text{实际长度}}{\text{图示长度}} \quad \text{m/mm}$$

速度比例尺 $$\mu_v=\frac{\text{实际速度}}{\text{图示长度}} \quad (\text{m}\cdot\text{s}^{-1})/\text{mm}$$

加速度比例尺 $$\mu_a=\frac{\text{实际加速度}}{\text{图示长度}} \quad (\text{m}\cdot\text{s}^{-2})/\text{mm}$$

其含义是将一个物理量（长度、速度、加速度）用一定长度的线段在图上表示出来，不同于机械制图时所用的比例尺。

④ 速度影像、加速度影像。当已知同一构件上两点的速度和加速度时，可利用“速度影像”和“加速度影像”很方便地求得该构件上其他任一点的速度和加速度。利用影像法求解时，需注意以下两点：第一，每个构件都与其速度图、加速度图存在影像关系，但整个机构与速度图和加速度图却无影像关系，即不同构件上的点之间不存在影像关系；第二，同一构件上速度图和加速度图上各点的角标字母的顺序必须与构件上对应点的角标字母的顺序一致。

⑤ 综合法。对复杂Ⅳ级机构进行速度分析时，由于未知数多于 3，运用相对运动图解法无法求解，所以往往需要先运用速度瞬心法确定出某速度的方向，再用相对运动图解法求解。这是一种综合运用瞬心法和相对运动图解法的解题方法。

（3）解析法。用解析法对机构进行运动分析的关键是建立机构的位置方程式。建立机构位置方程式常用的方法有：矢量分析法、复数矢量法和矩阵法等。位置方程列出后，将其对时间求导一次、二次，即可求得机构的速度方程式和加速度方程式。方程的求解可归结为线性方程组和非线性方程组的求解，在计算机上很容易实现。

杆组法为解析法的一种，其理论依据为机构组成原理，其基本思路是将一个复杂的机构按照机构组成原理分解为一系列比较简单的单杆构件和基本杆组。在用计算机对机构

进行运动分析时,就可以根据机构组成情况的不同,直接调用已编好的单杆构件和常见杆组运动分析的子程序,从而使主程序的编写大为简化。至于单杆构件和常见杆组运动分析的子程序已有比较完善、成熟的软件,无须使用者自己编写,读者根据具体情况调用即可。

在用杆组法对机构进行分析时,位置分析是关键,在位置分析的基础上分别对时间求一阶、二阶导数,就可得到速度和加速度分析的结果。在调用各杆组运动分析的子程序时,需特别注意:首先要根据机构的初始位置判断该杆组的装配形式,然后分析位置模式系数,给位置模式系数 M 赋值(+1 或-1)。具体分析方法参见文献[1]的相应章节。

4. 平面连杆机构的力分析和机械效率

(1) 作用在机械上的力。

驱动力:凡是驱使机械运动的力,统称为驱动力。该力与其作用点的速度方向相同或夹角为锐角,常称驱动力为输入力,所做的功(正值)为输入功。

阻力:凡是阻碍机械运动的力,统称为阻力。该力与其作用点速度方向相反或成钝角,所做的功为负值。阻力又可分为有益阻力和有害阻力。所谓有益阻力是为了完成有益工作而必须克服的生产阻力,还可以称为有效阻力。所谓有害阻力是指机械在运转过程中所受到的非生产性无用阻力。应该说明的是,摩擦力和重力既可作为做正功的驱动力,又可作为做负功的阻力。

(2) 机械中的摩擦和总反力。

① 移动副的摩擦和总反力。如图 2.3 所示,v_{12} 为构件 1 相对构件 2 的移动速度,移动副中摩擦力的大小为

$$F_{21}=fN_{21}$$

式中　f——摩擦系数。

当外载荷 Q 一定时,移动副中摩擦力可简化统一形式为

$$F_{21}=f_{\mathrm{v}}Q$$

式中　f_{v}——当量摩擦系数。

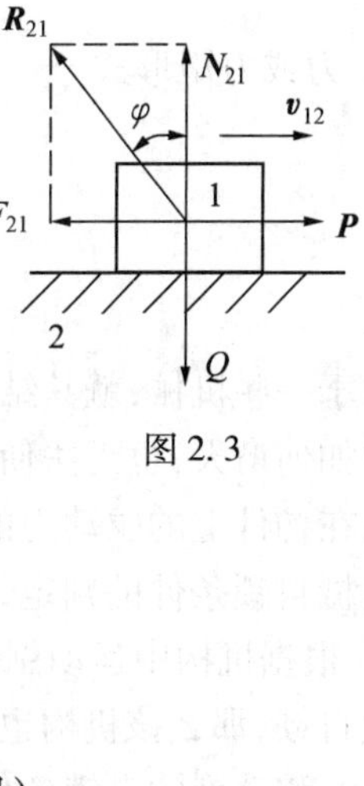

图 2.3

常见移动副的接触形式及当量摩擦系数分别为:

(a) 平面接触:$f_{\mathrm{v}}=f$。

(b) 槽面接触:$f_{\mathrm{v}}=f/\sin\theta$($\theta$ 为半槽形角)。

(c) 圆柱面接触:$f_{\mathrm{v}}=kf$(k 的大小取决于两元素的接触情况)。

如图 2.3 所示,总反力 R_{21} 与正压力 N_{21} 之间的夹角 φ,称为摩擦角,即

$$\tan\varphi=f \quad 或 \quad \tan\varphi_{\mathrm{v}}=f_{\mathrm{v}}$$

总反力 R_{21} 的作用线方向可根据以下两点确定:

(a) R_{21} 与接触面公法线偏斜一摩擦角 φ 或 φ_{v}。

(b) R_{21} 与接触面公法线偏斜方向同构件 1 相对于构件 2 的速度 v_{12} 方向相反。

② 转动副的摩擦和总反力。如图 2.4 所示,轴承 2 对轴颈 1 的总摩擦力

$$F_{21}=fN_{21}=f_{\mathrm{v}}Q$$

其对轴颈产生的摩擦力矩为

$$M_{\mathrm{f}}=F_{21}r=f_{\mathrm{v}}Qr=R_{21}\rho$$

式中 $f_v = kf = (1-\pi/2)f$；

$\rho = f_v r$，r 为轴承半径。

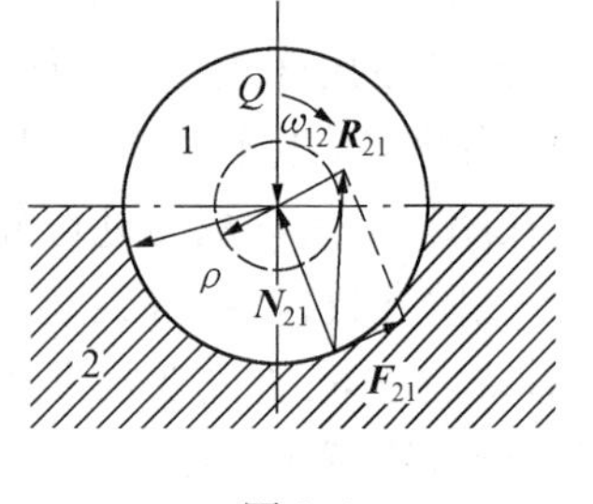

图 2.4

若以轴颈中心 O 为圆心，以 ρ 为半径作圆，则称该圆为摩擦圆，ρ 称为摩擦圆半径。转动副中总反力 R_{21} 的作用线方向可根据以下三点确定：

(a) 在不考虑摩擦的情况下，由力的平衡条件初步确定总反力的方向。

(b) 总反力总是切于摩擦圆。

(c) 总反力 R_{21} 对轴颈中心之矩方向必与轴颈 1 相对轴承 2 的转动速度 ω_{12} 方向相反。

(3) 机械的效率和自锁。输出功和输入功的比值反映了输入功在机械中的有效利用程度，称为机械效率，通常以 η 表示，机械效率有以下三种表达形式。

① 功形式。

$$\eta = \frac{W_r}{W_d} = 1 - \frac{W_f}{W_d}$$

② 功率形式。

$$\eta = \frac{N_r}{N_d} = 1 - \frac{N_f}{N_d}$$

③ 力或力矩形式。

$$\eta = \frac{\text{理想驱动力(矩)}}{\text{实际驱动力(矩)}} = \frac{P_0}{P} = \frac{M_0}{M}$$

$$\eta = \frac{\text{实际工作阻力(矩)}}{\text{理想工作阻力(矩)}} = \frac{G}{G_0} = \frac{M_G}{M_{G_0}}$$

对于一些机械，就其结构情况分析是可以运动的，但由于摩擦的存在，却会出现无论驱动力如何增大，也无法使其运动的现象，这种现象称为机械的自锁。机械自锁的实质是作用力在构件上的驱动力的有效分力总是小于由其所引起的最大摩擦力。

机械自锁条件的判定，可根据具体情况视方便选择以下方法：

① 根据机构中运动副的自锁条件来确定。对于单自由度的机构，若机构中某一运动副发生自锁，那么该机构也必发生自锁。运动副的自锁条件为：

(a) 移动副的自锁条件为驱动力作用于摩擦角之内，即 $\beta \leqslant \varphi$，其中 β 为传动角。

(b) 转动副的自锁条件为驱动力作用于摩擦圆之内，即 $a \leqslant \rho$，其中 a 为驱动力臂长。

(c) 螺旋副的自锁条件为螺纹升角 γ 小于或等于螺旋副的摩擦角或当量摩擦角，即 $\alpha \leqslant \varphi_v$。

② 根据机械效率小于或等于零来确定机械是否自锁，即机械的自锁条件是 $\eta \leqslant 0$。

根据自锁的实质来确定，即根据作用在构件上的驱动力的有效分力总是小于或等于由其所引起的最大摩擦力来确定。

(4) 机构动态静力分析。研究机构进行力分析有以下两个目的：一是确定机构运动副中的约束反力；二是保证原动件按给定运动规律运动时需加在机械上的平衡力(或平衡力矩)。

对于低速轻型的机械，惯性力影响不大，可在不计惯性力的条件下对机械进行力分析，称之为静力分析。

但对于高速及重型机械，惯性力的影响很大，不允许忽略。对力进行分析时，可根据理论力学中的达朗贝尔原理将各构件在运动过程中所产生的惯性力(或力矩)视为一般外力(或力矩)加于产生惯性力的各构件上，然后仍按静力分析方法对机构进行力分析计算，这种力分析方法称之为动态静力分析法。

机构动态静力分析可按以下步骤进行：

① 已知机构结构及各构件的尺寸、质量、转动惯量以及质心的位置。若设计新的机械，也必须先估算以上参数。

② 根据运动分析求得运动副和质心等点的位置、速度和加速度以及各构件的角速度和角加速度。

③ 计算出各构件的惯性力和运动副约束反力。若考虑摩擦，还应分析计算各运动副中考虑摩擦时的约束反力。

④ 根据机构或构件的力系平衡原理，在已知以上各种力的基础上，可求出机构所需的平衡力(或力矩)。平衡力(或力矩)若作用在原动件上，就是驱动力(或驱动力矩)；若作用在从动件上，就是阻力(或阻力矩)。

机构动态静力分析法有图解法和解析法。解析法又分为矢量方程法、矩阵法和杆组法等。这些方法可在现已出版的《机械原理》教材中查阅。

5. 平面连杆机构的设计

(1) 连杆机构设计的基本问题。连杆机构设计的基本问题是根据所要求的运动条件、几何条件确定机构的形式和各构件的尺寸参数。一般可归纳为以下三类：

① 实现预定的运动规律要求。

② 实现预定的连杆位置要求。

③ 实现预定的轨迹要求。

设计连杆机构的方法有图解法、解析法和实验法。

(2) 用图解法设计四杆机构。

① 两个基本求解问题。

用图解法设计四杆机构是根据设计要求、通过作图确定未知铰链位置来求各杆长度，而铰链的位置是根据四杆机构各铰链之间相对运动的几何关系来确定的。在铰链四杆机构 $ABCD$ 中，设 B、C 为两个活动铰链中心，A、D 为两个固定铰链中心，它们之间的运动几何关系为：活动铰链(如 B)所占据的各点位 B_i($i=1,2,\cdots,N$)必位于以固定铰链 A 为圆心，以 AB 杆的长度为半径的圆上；反之，固定铰链 A 也一定位于活动铰链 B 的各点位 B_i($i=1,2,\cdots,N$)所在圆弧的圆心上。由此可知，四杆机构的四个铰链位置的确定可归结为以下两类问题：

(a) 求固定铰链中心位置。作活动铰链中心各位置点连线的中垂线，其交点即为固定铰链中心。

(b) 求活动铰链中心的位置。根据相对运动原理，把某一运动构件作为转化机架，而与其对应的另一构件(包含有固定铰链)即变为连杆，从而可得原固定铰链的几个对应位置,其圆心即为该位置处所求的活动铰链中心。这种方法称为反转法或机构转化法。

② 按预定连杆位置设计四杆机构。

(a) 已知连杆 BC 的预定位置 $B_iC_i(i=1,2,\cdots,N)$,要求设计该四杆机构。若 $N=2$,有无穷多解;若 $N=3$,则有唯一解;若 $N=4$,一般无解,但可以在连杆上找到一些点,这些点的四个点位在同一圆上(这样的点称为圆点),圆点可作为活动铰链中心,其圆心(称为圆心点)即为固定铰链中心。至于 $N=5$,实际应用较少,不再讨论。

(b) 已知连杆标线 EF 的预定位置 $E_iF_i(i=1,2,3)$ 和固定铰链中心 A、D,要求设计此四杆机构。此时,可采用机构转化法,即把原连杆 EF 某一位置作为机架,原机架 AD 作为相对连杆来进行求解。

③ 按两连架杆对应位置设计四杆机构。若已知四杆机构的机架长度 d,要求当主动连架杆 AB 转过角度 $\alpha_i(i=1,2,\cdots,N)$ 时,从动连架杆 CD 相应转过 $\varphi_i(i=1,2,\cdots,N)$,设计此四杆机构。此时可采用反转法,选其中一个连架杆的某一位置为转化机架,另一连架杆变为相对连杆,即可按上述预定连杆位置的方法设计四杆机构。

④ 按行程速比系数 K 设计四杆机构。已知曲柄摇杆机构摇杆的长度$\overline{CD}$、摆角 ψ 及行程速比系数 K,设计此四杆机构。

先作出摇杆的两极位$\overline{C_1D}$和$\overline{C_2D}$,求极位夹角 $\theta=180°\dfrac{K-1}{K+1}$,作 $\angle C_2C_1P=90°-\theta$ 和 $\angle C_1C_2P=90°$的 $\mathrm{Rt}\triangle PC_1C_2$ 的外接圆,即得点 A 所在的圆。至于点 A 在该圆上的位置则由其他附加条件来确定。在点 A 的位置确定之后,由式 $a=(\overline{AC_2}-\overline{AC_1})/2$ 和式$b=(\overline{AC_2}+\overline{AC_1})/2$ 求得曲柄的长度 a 和连杆的长度 b。

(3) 用解析法设计四杆机构。解析法设计四杆机构的关键是建立已知运动参数与未知几何参数间的关系式,求解该方程组,即可设计出四杆机构。

2.2.2 本章难点

1. 用图解法设计四杆机构中活动铰链位置的求解(其求解方法为反转法)

掌握反转法应注意以下两点:

(1) 搞清反转法的原理。其原理与取不同构件为机架的演化方法,即"倒置"原理是完全一样的,都是相对运动原理。利用机构转化法,对转化后的机构进行设计与对原机构设计的结果是完全一样的,这样就可以将活动铰链位置的求解问题转化为固定铰链的求解问题。

(2) 反转法的作图方法。为了不改变反转前后机构的相对运动,作图时,必须将原机构的每一位置的各构件之间的相对位置视为刚化,并利用全等四边形或全等三角形的方法,求出转化后机构的各构件的相对位置。

2. 两构件上的重合点之间的速度和加速度分析(特别是哥氏加速度大小和方向的确定)

3. 平面机构中运动副总反力作用线和机械自锁条件的确定

确定运动副总反力作用线时,先根据机构运动情况,确定机构中组成运动副的两构件间的相对运动关系,在不考虑摩擦的情况下,根据力的平衡条件,初步确定总反力的方向,特别要注意遵循二力构件的两作用力大小相等、方向相反且共线；三力构件的三个作用力应交汇一点的原则。再根据移动副和转动副中总反力作用线的确定方法进行判定。

2.3　试题精选与答题技巧

【例 2.1】　如图 2.5 所示，已知四杆机构各构件的长度：$a=240$ mm，$b=600$ mm，$c=400$ mm，$d=500$ mm。试问：

（1）当取构件 4 为机架时，是否存在曲柄？如存在，则哪一构件为曲柄？

（2）如选取别的构件为机架时，能否获得双曲柄或双摇杆机构？如果可以，应如何得到？

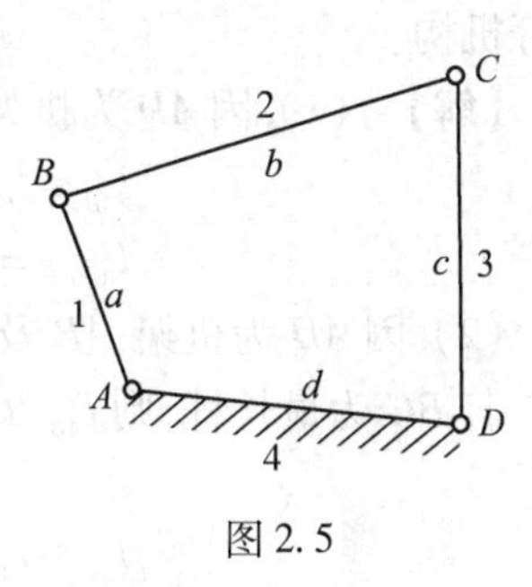

图 2.5

解题要点：

根据铰链四杆机构曲柄存在条件进行分析。在铰链四杆机构中，其杆长条件是机构有曲柄的根本条件。即最短杆与最长杆长度之和小于或等于其他两杆长度之和；这时如满足杆长条件，以最短或与最短杆相邻的杆为机架，机构则有曲柄，否则无曲柄；如不满足杆长条件，无论取哪个构件为机架，机构均无曲柄，机构为双摇杆机构。

【解】　（1）$a+b=840$ mm，$c+d=900$ mm，$a+b<c+d$，故存在曲柄条件成立。取构件 4 为机架时，最短杆 a 为曲柄。

（2）当选最短杆 a 为机架时，得双曲柄机构；当选最短杆的对杆 c 为机架时，则得双摇杆机构。

【例 2.2】　试根据铰链四杆机构的演化原理，由曲柄存在条件推导如图 2.6 所示偏置导杆机构成为转动导杆机构的条件。

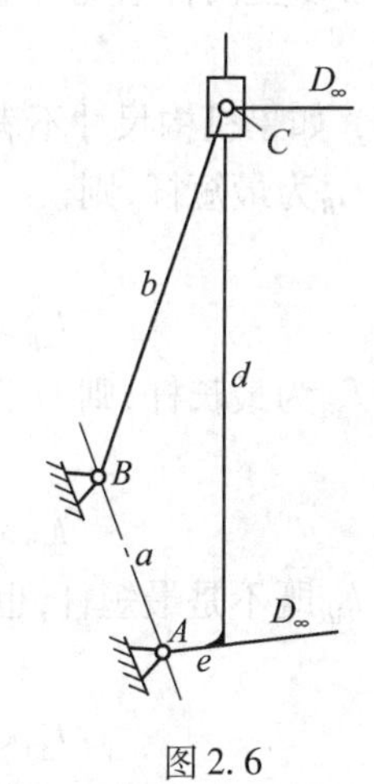

图 2.6

解题要点：

如图 2.2 所示，机构是由铰链四杆机构演化而来，本题关键在于铰链四杆机构曲柄存在条件的灵活运用。

【解】　因为导杆与滑块组成移动副，所以转动副中心 D 在无穷远处，即

$$l_{CD}\to\infty \qquad l_{AD}\to\infty \qquad 且 \qquad l_{AD}>l_{CD}$$

要使机构成为转动导杆机构，则各杆长度应满足下列条件

$$l_{AB}+l_{AD}\leqslant l_{BC}+l_{CD}$$

$$l_{AB}+(l_{AD}-l_{CD})\leqslant l_{BC}$$

$$a+e\leqslant b$$

【例 2.3】　如图 2.7 所示铰链四杆机构中，已知 $l_{BC}=500$ mm，$l_{CD}=350$ mm，$l_{AD}=300$ mm，AD 为机架。

（1）若此机构为曲柄摇杆机构，且 AB 为曲柄，求 L_{AB} 的最大值。

(2) 若此机构为双曲柄机构,求 l_{AB}的最小值。

(3) 若此机构为双摇杆机构,求 l_{AB}的取值范围。

解题要点:

在铰链四杆机构有曲柄的条件中,其杆长条件是机构有曲柄的根本条件。若满足杆长条件,以最短杆或与最短杆相邻的杆为机架,机构则有曲柄,否则无曲柄;若不满足杆长条件,无论取哪个构件为机架,机构均无曲柄,即为双摇杆机构。

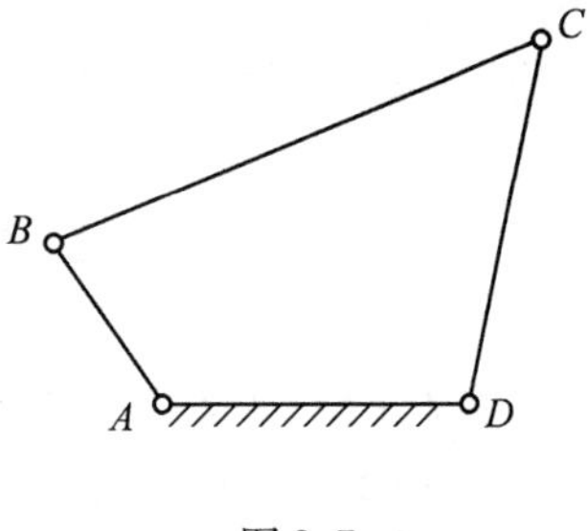

图 2.7

【解】 (1) 因 AD 为机架,AB 为曲柄,故 AB 为最短杆,有

$$l_{AB} \leqslant l_{CD}+l_{AD}-l_{BC}=350+300-500=150\ (\text{mm})$$

则

$$l_{AB\max}=150\ \text{mm}$$

(2) 因 AD 为机架,AB 及 CD 均为曲柄,故 AD 杆必为最短杆,有下列两种情况。

若 BC 为最长杆,则 $l_{AB}<l_{BC}=500$,且

$$l_{AD}+l_{BC} \leqslant l_{AB}+l_{CD}$$

故

$$l_{AB} \geqslant l_{AD}+l_{BC}-l_{CD}=300+500-350=450\ (\text{mm})$$

得

$$450\ \text{mm} \leqslant l_{AB} \leqslant 500\ \text{mm}$$

若 AB 为最长杆,则 $l_{AB}>l_{BC}=500$ mm,且

$$l_{AD}+l_{AB} \leqslant l_{BC}+l_{CD}$$

故

$$l_{AB} \leqslant l_{BC}+l_{CD}-l_{AD}=500+350-300=550\ (\text{mm})$$

得

$$500\ \text{mm}<l_{AB} \leqslant 550\ \text{mm}$$

综合以上两种情况可知

$$l_{AB\min}=450\ \text{mm}$$

(3) 如果机构尺寸不满足杆长条件,则机构必为双摇杆机构。

若 l_{AB}为最短杆,则

$$l_{AB}+l_{BC}>l_{CD}+l_{AD}$$

故

$$l_{AB}>l_{CD}+l_{AD}-l_{BC}=350+300-500=150\ (\text{mm})$$

若 l_{AB}为最长杆,则

$$l_{AD}+l_{AB}>l_{BC}+l_{CD}$$

故

$$l_{AB}>l_{BC}+l_{CD}-l_{AD}=500+350-300=550\ (\text{mm})$$

若 l_{AB}既不是最短杆,也不是最长杆,则

$$l_{AD}+l_{BC}>l_{AB}+l_{CD}$$

故

$$l_{AB}<l_{AD}+l_{BC}-l_{CD}=300+500-350=450\ (\text{mm})$$

若要保证机构成立,则应有

$$l_{AB}<l_{BC}+l_{CD}+l_{AD}=500+350+300=1\ 150\ (\text{mm})$$

故当该机构为双摇杆机构时,l_{AB}的取值范围为

$$150\ \text{mm}<l_{AB}<450\ \text{mm} \qquad 和 \qquad 550\ \text{mm}<l_{AB}<1\ 150\ \text{mm}$$

【例 2.4】 如图 2.8 所示六杆机构中,已知 ω_1、φ_1 和各杆长度及位置,用速度瞬心法求滑块 5 的速度 v_F 及构件 4 的角速度 ω_4。

解题要点：

用瞬心法求解此题时，只要找出构件2及构件4的绝对速度瞬心，便可求出v_F及ω_4。瞬心法的缺点有：① 不能做机构的加速度分析；② 瞬心靠作图来找，机构在运动时位置不断变化，瞬心的位置也随之变化。有时瞬心将落在图纸外，使解题发生困难。

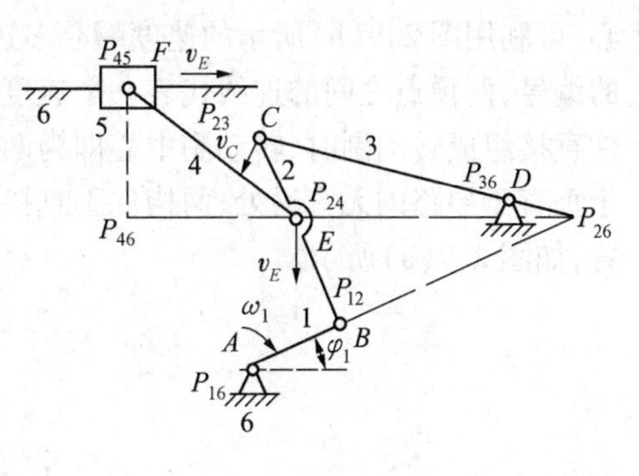

图2.8

【解】　(1) 很容易求出P_{16}、P_{12}、P_{24}、P_{23}、P_{36}、P_{45}，由三心定理并延长$\overline{P_{16}P_{12}}$，$\overline{P_{23}P_{36}}$，两线交点P_{26}即为构件2的绝对速度瞬心。P_{12}是构件1和构件2的相对速度瞬心，则

$$v_B=\omega_1 l_{AB}=\omega_2\ \overline{P_{12}P_{26}}\mu_l$$

$$\omega_2=\frac{l_{AB}}{\overline{P_{12}P_{26}}\mu_l}\omega_1$$

$$v_E=\omega_2\ \overline{P_{24}P_{26}}\mu_l=\frac{\overline{P_{24}P_{26}}}{\overline{P_{12}P_{26}}}l_{AB}\omega_1\quad（方向向下）$$

式中　μ_l——机构比例尺。

(2) 构件4上E、F两点的绝对速度方向已知，分别作$\overline{v_E}$、$\overline{v_F}$的垂线，两垂线相交于点P_{46}，便是构件4的绝对速度瞬心。构件4的角速度ω_4为

$$\omega_4=\frac{v_E}{\overline{P_{24}P_{26}}\mu_l}=\frac{\overline{P_{24}P_{26}}}{\overline{P_{24}P_{26}}\,\overline{P_{12}P_{26}}\mu_l}\omega_1 l_{AB}$$

$$v_F=\omega_4\ \overline{P_{45}P_{46}}\mu_l=\frac{\overline{P_{24}P_{26}}\,\overline{P_{45}P_{46}}}{\overline{P_{24}P_{26}}\,\overline{P_{12}P_{26}}}\omega_1 l_{AB}$$

【例2.5】　(1) 找出图2.9(a)中六杆机构的所有速度瞬心位置。

(2) 求角速度比ω_4/ω_2。

(3) 求角速度比ω_5/ω_2。

(4) 已知ω_2，求点C的速度。

解题要点：

当用速度瞬心法求两构件之角速度比或某点速度比时，用到的仅为几个与求解有关的速度瞬心，故在题目中不要求找出所有的速度瞬心时，则用到哪个速度瞬心就找哪个速度瞬心，此外求构件上某点的速度时，可能有多种求解方法。在进行分析时应力求简便；构件间的速度瞬心与构件所处的位置有关，瞬心法求出的构件间的角速比或构件的速度具有瞬时性，当机构运动至下一位置后，构件间的瞬心位置将发生相应变化，构件间的角速度比及构件上某点的速度也发生相应变化。

【解】　(1) 找速度瞬心位置时，首先分析此六杆机构的速度瞬心数$N=15$。它们是P_{16}、P_{15}、P_{14}、P_{13}、P_{12}、P_{26}、P_{25}、P_{24}、P_{23}、P_{36}、P_{35}、P_{34}、P_{46}、P_{45}、P_{56}。为确保找对以上速度瞬

心,可利用图 2.9(b)所示的速度瞬心多边形。多边形各顶点上的数字代表机构中各构件的编号,两顶点之间的连线代表一个速度瞬心。各速度瞬心位置可用所学知识定出:两构件直接组成转动副时,转动副中心即为两构件的速度瞬心;两构件组成移动副时,瞬心位于垂直于导路的无穷远处;两构件不直接构成运动副时,可运用三心定理。求速度瞬心位置,如图 2.9(a)所示。

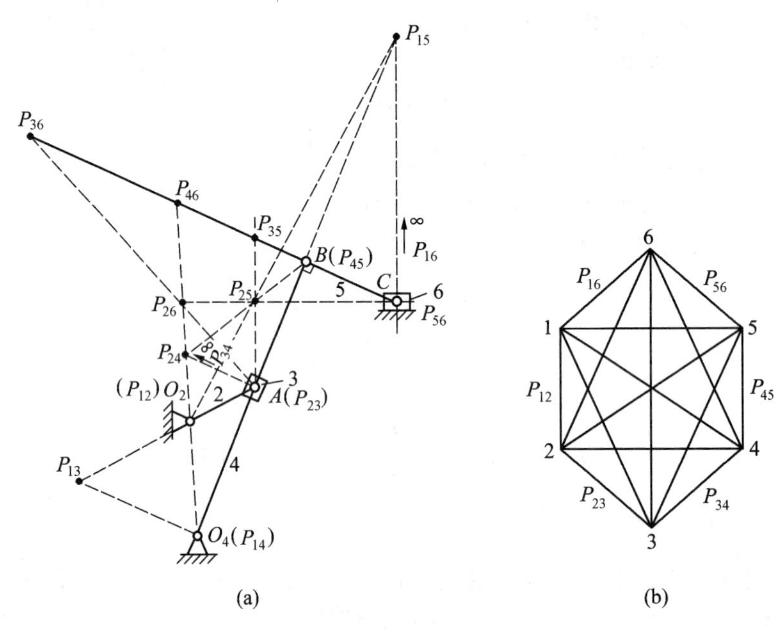

图 2.9

(2) 求 ω_4/ω_2。因 P_{24}为构件 2 与构件 4 上的等速重合点,故有

$$\omega_2\ \overline{P_{12}P_{24}}\mu_l=\omega_4\ \overline{P_{14}P_{24}}\mu_l$$

$$\frac{\omega_4}{\omega_2}=\frac{\overline{P_{12}P_{24}}}{\overline{P_{14}P_{24}}}$$

(3) 求 ω_5/ω_2。找出构件 2 与构件 5 的等速重合点,即 P_{25},则

$$\omega_2\ \overline{P_{12}P_{25}}\mu_l=\omega_5\ \overline{P_{15}P_{25}}\mu_l$$

$$\frac{\omega_5}{\omega_2}=\frac{\overline{P_{12}P_{25}}}{\overline{P_{15}P_{25}}}$$

(4) 求 C 的速度。C 为杆 5 上的点,故

$$v_C=\omega_5\ \overline{P_{15}P_{56}}\mu_l$$

$$\omega_5=\frac{\overline{P_{12}P_{25}}}{\overline{P_{15}P_{25}}\omega_2}$$

故

$$v_C=\overline{P_{12}P_{25}}\frac{\overline{P_{15}P_{56}}}{\overline{P_{15}P_{25}}}\omega_2\mu_l$$

另外,由于点 C 亦为滑块 6 上的点,滑块 6 上各点速度相等,故也可用 P_{26}求得

$$v_C = v_{P_{26}} = \overline{P_{12}P_{26}}\omega_2\mu_l$$

【例 2.6】 如图 2.10(a)所示齿轮连杆机构中,已知构件 1 的角速度为 ω_1,求图示位置构件 3 的角速度 ω_3。

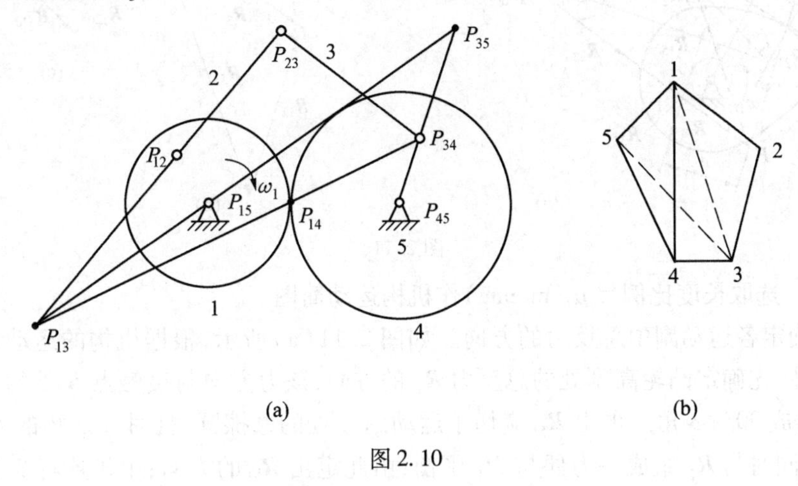

图 2.10

解题要点:

此题为含有高副机构的速度分析题。在确定组成高副的两构件的速度瞬心位置时,应分析在接触点处是否为纯滚动。若是纯滚动,则接触点即为瞬心;若不是纯滚动,则速度瞬心在过接触点的公法线上。只要找出绝对速度瞬心 P_{35}、P_{15}和相对速度瞬心 P_{13},即可根据瞬心的概念求出 ω_3。

【解】 先标出直接可确定的速度瞬心位置 P_{12}、P_{15}、P_{23}、P_{34}、P_{45}、P_{14}。先需求出速度瞬心 P_{35}、P_{13},作出速度瞬心多边形,如图 2.10(b)所示。P_{13}在 $P_{23}P_{12}$及 $P_{34}P_{14}$连线或延长线的交点上;P_{35}在 $P_{45}P_{34}$及 $P_{13}P_{15}$连线或延长线的交点上。

由速度瞬心的概念可知,在等速重合点 P_{13}处,有

$$v_{P_{13}} = \omega_1\ \overline{P_{13}P_{15}}\mu_l = \omega_3\ \overline{P_{13}P_{35}}\mu_l$$

则有

$$\omega_3 = \omega_1\ \frac{\overline{P_{13}P_{15}}}{\overline{P_{13}P_{35}}}$$

【例 2.7】 在图 2.11(a)中,已知各构件的尺寸及机构的位置,各转动副处的摩擦圆如图中虚线圆所示,移动副及凸轮高副处的摩擦角为 φ,凸轮顺时针转动,作用在构件 4 上的工作阻力为 Q。试求该图示位置时:

(1) 各运动副的反力(各构件的重力和惯性力均忽略不计)。

(2) 需施加于凸轮 1 上的驱动力矩 M_1。

(3) 机构在图示位置的机械效率 η。

解题要点:

考虑摩擦时进行机构力的分析,关键是确定运动副中总反力的方向。为了确定总反力的方向,应先分析各运动副元素之间的相对运动,并标出它们相对运动的方向;然后再进行各构件的受力分析,先从二力构件开始,再分析三力构件。

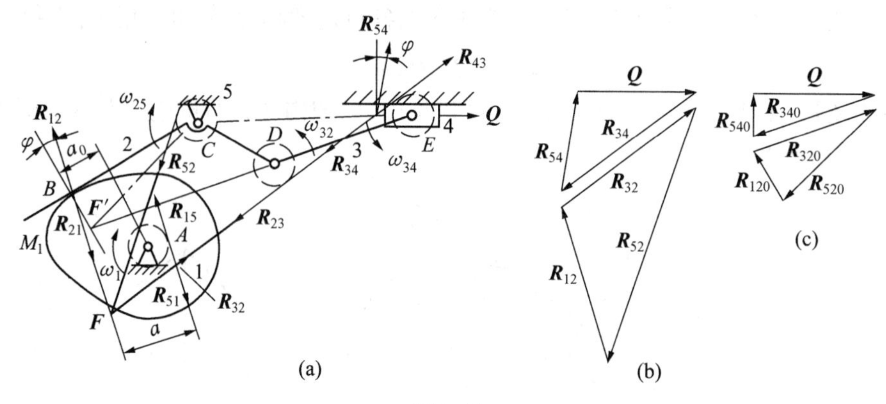

图 2. 11

【解】 选取长度比例尺 μ_l(m/mm)作机构运动简图。

(1) 确定各运动副中总反力的方向。如图 2. 11(a)所示,根据机构的运动情况和力的平衡条件,先确定凸轮高副处的总反力 $\boldsymbol{R}_{12}$的方向,该力方向与接触点 B 处的相对速度 $v_{B_2B_1}$的方向成 $90°+\varphi$ 角。再由 $\boldsymbol{R}_{51}$应切于运动副 A 处的摩擦圆,且对 A 之矩的方向与 ω_1 方向相反,同时与 $\boldsymbol{R}_{12}$组成一力偶与 M_1 平衡,由此定出 $\boldsymbol{R}_{51}$的方向;由于连杆 3 为二力构件,其在 D、E 两转动副所受两力 $\boldsymbol{R}_{23}$及 $\boldsymbol{R}_{43}$应切于该两处摩擦圆,且大小相等方向相反并共线,可确定出 $\boldsymbol{R}_{23}$及 $\boldsymbol{R}_{43}$的作用线,也即已知 $\boldsymbol{R}_{32}$及 $\boldsymbol{R}_{34}$的方向线;总反力 $\boldsymbol{R}_{52}$应切于运动副 C 处的摩擦圆,且对 C 之矩的方向应与 ω_{25}方向相反,同时构件 2 受到 $\boldsymbol{R}_{12}$、$\boldsymbol{R}_{52}$及 $\boldsymbol{R}_{32}$三个力,且应汇交于一点,由此可确定出 $\boldsymbol{R}_{52}$的方向线;滑块 4 所受总反力 $\boldsymbol{R}_{54}$应与 v_{45}的方向成角 $90°+\varphi$ 角,同时又受到 $\boldsymbol{R}_{34}$、$\boldsymbol{R}_{54}$及 $\boldsymbol{Q}$ 三个力,也应汇交于一点,由此可确定出 $\boldsymbol{R}_{54}$的方向线。

(2) 求各运动副中总反力的大小。分别取构件 2、4 为分离体,列出力平衡方程式。

构件 2
$$\boldsymbol{R}_{12}+\boldsymbol{R}_{32}+\boldsymbol{R}_{52}=\boldsymbol{0}$$

构件 4
$$\boldsymbol{R}_{34}+\boldsymbol{R}_{54}+\boldsymbol{Q}=\boldsymbol{0}$$

而
$$\boldsymbol{R}_{34}=-\boldsymbol{R}_{43}=\boldsymbol{R}_{23}=-\boldsymbol{R}_{32}$$

根据上述 3 个力平衡方程式,选取力比例尺 μ_F(N/mm),并作力多边形,如图 2. 11(b)所示。由图可知总反力 $R_i=\overline{R}_i\mu_F$,其中$\overline{R}_i$为多边形中第 i 个力的图上长度(mm)。

(3) 求需施加于凸轮 1 上的驱动力矩 M_1。由凸轮 1 的平衡条件可得

$$M_1=R_{21}\mu_l a=\mu_F\,\overline{R_{21}}\mu_l a\ (\mathrm{N\cdot m})$$

式中 a——$\boldsymbol{R}_{21}$与 $\boldsymbol{R}_{51}$两方向线的图上距离(mm)。

(4) 求机械效率 η。由机械效率 η 公式($\eta=M_0/M$)先求理想状态下施加于凸轮 1 上的驱动力矩 $\boldsymbol{M}_{10}$,选取力比例尺 μ_F,作出机构在不考虑摩擦状态下,即 $f=0$,$\varphi=0$,$\rho=0$,各运动副反力的力多边形,如图 2. 11(c)所示。由图可得,正压力 $\boldsymbol{R}_{210}$的大小为

$$R_{210}=\overline{R_{210}}\mu_F(\mathrm{N})$$

再由凸轮 1 的力平衡条件可得

$$M_{10}=R_{210}a_0\mu_l=\overline{R_{210}}\mu_F a_0\mu_l(\mathrm{N\cdot m})$$

式中　a_0——$\boldsymbol{R}_{210}$与$\boldsymbol{R}_{510}$两方向线的图上距离(mm)。

故该机构在图示位置的瞬时机械效率为

$$\eta = M_{10}/M = \overline{R_{210}}a_0 / (\overline{R_{21}}a)$$

【例 2.8】　在图 2.12(a)所示夹具中,已知:偏心盘半径 R,其回转轴颈直径 d,楔角 λ,尺寸 a、b 及 l,各接触面间的摩擦系数 f,轴颈处当量摩擦系数 f_v。试求:

(1) 当工作面需夹紧力 Q 时,在手柄上需加的力 $\boldsymbol{P}$。

(2) 夹具在夹紧时的机械效率 η。

(3) 夹具在驱动力 $\boldsymbol{P}$ 作用下不发生自锁,而在夹紧力 $\boldsymbol{Q}$ 为驱动力时要求自锁的条件。

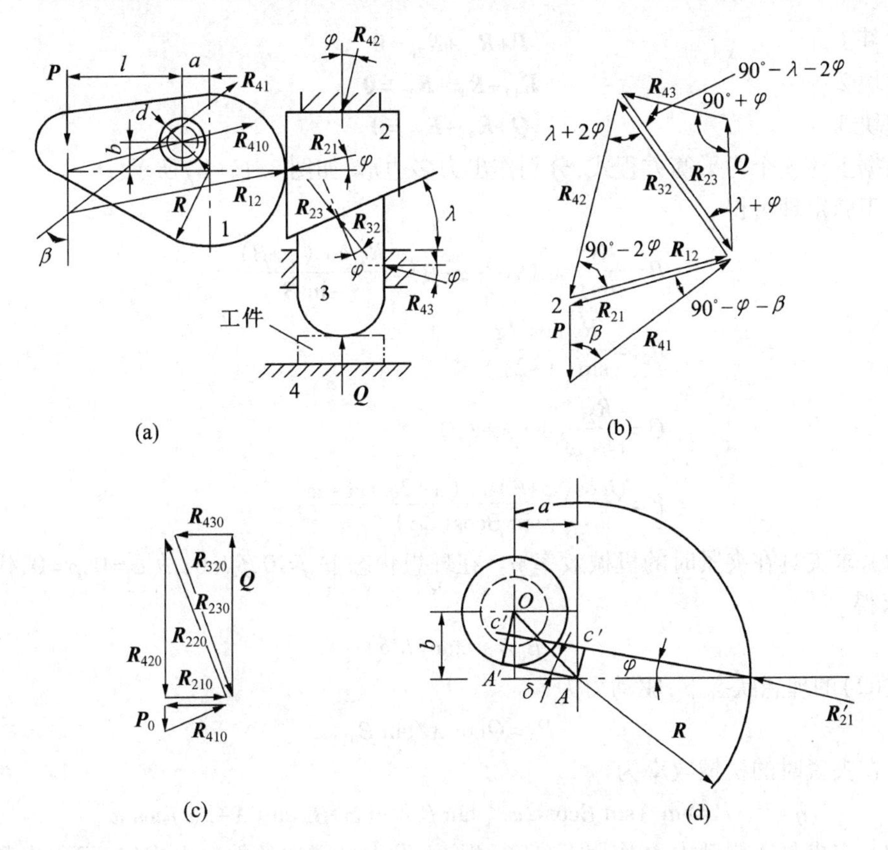

图 2.12

解题要点:

(1) 按各构件间的相对运动关系,确定各运动副总反力的作用线位置和方向。

(2) 明确机械效率的概念和计算方法。

(3) 只要将正行程导出的力分析计算式中的摩擦角 φ 和摩擦圆半径 ρ 变号,就可得到反行程时力的分析计算式。

(4) 整个机构中,只要有一个运动副发生自锁,整个机构就自锁,因此,一个机构就可能有多个自锁条件。

(5) 在确定机构反行程的自锁条件时,还要考虑机构正行程不自锁的要求。

【解】 (1) 求当工作面需夹紧力 Q 时,在手柄上需加的力 $\boldsymbol{P}$。

先作各运动副处总反力作用线。因已知摩擦系数 f 和当量摩擦系数 f_v,故摩擦角 $\varphi=\arctan f$,摩擦圆半径 $\rho=f_v r=f_v d/2$。分析各构件在驱动力 $\boldsymbol{P}$ 作用下的运动情况,并作出各运动副处总反力 $\boldsymbol{R}_{12}(\boldsymbol{R}_{21})$、$\boldsymbol{R}_{41}$、$\boldsymbol{R}_{42}$、$\boldsymbol{R}_{23}(\boldsymbol{R}_{32})$、$\boldsymbol{R}_{43}$ 的作用线,如图 2. 12(a)所示,其中总反力 R_{41} 的作用线与竖直方向的夹角 β 可由式

$$[b+(l+a+R)\tan\varphi]\sin\beta-l\cos\beta+\rho=0 \tag{1}$$

求出。

为了求驱动力 $\boldsymbol{P}$,分别取楔块 2、3 及杠杆 1 为示力体,并列出各构件力的平衡方程式。

杠杆 1 $\boldsymbol{P}+\boldsymbol{R}_{41}+\boldsymbol{R}_{21}=\boldsymbol{0}$

楔块 2 $\boldsymbol{R}_{12}+\boldsymbol{R}_{42}+\boldsymbol{R}_{32}=\boldsymbol{0}$

楔块 3 $\boldsymbol{Q}+\boldsymbol{R}_{43}+\boldsymbol{R}_{23}=\boldsymbol{0}$

根据上述 3 个力平衡方程式,分别作出力多边形,如图 2. 12(b)所示。

由正弦定理可得

$$P=\frac{R_{21}}{\sin\beta}\sin(90°-\varphi-\beta)=\frac{R_{21}\cos(\varphi+\beta)}{\sin\beta}$$

$$R_{23}=\frac{R_{21}\cos 2\varphi}{\sin(\lambda+2\varphi)}$$

$$Q=\frac{R_{23}}{\cos\varphi}\cos(\lambda+2\varphi)$$

$$P=\frac{Q\cos(\varphi+\beta)\tan(\lambda+2\varphi)\cos\varphi}{\sin\beta\cos(2\varphi)} \tag{2}$$

(2) 求夹具在夹紧时的机械效率 η。在理想状态下,$f=0$,$f_v=0$,故 $\varphi=0$,$\rho=0$,代入式(1),求得

$$\beta_0=\arctan(l/b)$$

代入式(2)的理想状态下,驱动力为

$$P_0=Q\tan\lambda/\tan\beta_0$$

故夹具在夹紧时的机械效率为

$$\eta=P_0/P=\tan\lambda\sin\beta\cos 2\varphi/[\tan\beta_0\cos(\varphi+\beta)\tan(\lambda+2\varphi)\cos\varphi]$$

(3) 求夹具在驱动力 $\boldsymbol{P}$ 作用下(正行程)不发生自锁的条件。由式(2)可得夹紧力 $\boldsymbol{Q}$ 大小为

$$Q=\frac{P\sin\beta\cos 2\varphi}{\cos(\varphi+\beta)\tan(\lambda+2\varphi)\cos\varphi}$$

由图 2. 12(a)可知,$\varphi+\beta<90°$,若要求在驱动力 $\boldsymbol{P}$ 作用下机构不发生自锁,则工作阻力 $Q>0$,故 $\lambda+2\varphi<90°$,即夹具不发生自锁的条件为 $\lambda<90°-2\varphi$。

(4) 求夹具在夹紧力 $\boldsymbol{Q}$ 为驱动力时(反行程)自锁的条件。因在机构的反行程中,各构件间的相对运动与正行程时恰好相反,各运动副处总反力 $\boldsymbol{R}'_{12}(\boldsymbol{R}'_{21})$、$\boldsymbol{R}'_{23}(\boldsymbol{R}'_{32})$、$\boldsymbol{R}'_{42}$、$\boldsymbol{R}'_{43}$ 的作用线与正行程时对称于各接触面的公法线,而 $\boldsymbol{R}'_{41}$ 也切于摩擦圆的另一侧,所以只要令正行程导出的驱动力 $\boldsymbol{P}$ 和 $\boldsymbol{Q}$ 的关系式中的摩擦角 φ 和摩擦圆半径 ρ 变号,同时,

驱动力 $\boldsymbol{P}$ 改为阻抗力 $\boldsymbol{P}'$，便可得机构在反行程夹紧力 $\boldsymbol{Q}$ 与 $\boldsymbol{P}'$ 的大小关系式：

$$P'=\frac{Q\cos(\beta'-\varphi)\tan(\lambda-2\varphi)\cos\varphi}{\sin\beta'\cos 2\varphi}$$

而式中 β' 则可由式

$$[b-(l+a+R)\tan\varphi]\sin\beta'-l\cos\beta'-\rho=0$$

求得。

若要求夹具在反行程自锁，则

$$P'\leqslant 0$$

故有

$$\lambda\leqslant 2\varphi$$

实际上，该机构在反行程时，若 $\boldsymbol{R}'_{21}$ 切于或通过摩擦圆时，如图 2. 12(d) 所示，则机构也可能发生自锁。设 AO 连线与水平线的夹角为 δ，若 $\boldsymbol{R}'_{21}$ 切于或通过摩擦圆时，则

$$\overline{OC'}\leqslant\rho$$

$$\overline{OC'}=\overline{OA'}-\overline{CA}=\overline{OA}\sin(\delta-\varphi)-R\sin\varphi$$

即

$$\sqrt{a^2+b^2}\sin(\delta-\varphi)-R\sin\varphi\leqslant\rho$$

可得

$$\delta\leqslant\varphi+\arcsin\frac{\rho+R\sin\varphi}{\sqrt{a^2+b^2}}$$

故反行程时该机构的自锁条件为

$$\lambda\leqslant 2\varphi\qquad\text{或}\qquad \arctan\frac{b}{a}=\delta\leqslant\varphi+\arcsin\frac{\rho+R\sin\varphi}{\sqrt{a^2+b^2}}$$

综合正行程不自锁条件和反行程自锁条件，可得当 $\varphi\leqslant 22.5°$(即 $f<0.4$)时，应满足

$$\lambda\leqslant 2\varphi\qquad\text{或}\qquad\lambda<90°-2\varphi$$

$$\arctan\frac{b}{a}\leqslant\varphi+\arcsin\frac{\rho+R\sin\varphi}{\sqrt{a^2+b^2}}$$

当 $\varphi>22.5°$(即 $f>0.4$)时，应满足

$$\lambda<90°-2\varphi\qquad\text{和}\qquad\arctan\frac{b}{a}=\delta\leqslant\varphi+\arcsin\frac{\rho+R\sin\varphi}{\sqrt{a^2+b^2}}$$

【例 2. 9】 设计一铰链四杆机构，如图 2. 13(a)所示，已知其摇杆 CD 的行程速比系数 $K=1$，摇杆的长度 $l_{CD}=150$ mm，摇杆的极限位置与机架所成的角度 $\varphi'=30°$ 和 $\varphi''=90°$，求曲柄的长度 l_{AB} 和连杆的长度 l_{BC}。

解题要点：

按照所给条件，正确作出机构的位置图。曲柄与连杆的两个极限位置重叠为一直线的位置。

【解】 用解析法，其步骤如下：

极位夹角

$$\theta=180°\times\frac{K-1}{K+1}=180°\times\frac{1-1}{1+1}=0°$$

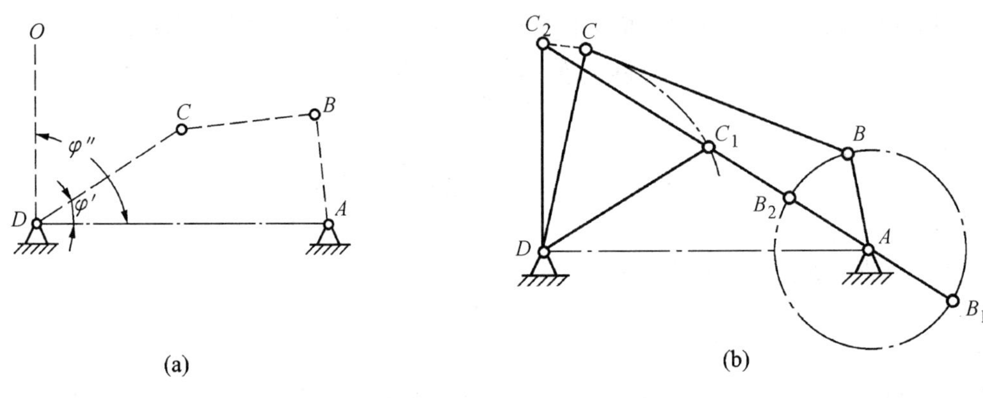

图 2.13

按已知条件作出摇杆 CD 的两个极限位置 DC_1 和 DC_2，如图 2.13(b)所示。因极位夹角为 0°，所以$\overline{AC_2}$与$\overline{AC_1}$重合，为一直线。故连接 C_2C_1，使其延长线与$\overline{DA}$相交与点 A，点 A 即为要求的固定铰链中心。其中 $\angle ADC_1=\varphi'=30°$，$\angle ADC_2=\varphi''=90°$。

因此，由图 2.13(b)可得$\triangle C_1C_2D$ 为等边三角形，得到 $l_{C_1C_2}=150$ mm。$\triangle AC_1D$ 为一等腰三角形，所以 $l_{AC_1}=150$ mm。求出 $l_{AC_2}=l_{AC_1}+l_{C_1C_2}=300$ mm。

由机构几何关系得到如下关系：

$$\begin{cases} l_{AC_1}=l_{BC}-l_{AB} \\ l_{AC_2}=l_{BC}+l_{AB} \end{cases}$$

经计算可以得出

$$l_{BC}=225\ \text{mm} \qquad l_{AB}=75\ \text{mm}$$

【例 2.10】　设计如图 2.14(a)所示一曲柄滑块机构，已知：滑块的行程速比系数 $K=1.5$，滑块的冲程 $l_{C_1C_2}=50$ mm，导路的偏距 $e=20$ mm，求曲柄的长度 l_{AB}和连杆的长度 l_{BC}。

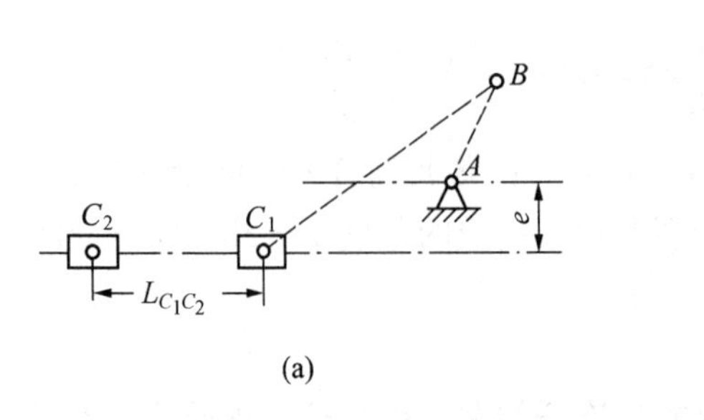

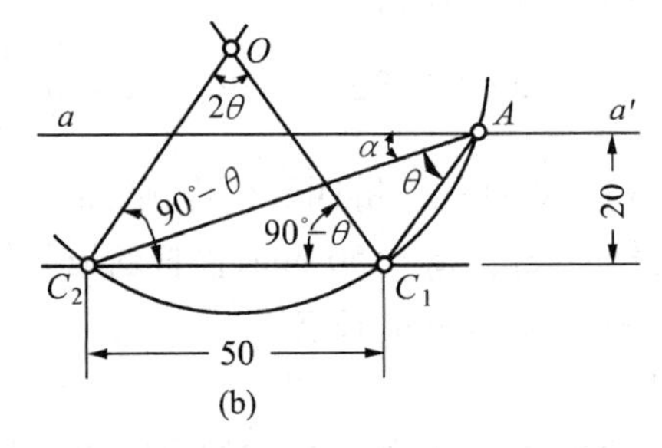

图 2.14

解题要点：

按照所给条件，正确作出机构的位置图。注意曲柄滑块机构存在急回运动的两个位置。

【解】　按照行程速度变化系数 $K=1.5$ 求出极位夹角

$$\theta=180°\times\frac{K-1}{K+1}=180°\times\frac{1.5-1}{1.5+1}=36°$$

如图 2.14(b)所示,按滑块的冲程作线段$\overline{C_1C_2}=50$ mm,作线段 C_1C_2 的平行线 $a-a'$,使其距离 $C_1C_2=20$ mm。过 C_1 点作射线 C_1E 使$\angle C_2C_1E=90°-\theta=54°$,过 C_2 点作射线 C_2F 使$\angle C_1C_2F=90°-\theta=54°$,$C_1E$ 与 C_2F 的相交点为 O。以 O 为圆心,OC_1 为半径作圆 O,圆 O 与线 $a-a'$的交点 A 即为曲柄的固定铰链中心。

由图 2.14(b)可知:

$$\cot\alpha=\frac{l_{C_1C_2}+e\cot(\alpha+\theta)}{e}$$

$$e\cot^2\alpha-l_{C_1C_2}\cot\alpha+e-l_{C_1C_2}\cot\theta=0$$

$$\cot\alpha=\frac{l_{C_1C_2}+\sqrt{l_{C_1C_2}^2-4e(e-l_{C_1C_2}\cot\theta)}}{2e}=\frac{50+\sqrt{50^2-4\times20\times(20-50\cot 36°)}}{2\times20}=3.25$$

$$\alpha=17.098°$$

$$l_{AC_2}=\frac{e}{\sin\alpha}=\frac{20}{\sin 17.098°}=68.02\ (\text{mm})$$

$$l_{AC_1}=\frac{e}{\sin(\alpha+\theta)}=\frac{20}{\sin(17.098°+36°)}=25.01\ (\text{mm})$$

$$l_{AC_1}=l_{BC}-l_{AB}$$

$$l_{AC_2}=l_{BC}+l_{AB}$$

$$l_{AB}=\frac{l_{AC_2}-l_{AC_1}}{2}=\frac{68.02-25.01}{2}=21.505\ (\text{mm})$$

$$l_{BC}=\frac{l_{AC_2}+l_{AC_1}}{2}=\frac{68.02+25.01}{2}=46.515\ (\text{mm})$$

【例 2.11】 如图 2.15(a)所示,设已知碎矿机的行程速比系数 $K=1.2$,颚板长度 $l_{CD}=300$ mm,颚板摆角 $\varphi=35°$,曲柄长度 $l_{AB}=80$ mm,求连杆的长度 l_{BC},并验算最小传动角 $\gamma_{\min}$是否在允许范围内。

解题要点:

按照所给条件,正确作出机构的位置图。注意机构存在急回运动的两个位置。

【解】 用解析法按行程速度变化系数 $K=1.2$ 求出极位夹角,为

$$\theta=180°\times\frac{K-1}{K+1}=180°\times\frac{1.2-1}{1.2+1}=16.364°$$

作图,任取固定铰链中心 D 的位置,作出鄂板的两个极限位置 C_1D 和 C_2D;连接 C_1、C_2,过点 C_1 作射线 $C_1E\perp C_1C_2$;过点 C_2 作射线 C_2F,使 C_2F 与 C_1C_2 间的夹角为$90°-\theta$,射线 C_1E 与 C_2F 的交点为 M;过 C_1、C_2 和 M 三点作圆,在圆上选一点即可作为曲柄的回转中心 A。

由图 2.15(b)可得

$$l_{C_1C_2}=2l_{CD}\sin\left(\frac{\varphi}{2}\right)=2\times300\times\sin\left(\frac{35°}{2}\right)=180.423\ (\text{mm})$$

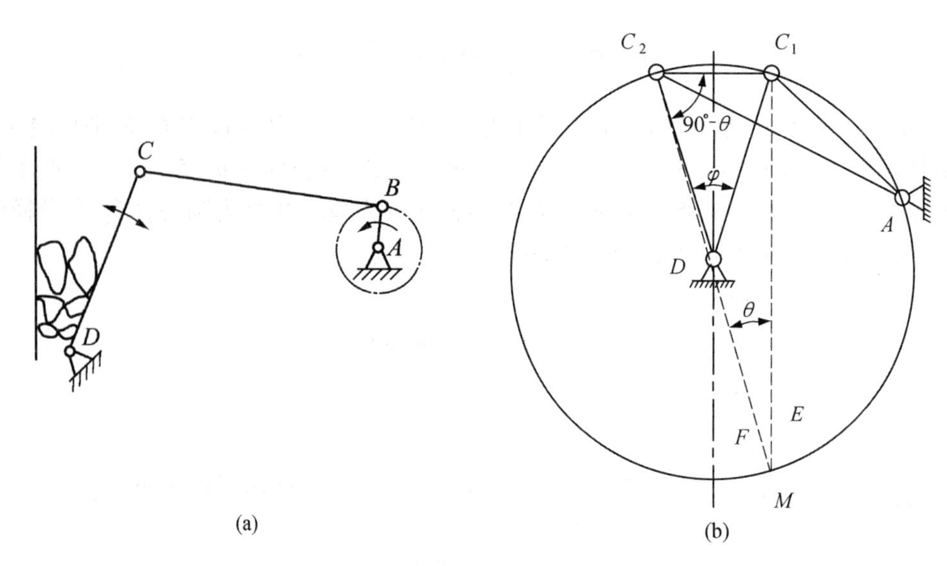

图 2.15

在$\triangle AC_1C_2$中

$$l_{AC_1}=l_{BC}-l_{CB}=l_{BC}-80$$
$$l_{AC_2}=l_{BC}+l_{CB}=l_{BC}+80$$
$$\angle C_1AC_2=\theta=16.364°$$

由余弦定理得

$$l_{C_1C_2}^2=l_{AC_1}^2+l_{AC_2}^2-2l_{AC_1}l_{AC_2}\cos\theta$$
$$180.423^2=(l_{BC}-80)^2+(l_{BC}+80)^2-2(l_{BC}-80)(l_{BC}+80)\cos 16.364°$$
$$l_{BC}=305\ \text{mm}$$
$$l_{AC_1}=l_{BC}-l_{CB}=305-80=225\ (\text{mm})$$
$$l_{AC_2}=l_{BC}+l_{CB}=305+80=385\ (\text{mm})$$
$$\cos\angle AC_2C_1=\frac{l_{AC_2}^2+l_{C_1C_2}^2-l_{AC_1}^2}{2l_{AC_2}l_{C_1C_2}}=\frac{385^2+180.423^2-225^2}{2\times385\times180.423}=0.936\ 8$$
$$\angle AC_2C_1=20.47°$$

在$\triangle AC_2D$中

$$\angle AC_2D=\angle DC_2C_1-\angle AC_2C_1=\frac{180°-\varphi}{2}-20.47°=52.03°$$
$$l_{AD}=\sqrt{l_{AC_2}^2+l_{DC_2}^2-2l_{AC_2}l_{DC_2}\cos\angle AC_2D}$$
$$=\sqrt{385^2+300^2-2\times385\times300\cos 52.03°}=310\ (\text{mm})$$

最小传动角可能出现的位置所对应的$\angle BCD$分别为

$$\cos\delta_{\min}=\frac{l_{BC}^2+l_{CD}^2-(l_{AD}-l_{AB})^2}{2l_{BC}l_{CD}}=\frac{305^2+300^2-(310-80)^2}{2\times305\times300}=0.711$$
$$\delta_{\min}=44.678°$$
$$\cos\delta_{\max}=\frac{l_{BC}^2+l_{CD}^2-(l_{AD}+l_{AB})^2}{2l_{BC}l_{CD}}=\frac{305^2+300^2-(310+80)^2}{2\times305\times300}=0.169$$

$$\delta_{max}=80.27°$$

最小传动角 $\gamma_{min}=44.678°$在允许范围内。

【例2.12】 在图2.14(a)所示曲柄滑块机构中,已知滑块的行程速比系数K、滑块的冲程和导路的偏距分别以H和e表示,所求的曲柄长、连杆长度分别以a、b表示,试证:

$$a=\frac{1}{2}H\left[1-2\frac{e}{H}\frac{1-\cos\theta}{\sin\theta}\right]^{\frac{1}{2}}$$

$$b=\frac{1}{2}H\left[1+2\frac{e}{H}\frac{1+\cos\theta}{\sin\theta}\right]^{\frac{1}{2}}$$

解题要点:

关键在于找出机构中参数之间的几何关系。

【解】 由滑块的行程速比系数K,可求得机构的极位夹角为

$$\theta=180°\frac{K-1}{K+1}$$

如图2.14(b)所示,在$\triangle AC_1C_2$中,因

$$AC_1=b-a$$

$$\sin\delta=\frac{e}{b+a}$$

由正弦定理得

$$\frac{AC_1}{\sin\delta}=\frac{H}{\sin\theta}$$

将前面的两关系代入,得

$$b^2-a^2=\frac{He}{\sin\theta} \tag{1}$$

又由余弦定理得

$$H^2=(b+a)^2+(b-a)^2-2(b^2-a^2)\cos\theta$$

即

$$b^2+a^2=\frac{H^2}{2}+\frac{He\cos\theta}{\sin\theta} \tag{2}$$

由式(1)与式(2)解得

$$a=\frac{H}{2}\left(1-2\frac{e}{H}\frac{1-\cos\theta}{\sin\theta}\right)^{\frac{1}{2}}$$

$$b=\frac{H}{2}\left(1+2\frac{e}{H}\frac{1+\cos\theta}{\sin\theta}\right)^{\frac{1}{2}}$$

【例2.13】 在图2.14(a)所示曲柄滑块机构中,如已知偏置曲柄滑块机构,已知滑块的冲程H、曲柄长a、连杆长b,试证偏距

$$e=\left[(b-a)^2-\left(\frac{4ab-H^2}{2H}\right)^2\right]^{\frac{1}{2}}$$

解题要点:

关键在于找出机构中参数之间的几何关系。

【解】 如图2.14(b)所示,因

$$\sqrt{(b-a)^2-e^2}+H=\sqrt{(b+a)^2-e^2}$$

展开得

$$(b-a)^2-e^2+2H\sqrt{(b-a)^2-e^2}+H^2=(b+a)^2-e^2$$

$$\sqrt{(b-a)^2-e^2}=\frac{4ab-H^2}{2H}$$

$$(b-a)^2-e^2=\left(\frac{4ab-H^2}{2H}\right)^2$$

即

$$e=\left[(b-a)^2-\left(\frac{4ab-H^2}{2H}\right)^2\right]^{\frac{1}{2}}$$

【例 2.14】　在如图 2.16 所示的牛头刨床的摆动导杆机构中,已知中心距 $l_{AC}=300$ mm,刨头的冲程 $H=450$ mm,刨头的空回行程最大速度 $v_{空(\max)}$ 与工作行程最大速度 $v_{工(\max)}$ 之比 $K=v_{空(\max)}/v_{工(\max)}=2$,试求曲柄 AB 和导杆 CD 的长度。

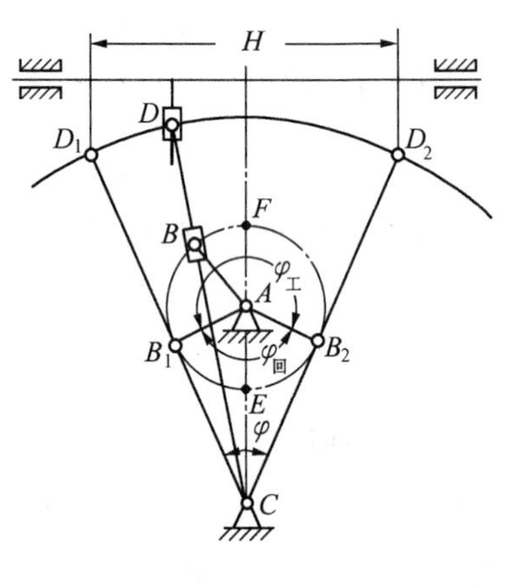

图 2.16

解题要点:

关键在于正确写出刨头的空回行程最大速度 $v_{空(\max)}$ 和工作行程最大速度 $v_{工(\max)}$ 的表达式。

【解】　如图 2.16 所示的摆动导杆机构,当曲柄做匀速转动时,做往复摆动的导杆有两个极限位置 E 和 F。

设 ω_E 为回程时导杆摆动的最大角速度,ω_F 为工作行程时导杆摆动的最大角速度。

因

$$v_{回(\max)}=l_{CD}\omega_E$$

$$v_{工(\max)}=l_{CD}\omega_F$$

所以

$$K=\frac{v_{回(\max)}}{v_{工(\max)}}=\frac{\omega_E}{\omega_F}=\frac{\dfrac{v_B}{l_{AC}-l_{AB}}}{\dfrac{v_B}{l_{AC}+l_{AB}}}=\frac{l_{AC}+l_{AB}}{l_{AC}-l_{AB}}=2$$

即

$$l_{AC}=3l_{AB}$$

则

$$l_{AB}=\frac{1}{3}l_{AC}=\frac{1}{3}\times 300=100\ (\text{mm})$$

又因

$$\sin\frac{\varphi}{2}=\frac{l_{AB}}{l_{AC}}=\frac{100}{300}=\frac{1}{3}$$

而

$$l_{CD}\sin\frac{\varphi}{2}=\frac{H}{2}$$

故
$$l_{CD}=\frac{H}{2}\frac{1}{\sin\frac{\varphi}{2}}=\frac{450}{2}\times3=675\ (\text{mm})$$

【例 2.15】　设计一平面连杆机构,给定条件为:主动曲柄绕轴心 A 做等速回转,从动件滑块做往复移动,其行程 $E_1E_2=250$ mm,行程速比系数 $K=1.5$,其他参数如图2.17(a)所示。

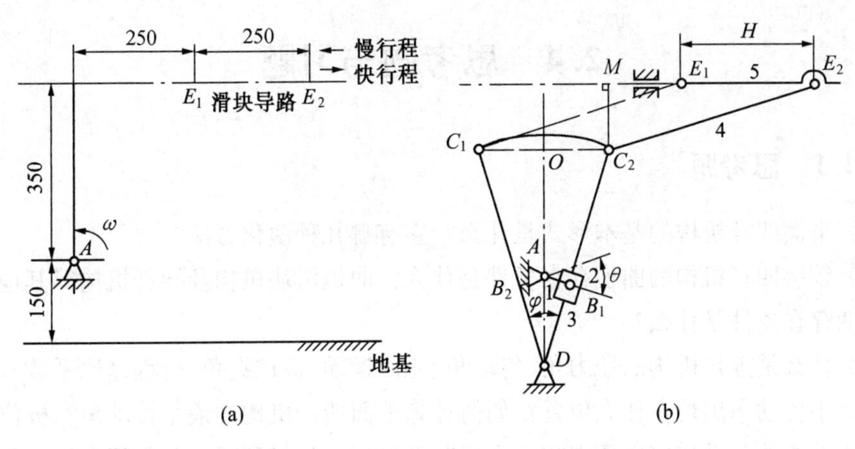

图 2.17

(1) 拟定平面连杆机构的运动简图。

(2) 确定该机构的几何尺寸。

解题要点:

按所给条件分析,选取导杆机构为基本机构。

【解】　(1) 拟定平面连杆机构的运动简图。

① 计算机位夹角。

$$\theta=\varphi=180°\frac{K+1}{K-1}=180°\frac{1.5-1}{1.5+1}=36°$$

② 过点 A 作地基面垂线交于点 D,以点 D 为顶点,以 AD 为角平分线$\angle ADC_1=\frac{\theta}{2}$。

③ 计算导杆长度。

$$l_{C_1O}=\frac{l_{E_1E_2}}{2}=l_{DC_1}\sin\frac{\varphi}{2}=125\ (\text{mm})$$

$$l_{DC_1}=\frac{l_{E_1E_2}}{2\sin\frac{\varphi}{2}}=\frac{250}{2\times\sin 18°}=404\ (\text{mm})$$

④ 过点 A 作 AB_1 垂直于 C_1D 交于点 B_1,在摆杆 B_1 处装一滑块,再连接 C_1E_1,得一导杆机构,图2.17(b)所示 $E_1C_1DAB_1$ 便是所求的平面连杆机构的运动简图。

(2) 确定机构的几何尺寸。

$$l_{AB}=l_{AD}\sin\frac{\varphi}{2}=150\times\sin 18°=46.35\ (\text{mm})$$

$$l_{DO}=l_{DC_1}\cos\frac{\varphi}{2}=404\times\cos 18°=384\ (\text{mm})$$

$$l_{MC}=350+150-l_{DO}=500-384=116\ (\text{mm})$$

$$l_{C_1E_1}=\sqrt{l_{C_1M}^2+l_{ME_1}^2}=\sqrt{l_{C_1M}^2+(250+250-l_{C_1O})^2}$$

$$=\sqrt{(116)^2+(500-125)^2}=392.53\ (\text{mm})$$

2.4 思考题与习题

2.4.1 思考题

(1) 平面四杆机构的基本形式是什么？它有哪几种演化方法？

(2) 铰链四杆机构的曲柄存在条件是什么？曲柄滑块机构及导杆机构等其他四杆机构的曲柄存在条件是什么？

(3) 什么是连杆机构的压力角、传动角、急回运动、极位夹角、行程速比系数？平面四杆机构最小传动角出现在什么位置？如何计算平面四杆机构的最小传动角？极位夹角与行程速比系数的关系如何？死点在什么情况下出现？如何利用和避免死点位置？

(4) 机构运动分析包括哪些内容？对机构进行运动分析的目的是什么？什么是速度瞬心？相对速度瞬心和绝对速度瞬心有什么区别？如何确定机构中速度瞬心的数目？什么是三心定理？对机构进行运动分析时，速度瞬心法的优点及局限是什么？

(5) 用相对运动图解法及杆组法对连杆机构进行运动分析的依据及基本思路是什么？

(6) 何谓摩擦角和摩擦圆？移动副中总反力是如何决定的？何谓当量摩擦系数和当量摩擦角？机械效率的计算方法有哪些？从机械效率的观点来看，机械的自锁条件是什么？

(7) 平面连杆机构设计的基本问题有哪些？按给定行程速比系数设计平面四杆机构的方法是什么？

2.4.2 习题

【题 2.1】 如图 2.18 所示导杆机构中，已知 $l_{AB}=40$ mm，偏距 $e=10$ mm。试问：

(1) 欲使其为曲柄摆动导杆机构，l_{AC}的最小值为多少？

(2) 若 l_{AB}不变，而 $e=0$，欲使其为曲柄转动导杆机构，l_{AC}的最大值为多少？

(3) 若 l_{AB}为原动件，试比较在 $e>0$ 和 $e=0$ 两种情况下，曲柄摆动导杆机构的传动角，哪个是常数？哪个是变数？哪种情况传力效果好？

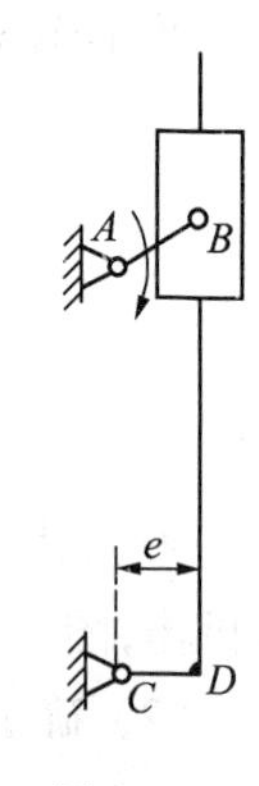

图 2.18

【**题 2.2**】　如图 2.19 所示偏置曲柄滑块机构。

（1）试判定机构是否具有急回特性？并说明理由。

（2）若滑块的工作行程方向朝右，试从急回特性和压力角两个方面判定图 2.19 所示曲柄的转向是否正确？并说明理由。

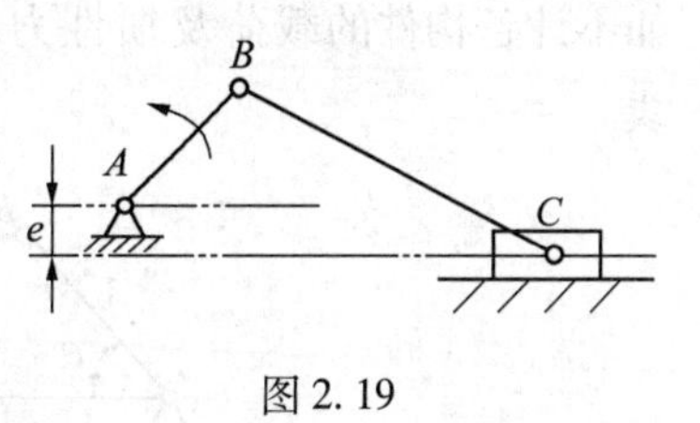

图 2.19

【**题 2.3**】　如图 2.20 所示曲柄滑块机构。

（1）设曲柄为主动件，滑块朝右运动为工作行程。试确定曲柄的合理转向，并简述其理由。

（2）若滑块为主动件，试用作图法确定该机构的死点位置。

（3）当曲柄为主动件时，画出极位夹角 θ 和最小传动角 $\gamma_{\min}$。

【**题 2.4**】　如图 2.21 所示齿轮-连杆组合机构中，构件 3 带动齿轮 2（行星齿轮）绕固定齿轮 1（中心轮）转动，试用速度瞬心图解法求图示位置齿轮 2 与构件 4 的传动比 $i_{24}=\omega_2/\omega_4$。

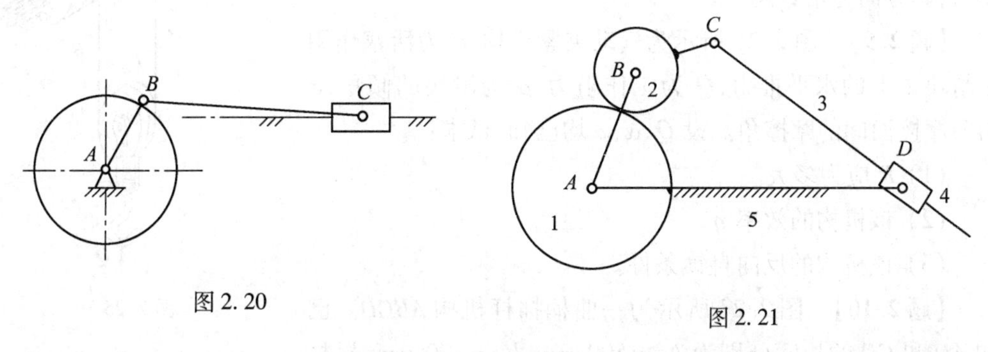

图 2.20　　图 2.21

【**题 2.5**】　如图 2.22 所示六杆机构中，已知构件 1 的角速度为 ω_1。试用速度瞬心法求图示位置滑块 5 的速度 v_5。

【**题 2.6**】　如图 2.23 所示机构中，已知各构件尺寸和原动件的角速度 ω_1（常数）。试求机构在图示位置时构件 3 的角速度 ω_3 和角加速度 ε_3。

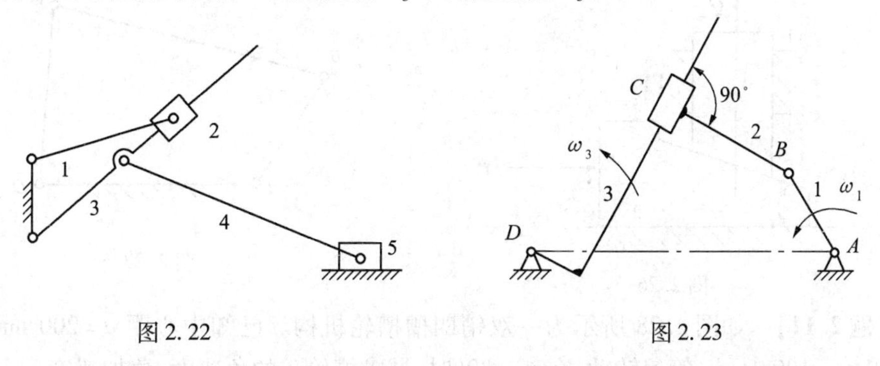

图 2.22　　图 2.23

【**题 2.7**】　如图 2.24 所示曲柄滑块机构中，已知：机构的尺寸及轴颈的直径，各轴颈的当量摩擦系数 f_v，滑块与导路之间的摩擦系数 f 及驱动力 $\boldsymbol{P}$（回程时 $\boldsymbol{P}$ 的方向向右）。

如不计各构件的载荷及惯性力。试求 $\theta=45°$、135°、225°、315°时,连杆内所受力的作用线。

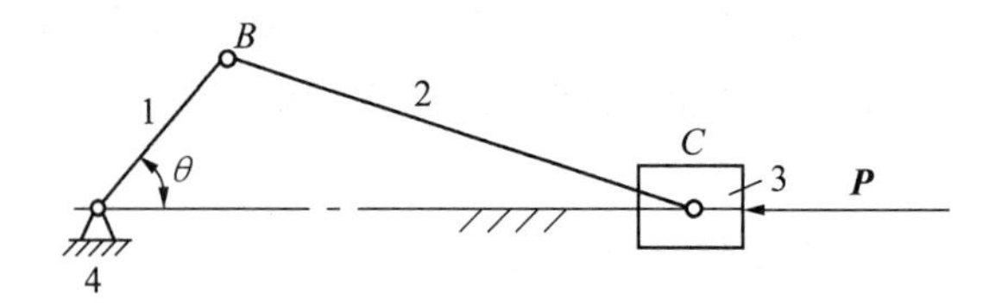

图 2.24

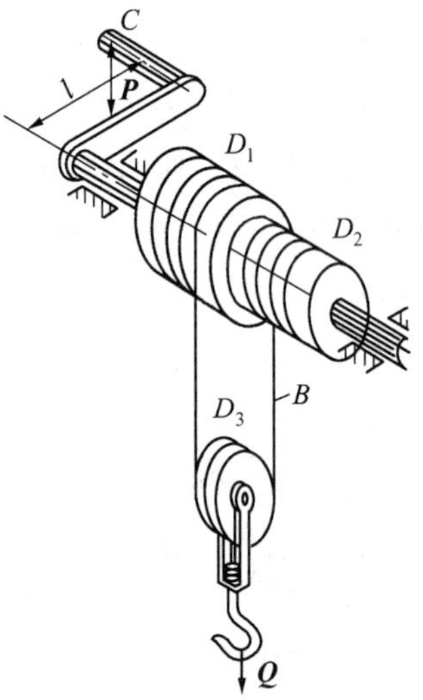

【题 2.8】 在图 2.25 所示的我国古代发明的差动起重辘轳中,已知:鼓轮的直径 D_1 和 D_2,滑车的直径 $D_3=(D_1+D_2)/2$;手柄的长度 l,鼓轮轴承和滑轮轴承的摩擦圆半径 ρ_1、ρ_3。设不考虑绳的内摩擦,试求该起重机的辘轳效率 η 及反行程的自锁条件。其中 Q 为载荷,$\boldsymbol{P}$ 为作用在 C 处的切向驱动力,其方向为铅直向下。

图 2.25

【题 2.9】 图 2.26 所示为气动夹紧机构,$\boldsymbol{P}$ 为活塞作用于滑块 2 上的水平推力,$\boldsymbol{Q}$ 为工作阻力,α 为滑块的倾角,φ 为各摩擦面间的摩擦角。设 $\boldsymbol{Q}$、α、φ 均已知,试求:

(1) $\boldsymbol{P}$ 应为多大。

(2) 该机构的效率 η。

(3) 该机构的反向自锁条件。

【题 2.10】 图 2.27 所示为一曲柄摇杆机构 $ABCD$。已知 AD 和 CD 的长度分别为 $l_{AD}=500$ mm、$l_{CD}=400$ mm,摇杆 CD 的摆角为 $\varphi=50°$,行程速比系数 $K=1.2$。试确定其他构件的长度,并校验是否满足曲柄存在条件及最小传动角 $\gamma_{\min}$是否大于 40°? 注:作图线应全部保留。

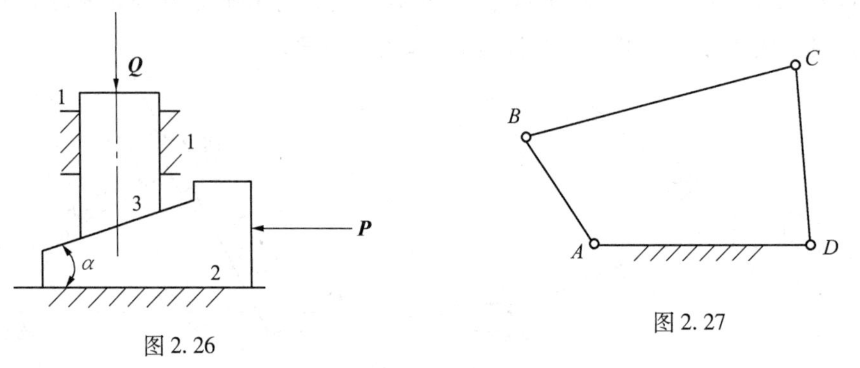

图 2.26

图 2.27

【题 2.11】 如图 2.28 所示为一双销四槽槽轮机构。已知中心距 $a=200$ mm,主动件 1 以 $n_1=100$ r/min 等速转动,在 $\theta_1=30°$时,试求槽轮 2 的角速度、角加速度。

【题 2.12】 试设计如图 2.29 所示一脚踏轧棉机的曲柄摇杆机构,已知 $l_{CD}=500$ mm 和 $l_{AD}=1\ 000$ mm,如要求踏板 CD 能离水平位置上下各摆 10°,试求 AB 和 BC 的长度。

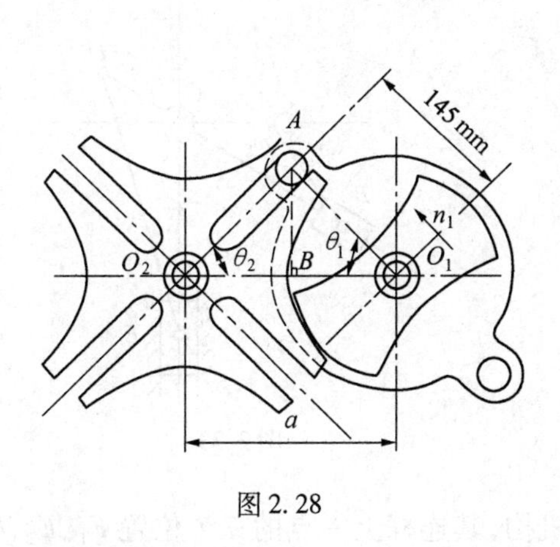

图2.28

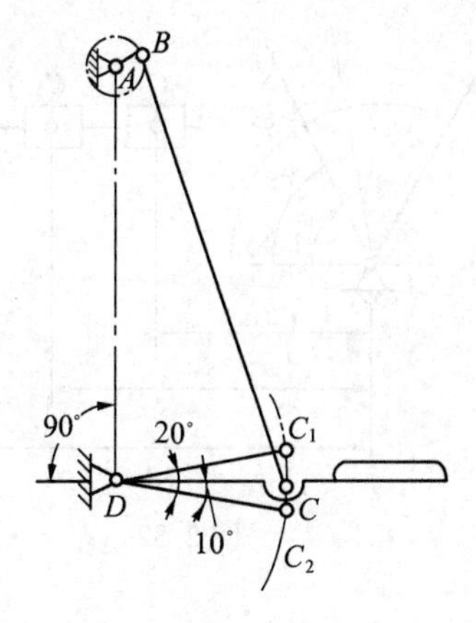

图2.29

【题2.13】 如图2.30所示，设计一铰链四杆机构，已知：摇杆 CD 的长度 $l_{CD}=75$ mm，行程速比系数$K=1.5$，机架AD 的长度为 $l_{AD}=100$ mm，摇杆的一个极限位置与机架间的夹角 $\varphi=45°$。试求曲柄的长度 l_{AB} 和连杆的长度 l_{BC}。

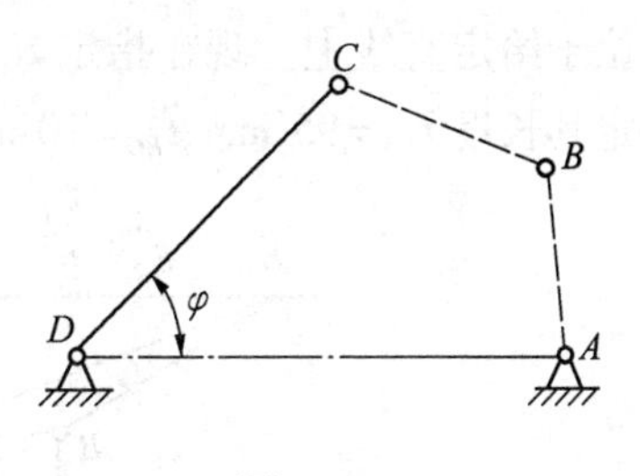

图2.30

【题2.14】 设计如图2.31所示一偏置曲柄滑块机构，已知：曲柄的长度 $r=100$ mm，偏距 $e=20$ mm，曲柄的角速度 $\omega=100$ rad/s，对应于位置 $\varphi=45°$时滑块的速度$v_C=8$ m/s，试求连杆的长度 l。

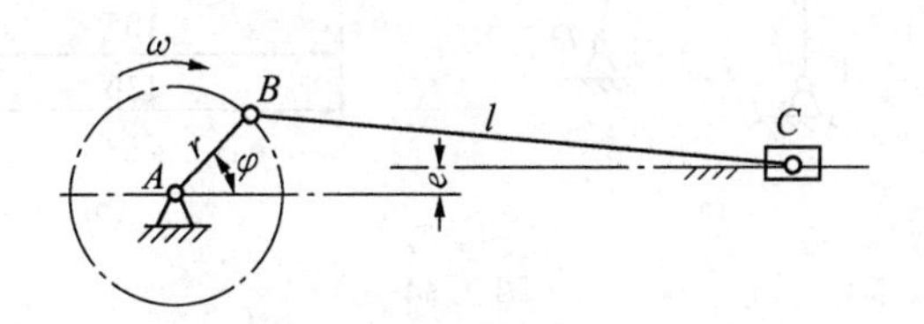

图2.31

【题2.15】 图2.32所示仪表装置采用曲柄滑块机构，若已知滑块和曲柄的对应位置：$s_1=36$ mm，$\varphi_1=60°$；$s_2=28$ mm，$\varphi_2=85°$；$s_3=19$ mm，$\varphi_3=120°$。试用解析法确定各杆件的长度。

【题2.16】 图2.33所示为一六杆机构，已知原动件1以等角速度 ω_1 回转，$l_{AB}=200$ mm，$l_{AC}=584.76$ mm，$l_{CD}=300$ mm，$l_{DE}=700$ mm，试求：

（1）机构的行程速度变化系数 K。

（2）滑块 E 的冲程 H。

（3）机构最大压力角 α_{max}的发生位置。

（4）为使冲程比原来的增加1倍，问当其他尺寸均不改变，只改变曲柄 l_{AB}的长度时，l_{AB}应为多少？

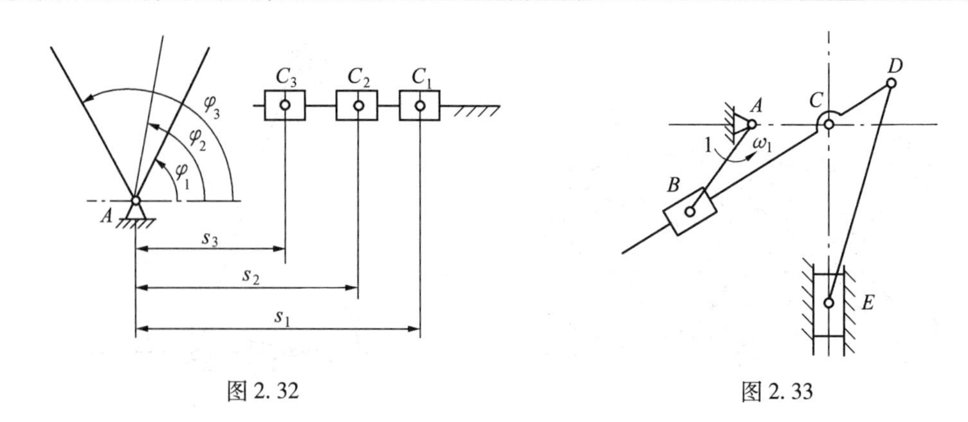

图 2.32　　　　图 2.33

【题 2.17】 图 2.34(a)所示铰链为四杆机构,其连杆上一点的三个位置 E_1、E_2、E_3 位于给定直线上。现在指定 E_1、E_2、E_3 和固定铰链 A、D 的位置如图 2.38(b)所示,并指定其长度 $l_{CD}=95$ mm、$l_{EC}=70$ mm,简要说明机构设计的方法和步骤。

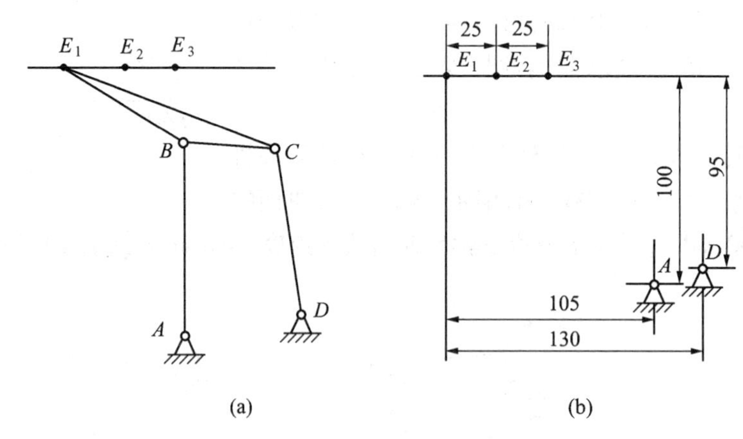

图 2.34

【题 2.18】 如图 2.35 所示的插床用于转动导杆机构中(导杆 AC 可做整周转动),已知 $l_{AB}=50$ mm 和 $l_{AD}=40$ mm,行程速比系数 $K=2$。试求曲柄 BC 的长度 l_{BC} 和插刀 P 的行程。

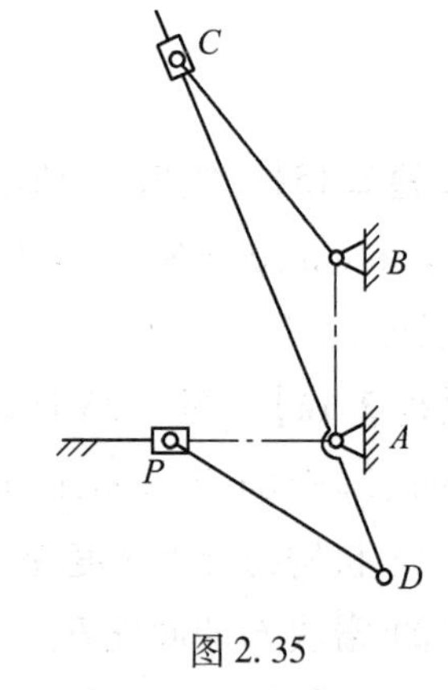

图 2.35

【题 2.19】 如图 2.36 所示六杆机构,已知 AB 为曲柄,且为原动件,摇杆 DC 的行程速比系数 $K=1$,滑块行程 $F_1F_2=300$ mm,$e=100$ mm,$x=400$ mm,摇杆的极限位置为 DE_1 和 DE_2,$\varphi_1=45°$,$\varphi_2=90°$,$l_{EC}=l_{CD}$,且 A、D 在平行于滑道的一条水平线上,试求出该机构各杆的尺寸。

【题 2.20】 在图 2.37 所示的偏心夹具中,已知偏心圆盘 I 的半径 $r_1=60$ mm,轴颈 O 的半径 $r_0=15$ mm,偏距 $e=40$ mm,轴颈的当量摩擦系数 $f_0=0.2$,偏心圆盘 1 与工件 2 之间的摩擦系数 $f=0.14$,求不加力 $\boldsymbol{P}$ 仍能夹紧工作时的楔紧角 α。

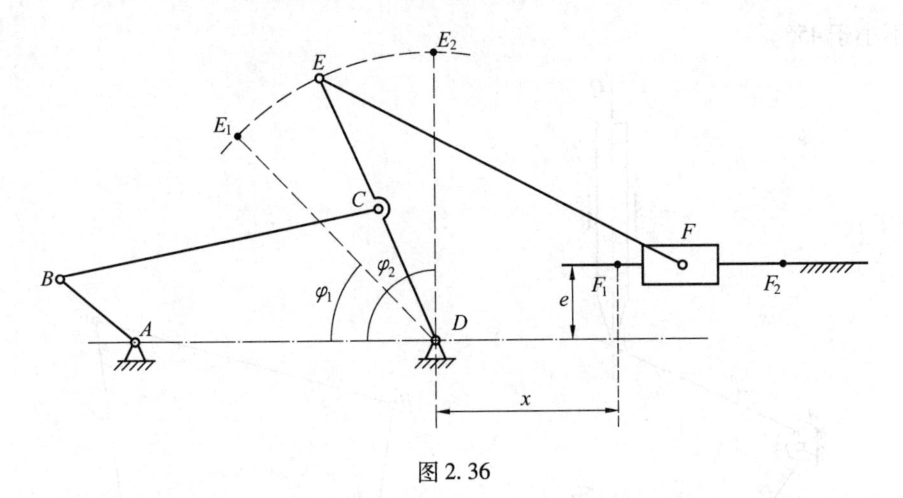

图 2.36

【题 2.21】　如图 2.38 所示，请设计牛头刨床中的导杆机构，以实行行程速比系数 $K=2.0$，并已给定机架 $L_{AC}=0.4$ m，刨刀自右往左运动时为切削行程。试求：

(1) 导杆 L_{CD} 的摆角 ψ。

(2) 曲柄长度 L_{AB}，以及导杆 L_{CD} 至少应有的长度（不考虑滑块 B 的几何尺寸）。

(3) 曲柄 L_{AB} 应取的转动方向，并说明理由。

(4) 若 D 点始终在刨刀滑路的下方，请指明机构最大传动角发生的位置。

(5) 若曲柄 AB 以角速度 10 rad/s 等速运转，导杆 L_{CD} 的最大角速度发生在什么位置，并确定其大小与转向。

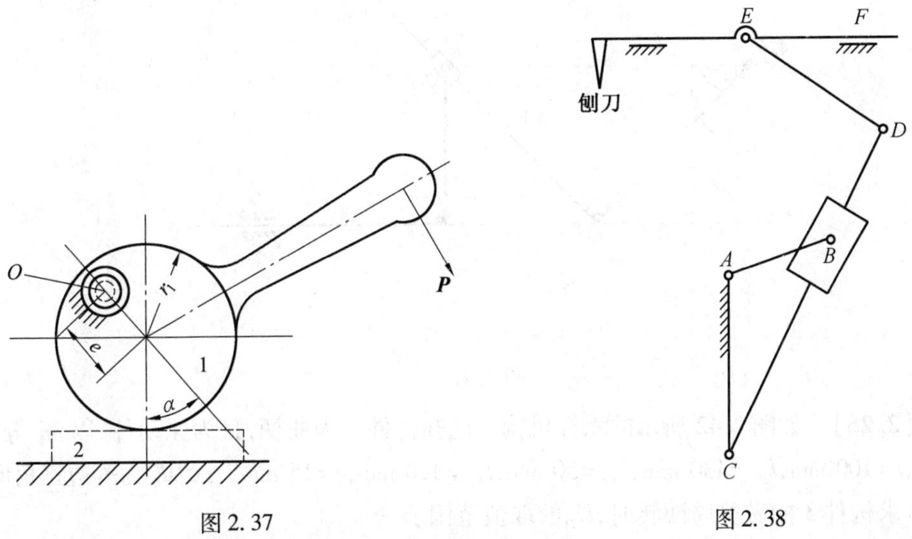

图 2.37　　　　图 2.38

【题 2.22】　作用在机构各构件上的外力如图 2.39 所示，构件 1 以 ω_1 的角速度逆时针方向匀速转动，考虑运动副中的摩擦，设摩擦角 $\varphi=15°$，图中虚线小圆为摩擦圆，阻力为 $\boldsymbol{Q}$，驱动力为 $\boldsymbol{P}$。请作图标出各构件的受力情况。

【题 2.23】　如图 2.40 所示，已知：一曲柄摇杆机构的曲柄长度 $l_{AB}=100$ mm，连杆长度 $l_{BC}=200$ mm，摇杆长度 $l_{CD}=300$ mm。请确定机架长度 l_{AD} 的合理范围，使机构的传动角始终不小于45°。

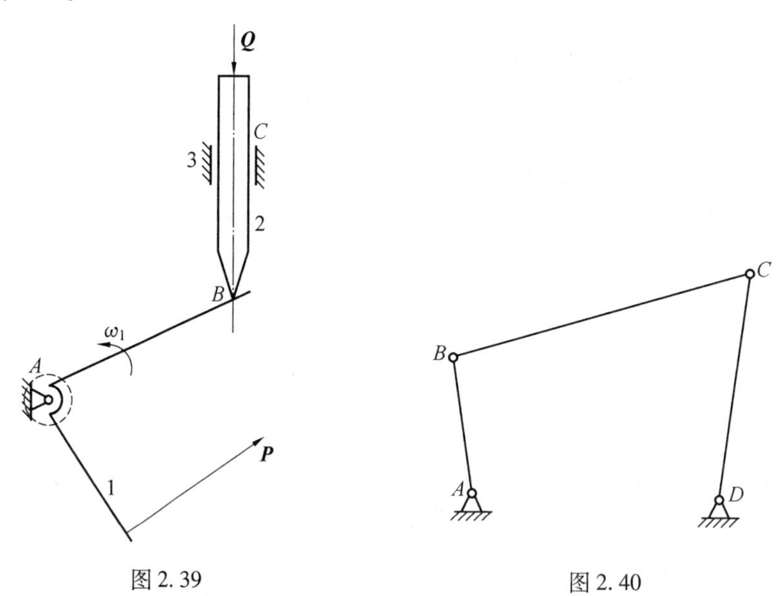

图2.39　　　　图2.40

【题2.24】 如图2.41所示四杆机构中，构件1为原动件，以角速度 $\omega_1=10$ rad/s 做匀速转动。已知 $l_{AD}=60$ mm。

（1）画图标注机构此时全部瞬心。

（2）求构件3的速度 v_3，并指明其方向。

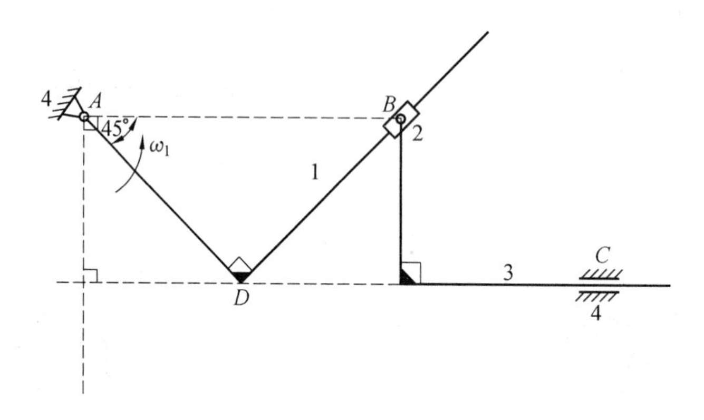

图2.41

【题2.25】 如图2.42所示的六杆机构。已知构件1为曲柄，且为原动件，以 ω_1 等速转动。$l_{AB}=100$ mm，$l_{BC}=130$ mm，$l_{AD}=50$ mm，$l_{EF}=120$ mm，$e=15$ mm，$\triangle CDE$ 为等边三角形。

（1）求构件3能做整周回转时，l_{CD}的取值范围。

（2）设 $l_{CD}=90$ mm 时，求从动件5的行程 H 和行程速比系数 K。

（3）设 $l_{CD}=90$ mm 时，求从动件5上的最大压力角 α_{max} 和最小压力角 α_{min}。

【题2.26】 已知：一曲柄摇杆机构的曲柄长度 $l_{AB}=100$ mm，连杆长度 $l_{BC}=450$ mm，机构的行程速比系数 $K=1$。摇杆在其中一极限位置时的传动角 $\gamma=60°$。试求出该机构摇杆 l_{CD}、机架 l_{AD}的长度和机构的最小传动角 γ_{min}。

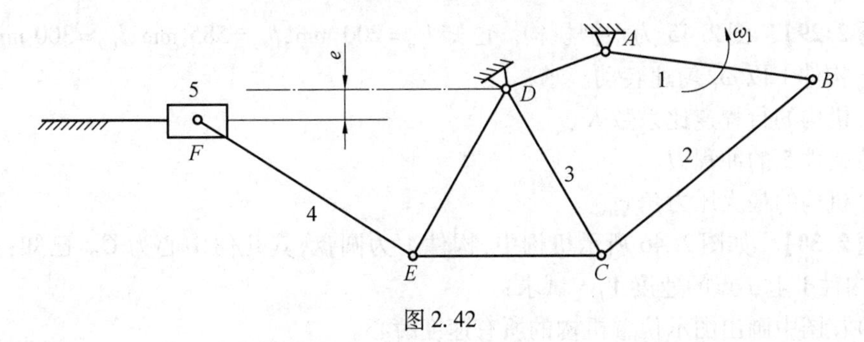

图 2.42

【题 2.27】　图 2.43 所示机构在驱动力 $P=500$ N 和阻力 Q 作用下处于平衡状态。机构中各转动副轴颈半径 $r=4$ mm，当量摩擦系数 $f_v=0.5$，为方便计算，C 处的转动副不考虑摩擦；机构中移动副滑动摩擦系数 $f=0.58$，$l_{AB}=114$ mm，$l_{BC}=100$ mm，$l_{CD}=50$ mm，$l_{DE}=77$ mm，各构件的质量不计，计算中角度可适当圆整。试求：

（1）画图标注在当前位置所有构件的受力方向，并求滑块 5 的各受力大小。

（2）求该瞬时机构的机械效率。

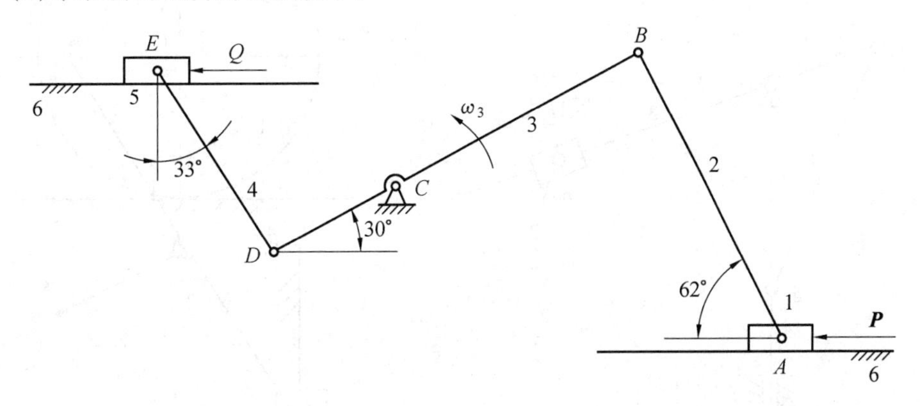

图 2.43

【题 2.28】　如图 2.44 所示平面六杆机构。已知：构件长度 $l_{AD}=l_{CD}=380$ mm，滑块行程 $s=E_1E_2=260$ mm，且要求滑块在极限位置 E_1、E_2 时，机构的压力角分别为 $\alpha_1=\alpha_2=30°$。

（1）计算各构件长度 l_{AB}、l_{BC}、l_{CE}。

（2）设滑块工作行程由 E_1 至 E_2 的平均速度 $v_m=0.52$ m/s，求曲柄匀速旋转时的转速 n。

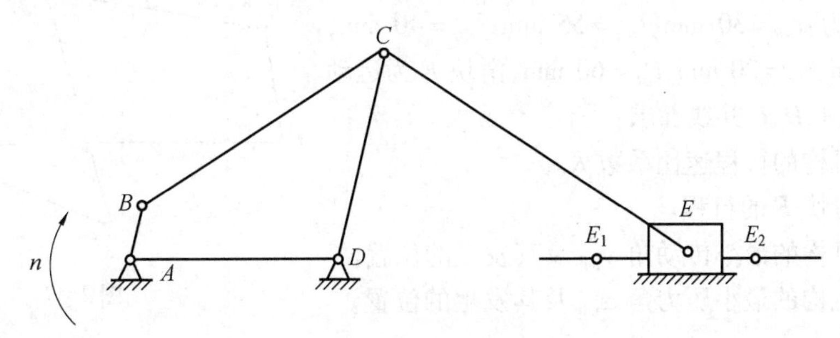

图 2.44

【题 2.29】 图 2.45 为六杆机构。已知 $l_{AB}=200$ mm，$l_{AC}=585$ mm，$l_{CD}=300$ mm，$l_{DE}=700$ mm，构件 1 以 ω_1 匀速转动。求：

（1）机构的行程速比系数 K。

（2）构件 5 的冲程 H。

（3）机构的最大压力角 α_{max}。

【题 2.30】 如图 2.46 所示机构中，构件 1 为圆盘，其几何中心为 C。已知：机构的尺寸和构件 1 上 J 点的速度 V_J。试求：

（1）在图中画出图示位置机构的所有速度瞬心。

（2）在图中画出构件 2 上 K 点的速度。

（3）在图中画出构件 3 滑块的速度。

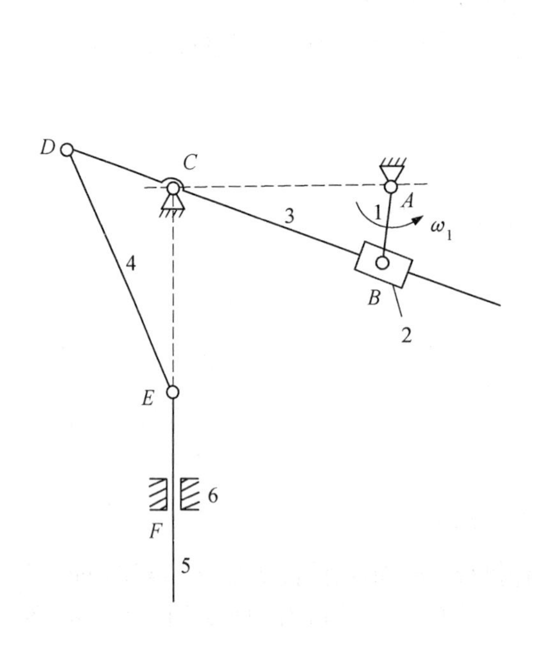

图 2.45

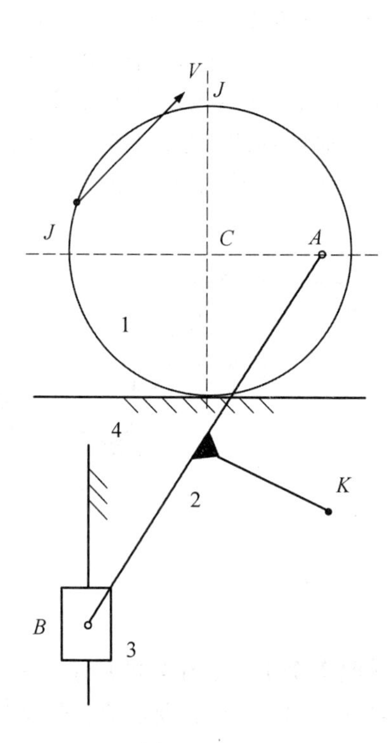

图 2.46

【题 2.31】 如图 2.47 所示六杆机构中，各构件的尺寸为：$l_{AB}=30$ mm，$l_{BC}=55$ mm，$l_{CD}=40$ mm，$l_{AD}=50$ mm，$l_{DE}=20$ mm，$l_{EF}=60$ mm，滑块 F 为运动输出构件，A、D、F 共线。求：

（1）机构的行程速比系数 K。

（2）滑块 F 的行程。

（3）机构的最小传动角 γ_{min} 及其发生的位置。

（4）机构的最小压力角 α_{min} 及其发生的位置。

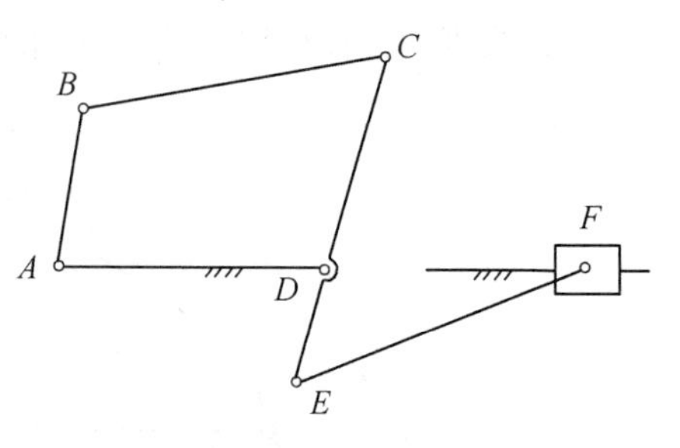

图 2.47

第3章　凸轮机构及其设计

3.1　基本要求

(1) 了解凸轮机构的类型和特点。

(2) 掌握从动件的几种常用运动规律和特点;掌握从动件行程、从动件推程、推程运动角,从动件回程、回程运动角,从动件远(近)休程、远(近)休止角,从动件凸轮的基圆、偏距等基本概念。

(3) 熟练掌握并灵活运用反转法原理,应用这一原理设计直动从动件盘形凸轮机构、摆动从动件盘形凸轮机构及平底直动从动件盘形凸轮机构。

(4) 掌握凸轮机构基本尺寸的确定原则,根据这些原则确定凸轮机构的压力角及其许用值、基圆半径、偏距、滚子半径等基本尺寸。

(5) 掌握凸轮机构设计的基本步骤,了解用计算机对凸轮机构进行辅助设计的方法。

3.2　内容提要

3.2.1　本章重点

本章重点是从动件运动规律的选择和特点,按预定从动件运动规律设计平面凸轮轮廓曲线和确定凸轮机构基本尺寸。涉及根据使用场合和工作要求,选择凸轮机构的形式,选择或设计从动件的运动规律,合理选择或确定凸轮的基圆半径,正确设计凸轮廓线,对设计出来的凸轮机构进行分析,以校核其是否满足设计要求。

1. 凸轮机构的类型选择

选择凸轮机构的类型是凸轮机构设计的第一步,称为凸轮机构的型综合。凸轮的形状有平面凸轮(盘形凸轮、移动凸轮)和空间凸轮,从动件的形状有尖顶从动件、滚子从动件、平底从动件,而从动件的运动形式有移动和摆动之分,凸轮与从动件维持高副接触的方法又分为力锁合型、形锁合型。故凸轮机构的类型多种多样,设计凸轮机构时,可根据使用场合和工作要求的不同加以选择。

(1) 各类凸轮机构的特点及适用场合。

①尖顶从动件凸轮机构:优点是结构最简单,缺点是尖顶处极易磨损,故只适用于作用力不大和速度较低的场合。

②滚子从动件凸轮机构:优点是滚子与凸轮廓线间为滚动摩擦,摩擦较小,可用来传递较大的动力,故应用广泛。

③平底从动件凸轮机构:优点是平底与凸轮廓线接触处极易形成油膜、能减少磨损,且不计摩擦时,凸轮对从动件的作用力始终垂直于平底,受力平稳,传动效率较高,故适用于高速场合。缺点是仅能与轮廓曲线全部外凸的凸轮接触。

④盘形凸轮机构和移动凸轮机构:均属于平面凸轮机构,其特点是凸轮与从动件之间的相对运动是平面机构。当主动凸轮做定轴转动时,采用盘形凸轮机构,当主动凸轮做往复移动时,采用移动凸轮机构。与圆柱凸轮机构和圆锥凸轮机构相比,盘形凸轮机构结构简单,应用极为广泛。

⑤圆柱凸轮机构和圆锥凸轮机构:属空间凸轮机构,其特点是凸轮与从动件之间的相对运动是空间运动,故适用于从动件的运动平面与凸轮轴线平行的场合。当工作要求从动件的移动行程较大时,采用圆柱凸轮机构或圆锥凸轮机构要比盘形凸轮机构尺寸更为紧凑。缺点是结构较盘形凸轮复杂,且不宜用在从动件摆角过大的场合。

⑥力锁合型凸轮机构:优点是锁合方式简单,适合于各种类型的从动件,且对从动件的运动规律没有限制。缺点是当从动件行程较大时,所需要的回程弹簧太大。

⑦槽凸轮机构:在形锁合型凸轮机构中,其锁合方式简单,且从动件的运动规律不受限制。缺点是增大了凸轮的尺寸和质量,且不能采用平底从动件。

⑧等宽和等径凸轮机构:属于形锁合型凸轮机构。前者只适用凸轮廓线全部外凸的场合,后者则允许凸轮廓线有内凹部分。其共同的缺点是:当180°范围内的凸轮廓线确定后,另外180°范围内的凸轮廓线必须根据等宽或等径的原则确定,从而使从动件运动规律选择受到限制。

⑨共轭凸轮机构:属于形锁合型凸轮机构的另一种形式,其优点是从动件的运动规律不受限制,可在360°范围内任意选取。缺点是结构比较复杂。

(2) 选择凸轮机构形式时应考虑的因素。

选择凸轮机构形式时,通常需要考虑以下几方面的因素:运动学方面的因素(运动形式和空间等);动力学方面的因素(运转速度和载荷等);环境方面的因素(环境条件和噪声清洁度等);经济方面的因素(加工成本和维护费用等)。

①运动学方面的因素。满足机构的运动要求是机构设计的最基本要求,在选择凸轮机构形式时,通常需要考虑运动学方面的因素主要包括:工作所要求的从动件的输出运动是摆动的还是移动的;从动件和凸轮之间的相对运动是平面的还是空间的;凸轮机构在整个机械系统中所允许占据的空间大小;凸轮轴与摆动从动件转动中心之间距离的大小等。

②动力学方面的因素。机构动力学方面的性能直接影响机构的工作质量,因此在选择凸轮机构形式时,除了需要考虑运动学方面的因素外,还需要考虑动力学方面的因素,主要包括:凸轮运转速度的高低;凸轮和从动件上的载荷以及被驱动质量的大小等。当工作要求凸轮的转动速度较高时,可选用平底从动件凸轮机构;当工作要求传递的动力较大时,可选用滚子从动件凸轮机构。

2. 从动件运动规律的选择及设计

(1) 从动件的运动规律。从动件的位移 s、速度 v 和加速度 a 随凸轮转角 φ(或时间 t)的变化规律,称为从动件运动规律。从动件运动规律又可分为基本运动规律和组合运动规律。

（2）选择或设计从动件运动规律时应考虑的因素。在选择从动件运动规律时，除要考虑刚性冲击与柔性冲击外，还应对各种运动规律的速度幅值 v_{max}、加速度幅值 a_{max} 及其影响加以分析和比较。v_{max} 越大，则从动件动量幅值 mv_{max} 越大；为安全及缓和冲击起见，v_{max} 值越小越好。a_{max} 值越大，则从动件惯性力幅值 ma_{max} 越大；从减小凸轮副的动压力、振动和磨损等方面考虑，a_{max} 值越小越好。所以，对于重载凸轮机构，考虑到从动件质量 m 较大，应选择 v_{max} 值较小的运动规律；对于高速凸轮机构，为减小从动件惯性力，宜选择 a_{max} 值较小的运动规律。表3.1列出了上述几种常用从动件运动规律的 v_{max}、a_{max} 值及冲击特性，并给出其适用范围，供选用时参考。

表3.1　常用从动件运动规律特性比较

运动规律	v_{max} $(h\omega/\Phi_0)\times$①	a_{max} $(h\omega^2/\Phi_0^2)\times$	冲击	应用场合
等速运动规律	1.00	∞	刚性	低速轻负荷
等加速等减速运动规律	2.00	4.00	柔性	中速轻负荷
余弦加速度运动规律	1.57	4.93	柔性	中低速中负荷
正弦加速度运动规律	2.00	6.28	—	中高速轻负荷
3-4-5多项式运动规律	1.88	5.77	—	高速中负荷
改进型等速运动规律	1.33	8.38	—	低速重负荷
改进型正弦加速度运动规律	1.76	5.53	—	中高速重负荷
改进型梯形加速度运动规律	2.00	4.89	—	高速轻负荷

在工程实际中，有时会遇到机械对从动件的运动特性有某些特殊要求，而只有一种常用运动规律又难以满足这些要求，这时就需要考虑根据运动要求设计新的运动规律的问题，使凸轮机构获得更好的工作性能。设计新的运动规律通常有两种途径：一是以不同基本运动规律拼接在一起构造所谓改进型组合运动规律。常用的改进型组合运动规律有：改进型等速运动规律，改进型正弦加速度运动规律，改进型梯形加速度运动规律等；二是利用多项式推导出满足运动要求的运动规律。

将不同运动规律的运动曲线拼接起来组成新的运动规律是本章的难点之一。拼接后所形成的新运动规律应满足下列三个条件：一是满足工作对从动件特殊的运动要求；二是满足运动规律拼接的边界条件，即各段运动规律的位移、速度、加速度值在连接点处应分别相等；三是使最大速度和最大加速度的值尽可能小。前一个条件是拼接的目的，后两个条件是保证设计的新运动规律具有良好的动力性能。利用多项式设计新运动规律是经常采用的方法。标准的多项式方程为

$$s=C_0+C_1\varphi+C_2\varphi^2+C_3\varphi^3+\cdots+C_n\varphi^n$$

式中　s——行程；

φ——凸轮转角；

C_i——常数，这些常数取决于边界条件。

设计时，应根据工作对从动件特殊的运动和动力要求，适当地选择边界条件和多项式

①注：×指乘上相应的系数。

的次数,进而推导出合适的运动规律。

上述各种运动规律方程式都是以直动从动件为对象来推导的,如为摆动从动件,则应将式中的 h、s、v 和 a 分别更换为行程角 ψ_m、角位移 ψ、角速度 ω 和角加速度 ε。

3. 凸轮机构基本尺寸的确定

(1) 凸轮机构的压力角 α 及其许用值。设计凸轮轮廓时,需事先确定凸轮基圆半径 r_0、直动从动件的偏距 e 或摆动从动件长度 l、摆动从动件与凸轮的中心距 a 以及滚子半径 r_r 等基本尺寸。

如图 3.1 所示为尖顶直动从动件盘形凸轮机构在推程中任一位置时的受力情况。即从动件在与凸轮轮廓接触点 B 处所受正压力的方向(即凸轮轮廓在该点法线 n-n'的方向)与从动件上点 B 的速度方向之间所夹的锐角定义为凸轮机构的压力角。并用 α 表示。

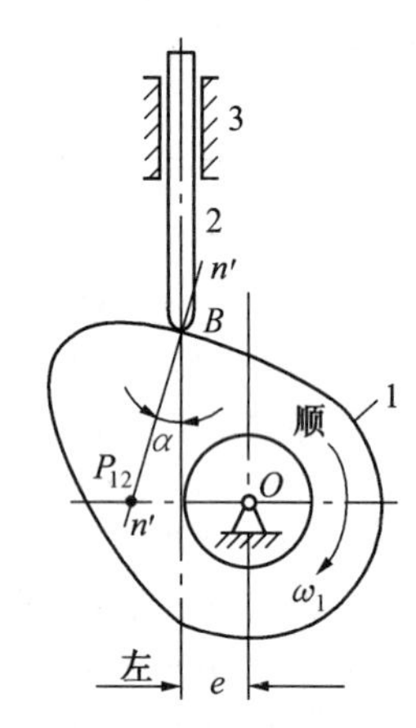

图 3.1

为保证凸轮机构能正常运转并提高机械效率,改善受力情况,通常规定凸轮机构的最大压力角 α_{max} 应小于或等于某一许用压力角 $[\alpha]$,即 $\alpha_{max} \leqslant [\alpha]$;而 $[\alpha]$ 之值小于临界压力角 α_c。根据实践经验,推荐的许用压力角取值为:

①推程(工作行程):直动从动件取 $[\alpha]=30°\sim40°$;摆动从动件取 $[\alpha]=35°\sim45°$;

②回程(空回行程):考虑到此时从动件靠其他外力(如弹簧力)推动返回,故不会自锁,许用压力角的取值可以适当放宽。直动和摆动从动件取 $[\alpha]'=70°\sim80°$。

(2) 凸轮机构的压力角与基本尺寸的关系。在图 3.2 所示的尖顶直动从动件盘形凸轮机构中,过接触点 B 作公法线 n-n',与过点 O 的导路垂线交于点 P_{12},该点即为凸轮 1 与从动件 2 的相对速度瞬心。即凸轮上点 P_{12} 的线速度 $\omega\,\overline{OP_{12}}$ 与从动件的移动速度 v_2 相等,有 $\omega\,\overline{OP_{12}}=v_2$,故从图 3.2 可得出凸轮机构的压力角

$$\tan\alpha=\frac{OP_{12}-e}{s_0+s}=\frac{\mathrm{d}s/\mathrm{d}\varphi-e}{s_0+s} \tag{3.1}$$

式中,$\mathrm{d}s/\mathrm{d}\varphi$ 称为类速度;$s_0=\sqrt{r_0^2-e^2}$。

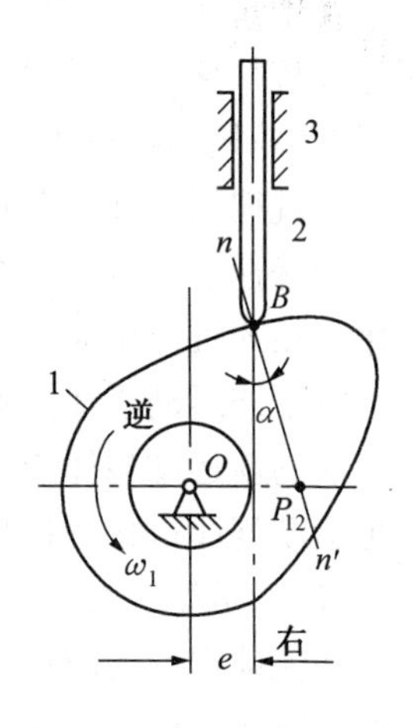

图 3.2

从式(3.1)中不难看出,压力角 α 随凸轮基圆半径 r_0 的增大而减小,当基圆半径 r_0 一定时,压力角 α 随从动件的位移 s 和类速度 $\mathrm{d}s/\mathrm{d}\varphi$ 的变化而变化。

应当指出,对于直动从动件盘形凸轮机构,为了改善其传力性能或减小凸轮尺寸,经常采用如图 3.2 所示的偏置凸轮机构。为了达到上述目的,其偏置必须随凸轮转向的不同而按图示的方位确定,即应使偏置与推程时的相对瞬心 P_{12} 位于凸轮轴心的同一侧,即凸轮顺时针转动时,从动件导路应偏于凸轮轴心的左侧(图 3.1);凸轮逆时针转动时,从动件导路应偏置于凸轮轴心的右侧(图 3.2)。若从动件导路位置与图示相反配置时,反

而会使凸轮机构的推程压力角增大,使机构的传力性能变坏。此时,用式(3.1)计算压力角,e 需用“-”代入。

如需了解尖顶(滚子)摆动从动件盘形凸轮机构的情况,详见相关文献。

(3) 凸轮基圆半径 r_0 的确定。凸轮基圆半径的选择是一个既重要又复杂的问题。凸轮的基圆半径越小,凸轮尺寸则越小,凸轮机构越紧凑。但是,基圆半径的减小受到压力角的限制。因此在设计凸轮机构的过程中,凸轮基圆半径 r_0 的确定必须从凸轮机构的尺寸、受力、安装、强度等方面予以综合考虑。从凸轮机构尺寸紧凑和改善受力的观点来看,凸轮基圆半径 r_0 确定的原则是:在保证 $\alpha_{max} \leqslant [\alpha]$ 的条件下,应使基圆半径尽可能小。在满足 $\alpha_{max} \leqslant [\alpha]$ 的条件下,凸轮最小基圆半径的确定方法有解析法、图解法。

对于移动滚子从动件盘形凸轮机构凸轮的最小基圆半径,主要受三个条件的限制,即:① 凸轮的基圆半径应大于凸轮轴的半径;② 保证最大压力角 α_{max} 不超过许用压力角 $[\alpha]$;③ 保证凸轮实际廓线的最小曲率半径 $\rho_{amin}=\rho_{min}-r_r \geqslant a(a=3\sim5\ \text{mm})$,在设计时,可根据其中某一限制条件确定最小基圆半径,然后用其他两个限制条件来校核。

对于平底直动从动件盘形凸轮机构,其压力角恒等于零,即 $\alpha=0°$。因此,平底从动件盘形凸轮的基圆半径 r_0 不能按许用压力角 $[\alpha]$ 确定,而应按从动件运动不“失真”,即满足凸轮轮廓全部外凸的条件:

$$r_0+s(\varphi)+s''(\varphi)>0 \qquad (0 \leqslant \varphi \leqslant 2\pi) \tag{3.2}$$

(4) 滚子半径 r_r 的选择。

① 凸轮理论轮廓的内凹部分。工作轮廓曲率半径 ρ_a、理论轮廓曲率半径 ρ_t 与滚子半径 r_r 三者之间的关系为 $\rho_a=\rho_t+r_r$,这时,工作轮廓曲率半径恒大于理论轮廓曲率半径,即 $\rho_a>\rho_t$。这样,当理论轮廓作出后,不论选择多大的滚子,都能作出工作轮廓。

② 凸轮理论轮廓的外凸部分。工作轮廓曲率半径 ρ_a、理论轮廓曲率半径 ρ_t 与滚子半径 r_r 三者之间的关系为

$$\rho_a=\rho_t-r_r \tag{3.3}$$

a. 当 $\rho_t>r_r$ 时,$\rho_a>0$,此时可以作出凸轮的工作轮廓。

b. 当 $\rho_t=r_r$ 时,$\rho_a=0$,此时虽然能作出凸轮的工作轮廓,但出现了尖点;尖点处是极易磨损的。

c. 当 $\rho_t<r_r$ 时,$\rho_a<0$,此时作出的工作轮廓出现了相交的包络线。这部分工作轮廓无法加工,因此也无法实现从动件的预期运动规律,即出现“失真”现象。

综上可知,滚子半径 r_r 不宜过大。但因滚子装在销轴上,故亦不宜过小。一般推荐

$$r_r<\rho_{min}-\Delta \tag{3.4}$$

式中　ρ_{tmin}——凸轮理论轮廓外凸部分的最小曲率半径;

　　Δ——r_r 与 ρ_{min} 的经验差值,$\Delta=3\sim5\ \text{mm}$。

对于重载凸轮,可取 $r_r \approx \rho_{amin} \approx \rho_{tmin}/2$,这时滚子与凸轮间的接触应力最小,从而可提高凸轮的寿命。

4. 凸轮轮廓曲线的设计

选定了凸轮机构形式,并确定了从动件运动规律和凸轮机构的基本尺寸等,就可以进行凸轮轮廓曲线的设计了。各类凸轮轮廓曲线设计方法是本章的重点内容,凸轮轮廓曲线设计方法有图解法和解析法,两种方法依据的基本原理均是反转法原理。

（1）凸轮轮廓曲线设计的基本原理。

对于对心尖顶直动从动件盘形凸轮机构，当凸轮以角速度 ω 等速转动时，从动件将按预定的运动规律运动。假设给整个机构加上一个公共的角速度“$-\omega$”，使其做反向转动，根据相对运动原理，凸轮与从动件之间的相对运动不变，这时凸轮将静止不动，而从动件一方面随其导路以角速度“$-\omega$”反转运动，另一方面还在其导路内按预定的运动规律运动。从动件在这种复合运动中，其尖顶仍然始终与凸轮轮廓保持接触，因此，在此运动过程中，尖顶的运动轨迹即为凸轮轮廓。

在凸轮轮廓设计时，可以让凸轮静止不动，而让从动件相对于凸轮轴心做反转运动，让从动件沿逆时针转动（凸轮为沿顺时针转动）的同时，再相对其导路做预定的移动，在这种复合运动中，从动件尖顶的轨迹即为所求凸轮轮廓。这就是凸轮轮廓设计的基本原理，一般称为“反转法”。

（2）用图解法设计凸轮轮廓曲线。

① 对心尖顶直动从动件盘形凸轮机构凸轮轮廓曲线的设计步骤。

a. 选定比例尺，作出基圆及从动件的初始位置。

b. 作出从动件在反转过程中依次占据的位置。

c. 根据从动件的运动规律，求出从动件在预期运动中各分点所占据的位置。

d. 求出从动件尖顶在上述两种复合运动中依次占据的位置，其高副元素在各位置所形成的曲线族，即为凸轮的理论廓线。

e. 作出从动件其高副元素所形成的曲线族的包络线，即为凸轮的工作廓线。

② 其他类型凸轮机构的凸轮轮廓设计特点。

a. 偏置尖顶直动从动件盘形凸轮轮廓的设计特点：在反转运动中，从动件尖顶（方位线）始终切于偏距圆，并相对导路按预定的运动规律运动，在此过程中，从动件尖顶的轨迹即为所求的凸轮轮廓。

b. 尖顶摆动从动件盘形凸轮轮廓的设计特点：在摆动从动件转动轴心绕凸轮轴心沿“$-\omega$”方向转动的同时，摆动从动件还要相对机架按预定运动规律摆动，在此过程中，从动件尖顶的轨迹即为所求的凸轮轮廓。

c. 滚子从动件和平底从动件盘形凸轮轮廓的设计特点：从动件在随机架绕凸轮轴心沿“$-\omega$”方向转动时，还要相对机架按预定运动规律运动，在此过程中，以尖顶从动件的凸轮轮廓为理论廓线，在理论廓线上的各点作一系列滚子圆或作一系列垂直于各导路的平底，最后作出其包络线，即为所求的凸轮工作轮廓曲线。

（3）用解析法设计凸轮轮廓曲线。

用解析法设计凸轮廓线的关键是利用反转法原理建立凸轮理论廓线和工作廓线的方程式。

已知：从动件运动规律 $s=s(\varphi)$，尖顶从动件导路相对于凸轮轴心 O 的偏距 e、凸轮基圆半径 r_0 及凸轮沿顺时针转动，这样设计的凸轮轮廓既是凸轮的理论廓线，又是凸轮的实际廓线；在滚子从动件凸轮机构中，滚子与从动件铰接，且铰接时滚子中心恰好与前述尖顶重合，故滚子中心的运动规律即为尖顶从动件的运动规律。如果把滚子中心视作尖顶从动件的尖顶，按前述求得的尖顶从动件凸轮轮廓，称为该滚子从动件凸轮的理论轮廓。以理论轮廓上各点为圆心，以滚子半径 r_r 为半径的滚子圆族的包络线，称为滚子从动件的凸轮工作轮廓。

摆动从动件盘形凸轮机构可分为两种,即推摆式(摆动从动件推程与凸轮转向相同)和拉摆式(摆动从动件推程与凸轮转向相反)。已知尖顶摆动从动件运动规律 $\psi=\psi(\varphi)$、从动件长度 l、中心距 a、凸轮基圆半径 r_0 及凸轮沿顺时针转动,这样设计的凸轮轮廓既是凸轮的理论廓线,又是凸轮的实际廓线;滚子从动件的凸轮工作轮廓与直动滚子从动件凸轮实际廓线相同。

平底从动件盘形凸轮机构的凸轮轮廓实际上是"反转"过程中从动件平底一系列位置(一族直线)的包络线。已知从动件运动规律 $s=s(\varphi)$、从动件平底导路相对于凸轮轴心 O 的偏距为 e、从动件平底与导路的夹角 $\beta=90°$、凸轮基圆半径 r_0 及凸轮沿顺时针转动,就可以设计凸轮轮廓。

3.2.2　本章难点

本章难点是反转法。反转法不仅是凸轮机构设计的基本方法,而且是凸轮机构分析的常用方法。当已知凸轮机构的尺寸及其位置、凸轮的角速度的大小和转向时,凸轮机构的分析即为确定当凸轮转过某一角度时,从动件所产生的位移 s、速度 v 及相应的机构压力角 α,从动件行程 h。确定时应注意以下几点:

(1) 正确确定从动件的反转方向。明确标出与凸轮实际转向相反的从动件的反转方向。

(2) 正确确定从动件在反转过程中占据的位置。从动件反转前后两位置线的夹角应等于凸轮的转角。

(3) 正确确定从动件的位移 s。从动件在复合运动中,其位移 s 应等于凸轮理论廓线与基圆在从动件对应各反转位置线上所夹的线段长度。

设计或分析凸轮机构时,应运用反转法解决以下几方面的问题:

(1) 已知从动件的运动规律,运用反转法原理绘制凸轮廓线。

(2) 已知凸轮廓线,运用反转法原理求出从动件运动规律的位移曲线。

(3) 已知凸轮廓线,运用反转法原理求出当凸轮从图示位置转过某一给定角度时,从动件走过的位移量、凸轮机构压力角的变化。

(4) 已知凸轮廓线,运用反转法原理求出当凸轮与从动件从某一点接触到另一点接触时,凸轮转过的角度。

3.3　例题精选与答题技巧

【例3.1】　如图3.3所示的直动滚子从动件盘形凸轮机构中,已知:从动件在推程的运动规律为等加速等减速运动,推程运动角 $\phi_0=120°$,凸轮工作轮廓的最小半径为 $r_{min}=30$ mm,滚子半径 $r_r=12$ mm,偏距 $e=14$ mm,从动件的行程 $h=25$ mm。试求:

(1) 凸轮的基圆半径 r_0。

(2) 当凸轮转角 φ 为90°时,从动件的位移 s 和类速度 $ds/d\varphi$。

(3) 取比例尺 $\mu_l=2$ mm/mm,用作图法求当凸轮转角为 90°时,所对应的以下各项:

① 凸轮理论廓线曲线的对应点。

② 凸轮工作廓线曲线的对应点。

③ 凸轮与从动件的速度瞬心位置。

④ 画出该位置所对应的压力角。

(4) 用解析法求上述①、②、③、④各项。

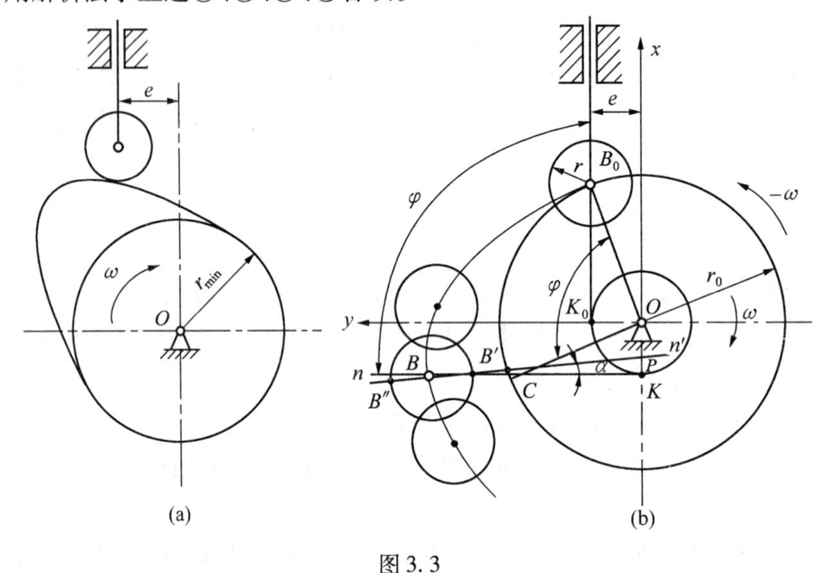

图 3.3

解题要点:

凸轮机构的反转法原理。注意:基圆半径、从动件的位移、压力角等参数均应在理论廓线上度量;凸轮的转角不是凸轮廓线的位置角。

【解】 (1) 凸轮的基圆半径为

$$r_0=r_{\min}+r_r=30+12=42\ (\text{mm})$$

(2) 从动件在推程的运动规律为等加速等减速运动,当 $\varphi=90°$时,从动件在推程的等减速段,对应的从动件的位移和类速度为

$$s=h-\frac{2h}{\phi_0^2}(\phi_0-\varphi)^2=25-2\times25\times(120°-90°)^2/(120°)^2=21.875\ (\text{mm})$$

$$\frac{\mathrm{d}s}{\mathrm{d}\varphi}=\frac{4h}{\phi_0^2}(\phi_0-\varphi)=4\times25\times(120°-90°)/(120°)^2=11.936\ (\text{mm/rad})$$

(3) 作凸轮机构的位置图,如图 3.3(b)所示,求当凸轮转过 $\varphi=90°$时对应的以下各项:

① 以 O 为圆心,分别以偏距 e 和基圆半径 r_0 为半径作出偏距圆和基圆,B_0 为从动件滚子中心的初始位置。根据反转法原理,从动件由 B_0K_0 位置沿$-\omega$ 方向反转 $\varphi=90°$,即得从动件在此位置的导路位置线 CK,在 KC 的延长线上取 $CB=s=21.875$ mm,求得点 B,即为凸轮转过 90°时的理论轮廓上所求的对应点。

② 过点 B 作凸轮理论廓线的法线 $n-n'$,其与滚子的交点 B'、B'',即为该凸轮实际廓

线上的对应点。

③ 凸轮理论廓线的法线 $n-n'$ 与 OK 的交点 P,即为凸轮与从动件的相对速度瞬心位置。

④ 点 B 处凸轮理论廓线的法线 $n-n'$ 与过点 B 的从动件导路方向线所夹的锐角 α,即为所求的凸轮机构的压力角。

(4) 用解析法求解。

① 凸轮理论廓线上的对应点。

当 $\varphi=90°$时,由前计算知

$$s=21.875\ \text{mm}$$

$$s_0=\sqrt{r_0^2-e^2}=\sqrt{(42)^2-(14)^2}=39.598\ (\text{mm})$$

则

$$x=(s_0+s)\cos\varphi-e\sin\varphi=-14\times\sin 90°=-14\ (\text{mm})$$

$$y=(s_0+s)\sin\varphi+e\cos\varphi=(39.598+21.875)\times\sin 90°=61.473\ (\text{mm})$$

② 实际工作廓线上的对应点。

$$\begin{aligned}\mathrm{d}x/\mathrm{d}\varphi&=(\mathrm{d}s/\mathrm{d}\varphi-e)\cos\varphi-(s_0+s)\sin\varphi\\&=-(39.598+21.875)\times\sin 90°=-61.473\ (\text{mm})\\\mathrm{d}y/\mathrm{d}\varphi&=(\mathrm{d}s/\mathrm{d}\varphi-e)\sin\varphi+(s_0+s)\cos\varphi\\&=(11.936-14)\times\sin 90°=-2.064\ (\text{mm})\end{aligned}$$

外包络线上点 B'' 为

$$X=x+r_r\frac{\mathrm{d}y/\mathrm{d}\varphi}{\sqrt{(\mathrm{d}x/\mathrm{d}\varphi)^2+(\mathrm{d}y/\mathrm{d}\varphi)^2}}=-14+12\times\frac{-2.064}{\sqrt{(-61.473)^2+(-2.064)^2}}=-14.403\ (\text{mm})$$

$$Y=y-r_r\frac{\mathrm{d}x/\mathrm{d}\varphi}{\sqrt{(\mathrm{d}x/\mathrm{d}\varphi)^2+(\mathrm{d}y/\mathrm{d}\varphi)^2}}=61.473-12\times\frac{-61.473}{\sqrt{(-61.473)^2+(-2.064)^2}}=73.466\ (\text{mm})$$

内包络线上点 B' 为

$$X=x-r_r\frac{\mathrm{d}y/\mathrm{d}\varphi}{\sqrt{(\mathrm{d}x/\mathrm{d}\varphi)^2+(\mathrm{d}y/\mathrm{d}\varphi)^2}}=-14-12\times\frac{-2.064}{\sqrt{(-61.473)^2+(-2.064)^2}}=-13.59\ (\text{mm})$$

$$Y=y+r_r\frac{\mathrm{d}x/\mathrm{d}\varphi}{\sqrt{(\mathrm{d}x/\mathrm{d}\varphi)^2+(\mathrm{d}y/\mathrm{d}\varphi)^2}}=61.473+12\times\frac{-61.473}{\sqrt{(-61.473)^2+(-2.064)^2}}=49.48\ (\text{mm})$$

(3) 速度瞬心的位置。

$$OP=\mathrm{d}s/\mathrm{d}\varphi=11.936\ \text{mm}$$

(4) 该位置的压力角。

$$\alpha=\arctan\frac{\mathrm{d}s/\mathrm{d}\varphi-e}{s+s_0}=\arctan\frac{11.936-14}{21.875+39.598}=1.923°$$

【例 3.2】 如图 3.4(a)所示一直动从动件盘形凸轮机构,已知:凸轮基圆半径为 r_0,从动件运动规律 $s=s(\varphi)$。为了使所设计的凸轮机构在推程中压力角减小,试用公式说明从动件应偏于凸轮轴心的哪一侧。

解题要点:

凸轮机构的压力角与几何尺寸的关系。

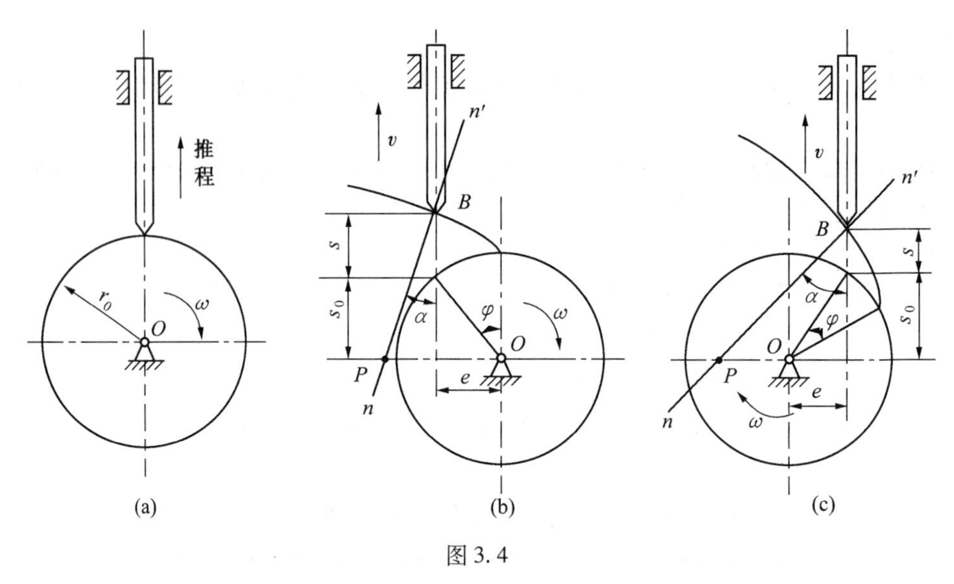

图 3.4

【解】 当从动件偏于凸轮轴心 O 的左侧时,设其偏距为 e,当凸轮沿 ω 方向转过 φ 角时,相应从动件的位移为 s,如图 3.4(b)所示,此时,从动件与凸轮将在点 B 接触,过点 B 作凸轮廓线的法线 $n\text{-}n'$ 与从动件作用点的速度方向(从动件的导路方向)所夹的锐角,即为压力角 α。由瞬心法可知,其法线 $n\text{-}n'$ 与过点 O 垂直于导路方向的水平线的交点 P,即为凸轮与从动件的相对瞬心,于是可得

$$\overline{OP}=\frac{v}{\omega}=\frac{\mathrm{d}s}{\mathrm{d}\varphi}$$

$$\tan\alpha=\frac{\mathrm{d}s/\mathrm{d}\varphi-e}{s_0+s}=\frac{\mathrm{d}s/\mathrm{d}\varphi-e}{\sqrt{r_0^2-e^2}+s}$$

当从动件偏于凸轮轴心 O 的右侧时,如图 3.4(c)所示,则有

$$\tan\alpha=\frac{\mathrm{d}s/\mathrm{d}\varphi+e}{\sqrt{r_0^2-e^2}+s}$$

当从动件为对心时,即 $e=0$,则有

$$\tan\alpha=\frac{\mathrm{d}s/\mathrm{d}\varphi}{r_0+s}$$

显然,当凸轮顺时针转动、从动件偏于凸轮轴心 O 的左侧时,可使推程压力角减少。由此可知,利用从动件的偏置可以减少推程段的压力角,从而改善凸轮机构的受力状况。但是,应注意此时回程压力角将增大,而由于回程许用压力角很大,故其增大对机构受力影响不大。另外偏距也不能取得太大,一方面容易使机构与导路发生自锁,另一方面,偏置直动推杆凸轮机构在制造时要保证凸轮轴孔位置的准确性较困难。

【例 3.3】 如图 3.5 所示为直动滚子从动件盘形凸轮机构。$\boldsymbol{F}_{12}$ 为凸轮对从动件的作用力,Q 为从动件所受的载荷(包括生产阻力、从动件自重以及弹簧压力等),$\boldsymbol{R}_1$、$\boldsymbol{R}_2$ 分别为导轨两侧作用于从动件上的总反力,φ_1、φ_2 为摩擦角,b 为从动件的悬臂长度,l 为导路的长度,s 为从动件的位移,e 为从动件偏距,r_0 为基圆半径,s_0 为从动件初始位移。

(1) 分析凸轮机构的压力角 α 与凸轮受力的关系。

（2）推导凸轮机构的瞬时效率公式。

（3）确定凸轮机构发生自锁的条件。

解题要点：

分析凸轮机构的受力情况，建立凸轮机构的压力角 α 与凸轮受力的关系，机械效率的概念和计算，自锁的概念和自锁的条件。

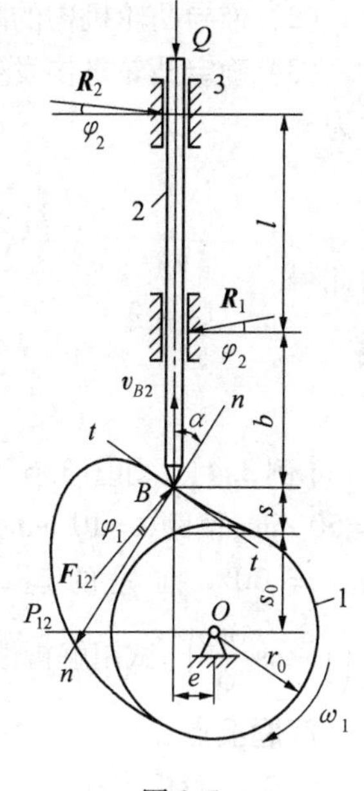

图 3.5

【解】　假定机架与从动件之间的压力集中在导路两侧的两个端点处，设 $\boldsymbol{R}_1$、$\boldsymbol{R}_2$ 分别为导轨两侧作用于从动件上的总反力，选从动件 2 为示力体，据力的平衡条件分别由 $\sum F_x=0$、$\sum F_y=0$ 和 $\sum M_B=0$ 可得

$$F_{12}\sin(\alpha+\varphi_1)-(R_1-R_2)\cos\varphi_2=0$$

$$F_{12}\cos(\alpha+\varphi_1)-Q-(R_1+R_2)\sin\varphi_2=0$$

$$R_2\cos\varphi_2(l+b)-R_1\cos\varphi_2 b=0$$

由以上三式消去 R_1 和 R_2，整理后得

$$F_{12}=\frac{Q}{\cos(\alpha+\varphi_1)-\left(1+\dfrac{2b}{l}\right)\sin(\alpha+\varphi_1)\tan\varphi_2} \tag{3.5}$$

选凸轮 1 为示力体，据其平衡条件得凸轮驱动力矩 M 为

$$M=\frac{Q(s_0+s)\sin(\alpha+\varphi_1)}{\cos(\alpha+\varphi_1)-\left(1+\dfrac{2b}{l}\right)\sin(\alpha+\varphi_1)\tan\varphi_2} \tag{3.6}$$

如果不计运动副的摩擦，那么，理想的驱动力矩 M_0 为

$$M_0=\frac{Q(s_0+s)\sin\alpha}{\cos\alpha}=Q(s_0+s)\tan\alpha \tag{3.7}$$

因此该凸轮机构的瞬时效率为

$$\begin{aligned}\eta=\frac{M_0}{M}&=\frac{\tan\alpha}{\sin(\alpha+\varphi_1)}\left[\cos(\alpha+\varphi_1)-\left(1+\frac{2b}{l}\right)\sin(\alpha+\varphi_1)\tan\varphi_2\right]\\&=\frac{\tan\alpha}{\tan(\alpha+\varphi)}-\tan\alpha\tan\varphi_2\left(1+\frac{2b}{l}\right)\end{aligned} \tag{3.8}$$

（1）分析凸轮机构的压力角 α 与凸轮受力的关系。由式（3.5）知，压力角 α 是表征凸轮机构受力情况的一个重要参数，在其他条件相同的情况下，压力角 α 越大，则作用力 $\boldsymbol{F}_{12}$越大；压力角 α 大致使式（3.5）中的分母和式（3.6）中的分子等于零时，则作用力 $\boldsymbol{F}_{12}$ 增至无穷大，而效率降为零；此时机构发生自锁，其压力角记为临界压力角 α_c，其值为

$$\alpha_c=\arctan\left\{1\Big/\left[\left(1+\frac{2b}{l}\right)\tan\varphi_2\right]\right\}-\varphi_1 \tag{3.9}$$

为保证凸轮机构能正常运转，应使最大压力角 α_{max} 小于临界压力角 α_c。在工程实际中，为提高机械效率和改善受力情况，通常规定凸轮机构的最大压力角 α_{max} 应小于或等于某一许用压力角[α]，即 $\alpha_{max}\leqslant[\alpha]$；而[$\alpha$]之值小于临界压力角 α_c。

(2) 推导凸轮机构的瞬时效率公式见式(3.8)。

(3) 确定凸轮机构发生自锁的条件。当$\eta\leqslant0$时,凸轮机构将发生自锁,得其自锁条件为

$$\frac{\tan\alpha}{\tan(\alpha+\varphi)}-\tan\alpha\tan\varphi_2\left(1+\frac{2b}{l}\right)\leqslant0$$

由此得

$$\alpha=0$$

或

$$\tan(\alpha+\varphi_1)\geqslant\frac{1}{\tan\varphi_2\left(1+\frac{2b}{l}\right)}$$

【例3.4】 如图3.6所示凸轮机构中,已知:从动件行程$h=50$ mm,偏距$e=10$ mm,推程运动角$\phi_0=90°$,许用压力角$[\alpha]=30°$,推程的运动规律为余弦运动规律,$s=\frac{h}{2}\left(1-\cos\frac{\pi\varphi}{\phi_0}\right)$。试用解析法确定凸轮的最小基圆半径$r_{min}$。

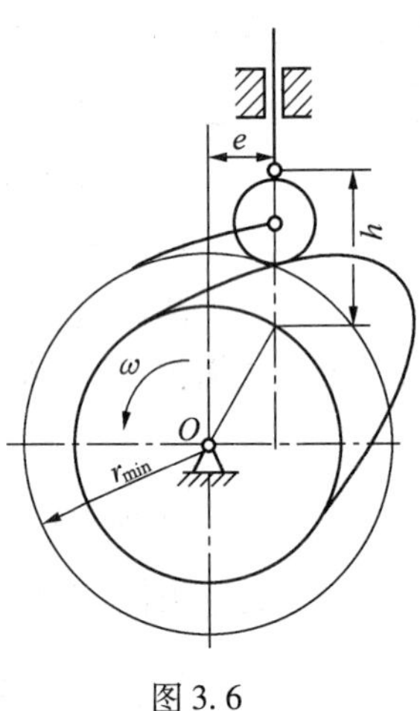

图3.6

解题要点:

明确凸轮机构在一个运动周期内,各位置的压力角α是不一样的,只要其最大值满足$\alpha_{max}\leqslant[\alpha]$,凸轮机构的压力角就可满足设计要求。反过来,如假定凸轮机构在各位置的压力角均为许用值$[\alpha]$,就可以推出凸轮机构在各位置所要求的最小基圆半径r_{min},在所有基圆半径r_0中,肯定有一个是最大的,只要取其作为凸轮机构的基圆半径,那么凸轮机构的基本尺寸就可满足设计要求。

【解】 如图3.6所示,根据文献[1]式(4.9),将$\alpha=[\alpha]$代入,得

$$r_0=\sqrt{\left[\left(\frac{ds}{d\varphi}\pm e\right)/\tan[\alpha]-s\right]^2+e^2}$$

式中的正号和负号根据偏距e和从动件与凸轮的瞬心P位置而定。

上式表明,当e为常数,$\alpha=[\alpha]$时,凸轮的基圆半径r_0随$ds/d\varphi$值和位移而定,从动件的不同位置有不同的基圆半径r_0,最大的r_0值作为凸轮的最小基圆半径。因此,可以根据r_0表达式求出它的极值。由此得

$$\frac{dr_0}{d\varphi}=\frac{d}{d\varphi}\sqrt{\left[\left(\frac{ds}{d\varphi}\pm e\right)/\tan[\alpha]-s\right)^2+e^2}=0$$

即

$$\frac{d^2s}{d\varphi^2}=\frac{ds}{d\varphi}\tan[\alpha]$$

将$s=\frac{h}{2}\left(1-\cos\frac{\pi\varphi}{\phi_0}\right)$代入上式,整理后得

$$\tan\frac{\pi\varphi}{\varphi_0}=\frac{\pi}{\phi_0\tan[\alpha]}$$

将$\phi_0=\pi/2$、$[\alpha]=30°$代入,得$\varphi=36°57'=36.95°$,则

$$s=\frac{h}{2}\left(1-\cos\frac{\pi\varphi}{\phi_0}\right)=\frac{50}{2}\times[1-\cos(2\times36.95°)]=18.07\ (\text{mm})$$

$$\frac{ds}{d\varphi}=\frac{\pi h}{2\phi_0}\sin\frac{\pi\varphi}{\phi_0}=\frac{\pi\times 50}{2\times(\pi/2)}\sin\frac{\pi\times 36.95°}{\pi/2}=48.04\ (\text{mm})$$

故右偏距时

$$r_{\min}=\sqrt{\left[\left(\frac{ds}{d\varphi}+e\right)/\tan[\alpha]-s\right]^2+e^2}$$

$$=\sqrt{[(48.04+10)/\tan 30°-18.07]^2+(10)^2}=83\ (\text{mm})$$

左偏距时

$$r_{\min}=\sqrt{\left[\left(\frac{ds}{d\varphi}-e\right)/\tan[\alpha]-s\right]^2+e^2}$$

$$=\sqrt{[(48.04-10)/\tan 30°-18.07]^2+(10)^2}=48.88\ (\text{mm})$$

【例 3.5】 图 3.7 所示为一移动滚子盘形凸轮机构，滚子中心位于点 B_0 时，为该凸轮的起始位置。试求：

（1）当滚子与凸轮廓线在点 B_1' 接触时，所对应的凸轮转角 φ_1。

（2）当滚子中心位于点 B_2 时，所对应的凸轮机构的压力角 α_2。

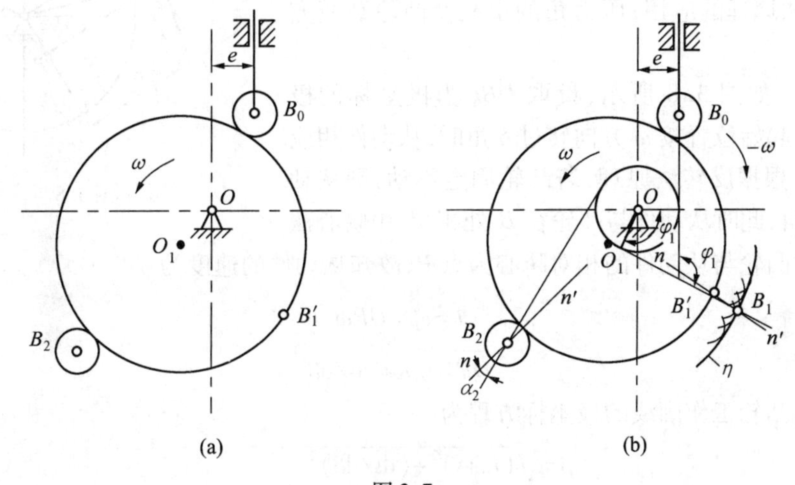

图 3.7

解题要点：

这是灵活运用反转法的典型例题。已知凸轮廓线，求当从动件与凸轮廓线从一点接触到另一点接触时，凸轮转过的角度；求凸轮从图示位置某一角度到达另一位置时凸轮机构的压力角。

【解】（1）利用反转法求解步骤如下：

① 正确作出偏心圆，如图 3.7(b)所示。

② 用反向包络线法求出在点 B_1' 附近凸轮的部分理论廓线 η。具体方法为：以凸轮实际廓线上点 B_1' 附近的各点为圆心，以滚子半径作一系列滚子圆，然后作这些滚子圆的外包络线，即得理论廓线 η，如图 3.7(b)所示。

③ 过点 B_1' 正确作出凸轮廓线的法线 n-n'，该法线交 η 于点 B_1，B_1、B_1' 两点间的距离等于滚子半径 r_r。点 B_1 即为滚子与凸轮在点 B_1' 接触时滚子中心的位置。

④ 过点 B_1 作偏心圆的切线,该切线即为滚子与凸轮在点 B'_1 接触时从动件的位置线,该位置线与从动件起始位置线间的夹角,即为所求的凸轮转角 φ_1。

(2) 在图3.7(b)中,已知凸轮廓线,利用反转法求解步骤如下:

① 过点 B_2 正确作出偏心圆的切线,该切线代表在反转过程中,当滚子中心位于点 B_2 时,从动件的位置线,如图3.7(b)所示。

② 过点 B_2 正确作出凸轮廓线的法线 $n-n'$,该法线必通过滚子中心 B_2,同时通过滚子与凸轮廓线的切点,即滚子中心与凸轮廓线圆的连心线,它代表从动件的受力方向线。

③ 该法线与从动件位置线间所夹的锐角,即为机构在该处的压力角 α_2。

【例3.6】 如图3.8所示为一直动平底从动件盘形凸轮机构。已知:基圆半径 r_0,推杆运动规律 $s=s(\delta)$,凸轮等角速度顺时针方向转动。试求凸轮廓线的极坐标方程,并问:该凸轮机构的压力角为多大?其基圆半径 r_0 是否取决于压力角的大小?

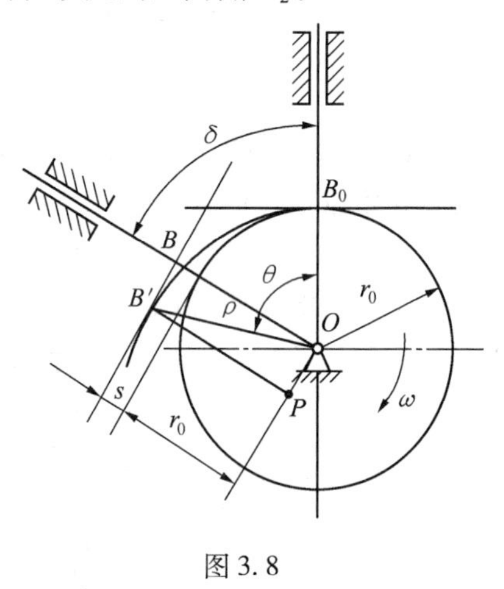

图3.8

解题要点:

反转法原理的应用;压力角的定义及凸轮廓线方程的推导。

【解】 如图3.8所示,设取 OB_0 为极坐标的极轴,凸轮由起始位置按 ω 方向转过 δ 角时,从动件相应位移为 s。根据反转法原理,若凸轮固定不动,则从动件反转 δ 角,此时从动件与凸轮在 B' 处相切,由瞬心法可知,此时凸轮与从动件的相对瞬心为点 P,故知从动件的速度为

$$v=v_P=\overline{OP}\omega$$

$$\overline{OP}=v/\omega=\mathrm{d}s/\mathrm{d}\delta$$

由图可得,凸轮工作廓线的极坐标方程为

$$\rho=\sqrt{(r_0+s)^2+(\mathrm{d}s/\mathrm{d}\delta)^2}$$

$$\theta=\delta+\arctan[(\mathrm{d}s/\mathrm{d}\delta)/(r_0+s)]$$

由图3.8可得,在直动平底从动件盘形凸轮机构中,凸轮法向推力始终垂直于从动件的平底,当平底垂直于导路方向线时,其压力角 α 恒等于0;当平底倾斜时,其压力角 α 恒等于平底对于导路方向线的倾斜角。由于直动平底从动件盘形凸轮机构的压力角恒等于常数,故压力角 α 与基圆半径无关,因此凸轮的最小基圆半径不取决于压力角的大小,而是取决于凸轮的全部廓线必须外凸这一条件。只有这样,平底才能与凸轮廓线的各点接触,保证从动件完全实现预期的运动规律。

【例3.7】 图3.9(a)所示为一摆动从动件盘形凸轮机构,C 为起始上升点。求:

(1) 标出从点 C 接触到点 D 接触时的凸轮转角 φ,从动件的角位移 ψ。

(2) 标出点 D 接触时的压力角。

解题要点:

当从动件为摆动从动件时,如何正确使用反转法原理。

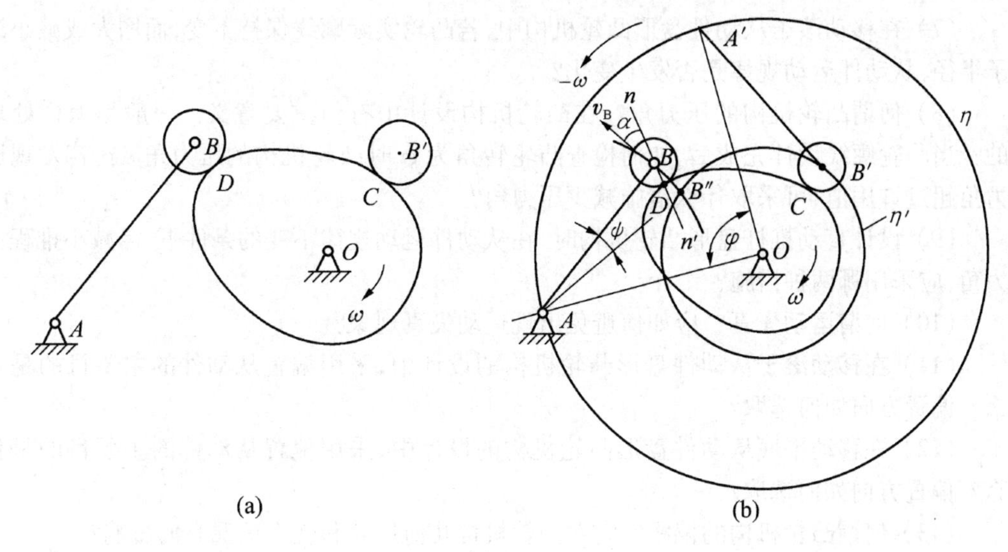

图 3.9

【解】 取长度比例尺 μ_l 作机构图(图 3.9(b))。

(1) 以凸轮转动中心 O 为圆心,分别以机架长度 OA 为半径、以滚子在点 C 接触时的中心 B'与凸轮转动中心 O 的距离 OB'为半径作中心圆 η 和理论廓线的基圆 η'。根据反转法原理,从动件摆杆与凸轮廓线的接触点 C 沿$-\omega$ 方向移动到点 D。故以摆杆长 AB 为半径、以点 B'为圆心作弧与中心圆 η 交于点 A',则 $A'B'$是摆杆与凸轮廓线在点 C 接触时的位置。过点 A、A'分别向点 O 作连线$\overline{AO}$、$\overline{A'O}$,则$\angle A'OA$ 为从动件从点 C 接触到点 D 接触时的凸轮转角 φ。以摆杆长度 AB 为半径、以 A 为圆心作弧与基圆 η'交于点 B'',则$\angle BAB''=\psi$,也即为从动件摆动的角位移。

(2) 过 B、D 两点作直线 $n-n'$,$n-n'$即为从动件摆杆在点 D 接触时的公法线。$n-n'$与点 B 的速度 v_B 之间所夹的锐角 α,即为该位置的压力角。

3.4　思考题与习题

3.4.1　思考题

(1) 从动件的常用运动规律有哪几种?它们各有什么特点?各适用于什么场合?

(2) 从动件运动规律的选择原则是什么?

(3) 不同运动规律曲线拼接时,应满足什么条件?

(4) 凸轮机构的类型有哪些?在选择凸轮机构类型时,应考虑哪些因素?

(5) 移动从动件盘形凸轮机构和摆动从动件盘形凸轮机构的设计方法各有什么特点?

(6) 何谓凸轮的理论轮廓曲线?何谓凸轮的实际轮廓曲线?二者有何区别与联系?理论廓线相同而实际廓线不同的两个对心移动滚子从动件盘形凸轮机构,其从动件的运动规律是否相同?

（7）在移动滚子从动件盘形凸轮机构中，若凸轮实际廓线保持不变，而增大或减小滚子半径，从动件运动规律是否发生变化？

（8）何谓凸轮机构的压力角？在凸轮机构设计中有何重要意义？一般是怎样处理的？当凸轮廓线设计完成后，如何检查凸轮转角为 φ 时凸轮机构的压力角 α？若发现压力角超过许用值，可采取什么措施减少压力角？

（9）设计直动推杆盘形凸轮机构时，在从动件运动规律不变的条件下，需减小推程压力角，应采用哪两种措施？

（10）何谓运动失真？应如何避免出现运动失真现象？

（11）在移动滚子从动件盘形凸轮机构的设计中，采用偏置从动件的主要目的是什么？偏置方向如何选取？

（12）在移动平底从动件盘形凸轮机构的设计中，采用偏置从动件的主要目的是什么？偏置方向如何选取？

（13）何谓凸轮机构的偏距？它对凸轮机构几何尺寸和受力情况有何影响？

（14）比较尖顶、平底和滚子从动件凸轮机构的优缺点及它们适用的场合。

3.4.2 习题

【题 3.1】 图 3.10 所示为一尖顶移动从动件盘形凸轮机构从动件的部分运动线图。试在图上补全各段的位移、速度及加速度曲线，并指出在哪些位置会出现刚性冲击？哪些位置会出现柔性冲击？

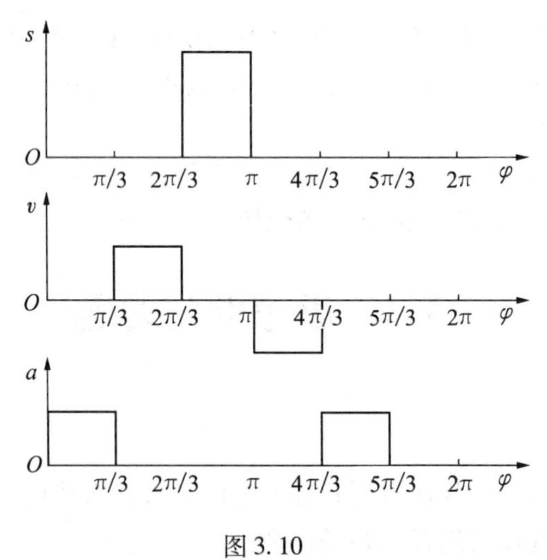

图 3.10

【题 3.2】 已知凸轮以等角速度顺时针转动，从动件行程 $h=32$ mm，从动件位移线图 φ-s 如图 3.11 所示。凸轮轴心偏于从动件轴线的右侧，偏距 $e=10$ mm，基圆半径 $r_0=35$ mm，滚子半径 $r_r=15$ mm。图中 Oa、bc、de、ef 为抛物线，其余为直线。

（1）设计一偏置直动滚子从动件盘形凸轮机构。

（2）说明在下列三种情况下从动件的运动规律是否改变。

① 其他条件不变，仅把偏距改装成 $e=20$ mm。

② 其他条件不变,仅把滚子换成 $r_r=10$ mm。

③ 其他条件不变,仅把从动件换成尖顶从动件。

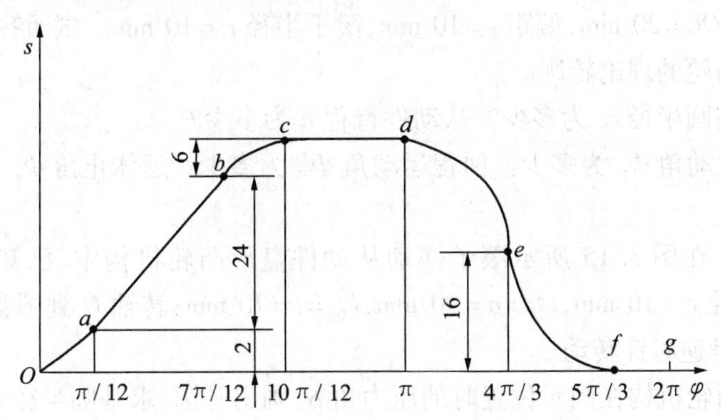

图3.11

(3) 其他条件不变,试设计一对心平底从动件盘形凸轮机构,绘出凸轮廓线,并决定从动件平底应有的最小长度。

【题3.3】 如图3.12所示直动从动件盘形凸轮机构,要求在凸轮转角 $\varphi=0°\sim90°$ 时,从动件以余弦加速度上升 $h=20$ mm,且取基圆半径 $r_0=25$ mm,偏距 $e=10$ mm, $r=d/2=5$ mm。试作:

(1) 选定凸轮转向 ω_1,并简要说明选定的原因。

(2) 用反转法绘出当凸轮转角 $\varphi=0°\sim90°$ 时,凸轮的工作廓线。

(3) 绘出 $\varphi=45°$ 时轮廓的压力角 α。

【题3.4】 图3.13所示两种盘形凸轮机构为偏心圆盘。圆心为 O,半径 $R=30$ mm, $OA=10$ mm,偏距 $e=10$ mm。试求:

(1) 这两种凸轮机构从动件的行程 h 和凸轮的基圆半径 r_0。

(2) 这两种凸轮机构的最大压力角 α_{max} 的数值及其发生的位置。

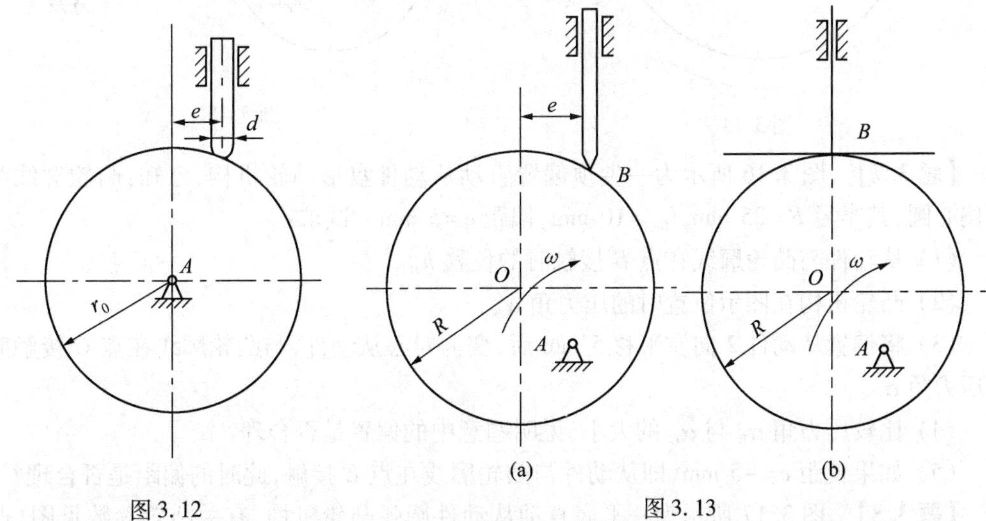

图3.12　　图3.13

【题 3.5】 在图 3.14 所示偏置滚子直动从动件盘形凸轮机构中,凸轮 1 的工作轮廓为圆,其圆心和半径分别为 C 和 R,凸轮 1 沿逆时针方向转动,推动从动件往复移动。已知:$R=100$ mm,$OC=20$ mm,偏距 $e=10$ mm,滚子半径 $r_r=10$ mm。试回答:

(1) 绘出凸轮的理论轮廓。

(2) 凸轮基圆半径 r_0 为多少? 从动件行程 h 为多少?

(3) 推程运动角 Φ_0 为多少? 回程运动角 Φ'_0 为多少? 远休止角 Φ_s 为多少? 近休止角 Φ'_s 为多少?

【题 3.6】 在图 3.15 所示滚子摆动从动件盘形凸轮机构中,已知:偏心圆盘 $R=40$ mm,滚子半径 $r_r=10$ mm,$l_{OA}=a=90$ mm,$l_{AB}=l=70$ mm,转轴 O 到圆盘中心 C 的距离 $l_{OC}=20$ mm,圆盘逆时针转动。

(1) 标出凸轮机构在图示位置时的压力角 α,画出基圆,求基圆半径 r_0。

(2) 作出从动件由最下位置摆到图示位置时,从动件摆过的角度 ψ 及相应的凸轮转角 φ。

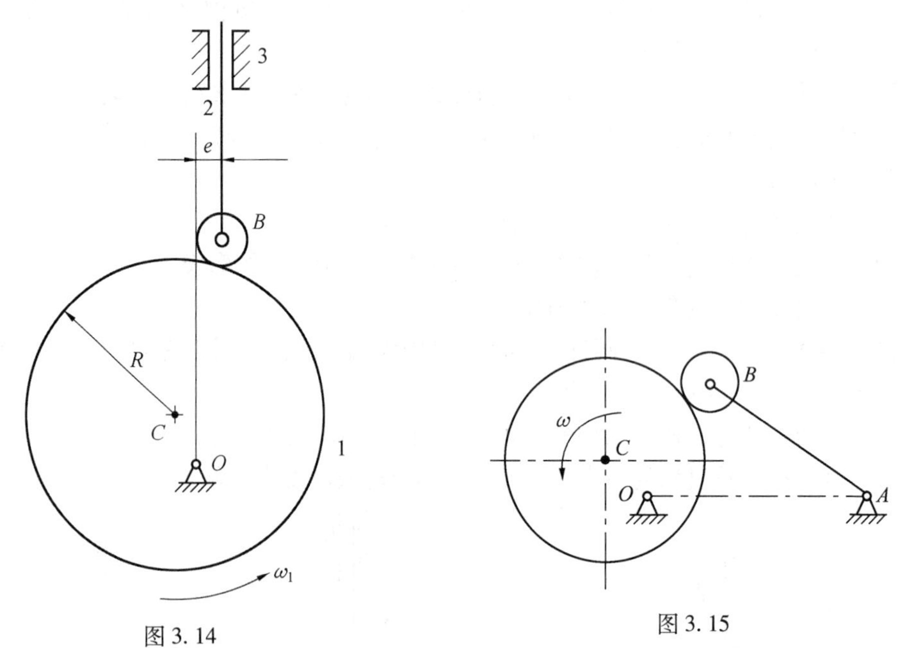

图 3.14　　　　图 3.15

【题 3.7】 图 3.16 所示为一尖顶偏置直动从动件盘形凸轮机构,已知:凸轮廓线为一偏心圆,其半径 $R=25$ mm,$l_{OA}=10$ mm,偏距 $e=5$ mm。试求:

(1) 从动件与凸轮廓线在点 B 接触时的位移 h_B。

(2) 凸轮机构在图示位置时的压力角 α_B。

(3) 将偏置从动件 2 向左平移 5 mm 后,变为对心从动件,与凸轮廓线在点 C 接触时的压力角 α_C。

(4) 比较压力角 α_B 与 α_C 的大小,说明题意中的偏置是否合理?

(5) 如果偏距 $e=-5$ mm,即从动件与凸轮廓线在点 E 接触,此时的偏距是否合理?

【题 3.8】 图 3.17 所示为一平底直动从动件圆弧凸轮机构,有关凸轮参数见图(凸

轮轴颈直径为 d)。Q 为从动件2所受载荷(包括其质量和惯性力),M 为加于凸轮轴上的驱动力矩。设 f_{21} 和 f_{23} 为从动件与凸轮之间及从动件与导路之间的摩擦系数,f_0 为凸轮轴颈与轴承间的当量摩擦系数。试求凸轮转角为 θ 时,该机构的瞬时效率,并讨论其自锁条件。

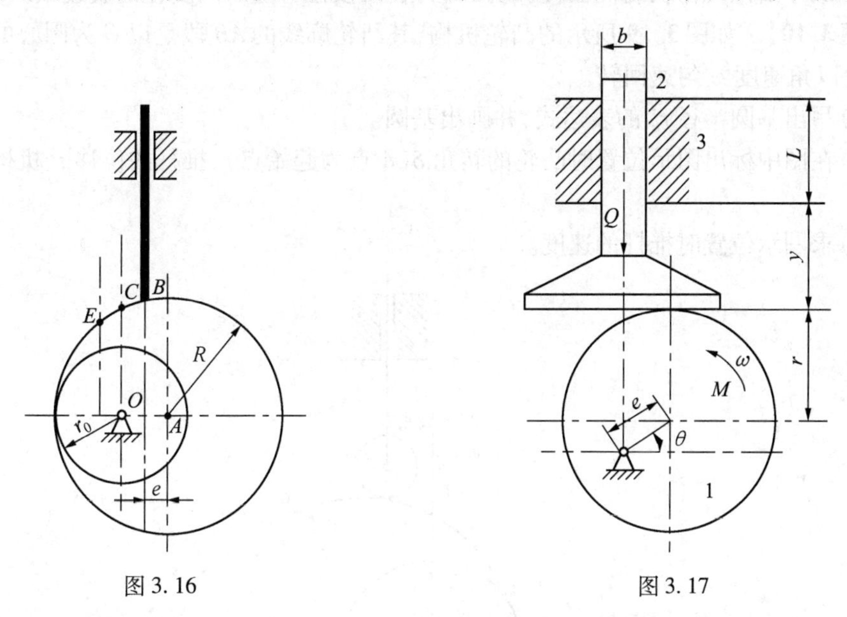

图3.16　　图3.17

【题3.9】 如图3.18所示为一对心直动滚子从动件盘形凸轮机构,凸轮以等角速度 ω 逆时针方向转动,其直廓线 AB 和 CD 切于两个圆弧,圆弧的半径均为 R,两圆弧的中心距 $O_1O_2=a$,从动件滚子半径为 r。

(1)试在图上标出图示位置的凸轮转角、从动件位移及凸轮机构的压力角。

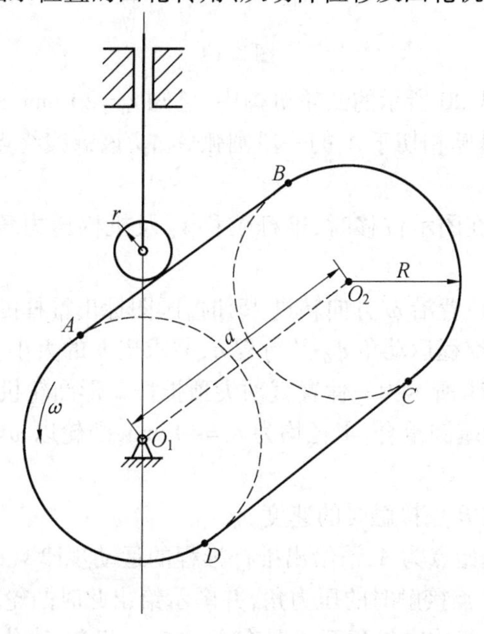

图3.18

(2)给出凸轮机构的推程角、远休止角、回程角及近休止角的数值。

(3)若升程阶段凸轮机构的许用压力角为45°,中心距 a 最大为多少?

(4)试导出该机构从动件在直廓线 AB 升程阶段位移随时间变化的表达式。

【题3.10】 如图3.19所示的凸轮机构,其凸轮廓线的 AB 段是以 C 为圆心的一段圆弧,凸轮以角速度 ω 匀速回转。

(1)写出基圆半径 r_0 的表达式,并画出基圆。

(2)在图中标出图示位置时凸轮的转角 δ(A 点为起始点)、推杆的位移 s、机构压力角 α。

(3)求图示位置时推杆的速度。

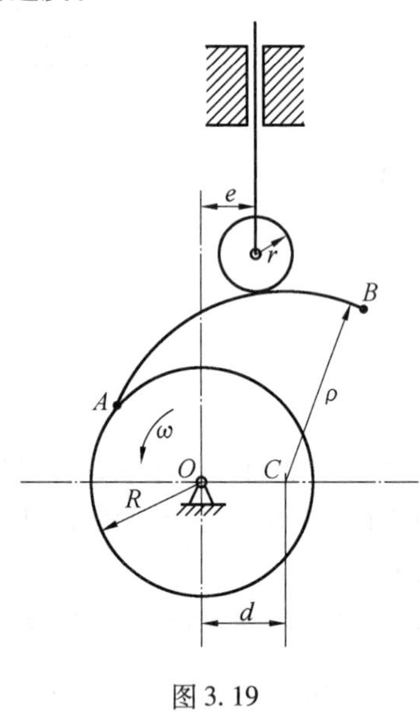

图3.19

【题3.11】 如图3.20所示的凸轮机构中,已知 $r_0=20$ mm,$e=10$ mm,凸轮推程段廓线为以 O' 为圆心并与基圆相切于 A_0 的一段圆弧 A_0A_1,该廓线终点 A_1 的向径 $r_{max}=55$ mm,$OO'=20$ mm。

(1)画图标出机构在图示位移时,推杆位移 s_A 及机构压力角 α_A,并求 s_A 和 α_A 的大小。

(2)当凸轮由图示位置沿 ω 方向转过45°时,画图标出推杆的位移 s_K 及 α_K。

(3)画图标出机构推程运动角 ϕ_0 及行程 h,并求出 h 的大小。

【题3.12】 图3.21所示为一偏置直动尖顶推杆盘形凸轮机构,凸轮廓线为渐开线,渐开线的基圆与凸轮的基圆重合,半径均为 $r_0=40$ mm,凸轮以 $\omega=20$ rad/s 的角速度逆时针匀速回转。试求:

(1) 推杆与凸轮在 B 点接触时的速度 v_B。

(2) 若凸轮推程起始点为 A,请给出推杆推程的运动规律 $s(t)$。

(3) 凸轮机构在 B 点接触时的压力角,并图示给出此时凸轮转角。

(4) 试分析该凸轮机构在推程开始时有无冲击?若有,请分析说明是哪种冲击?若没有,请说明理由。

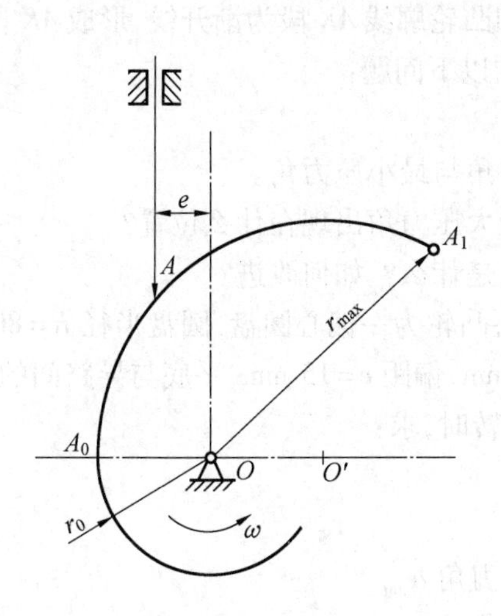

图3.20

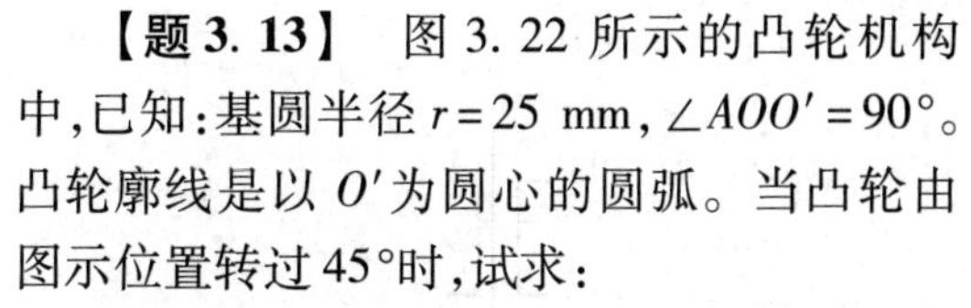

图3.21

【题3.13】　图3.22所示的凸轮机构中,已知:基圆半径 $r=25$ mm,$\angle AOO'=90°$。凸轮廓线是以 O' 为圆心的圆弧。当凸轮由图示位置转过45°时,试求:

(1)从动件位移 s。

(2)凸轮机构的压力角 α。

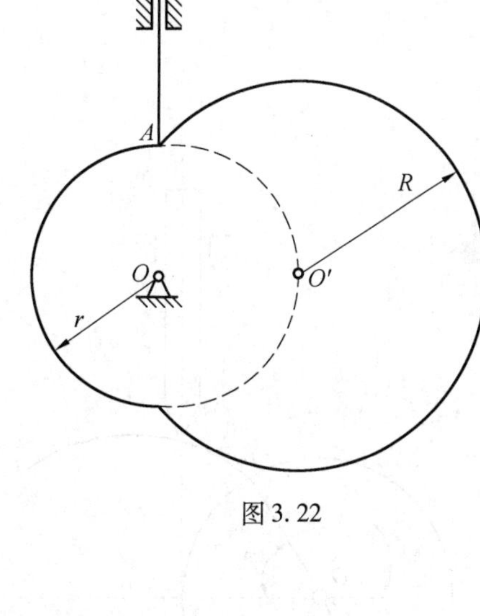

图3.22

【题3.14】　图3.23所示为一平底从动件盘形凸轮机构,其凸轮为一以 C 点为圆心的圆盘,且有 $AB\perp BD$,$OA=a$,$AB=e$。

(1)画出该凸轮机构的基圆。

(2)画出该凸轮机构在当前位置时的压力角。

(3)标出该凸轮机构在当前工作状态时的全部速度瞬心位置。

(4)说明在什么条件下,此凸轮机构的压力角能够保证恒为0°。

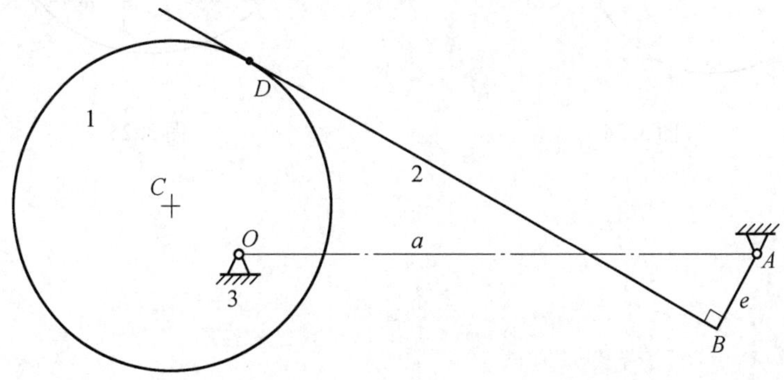

图3.23

【**题 3.15**】　如图 3.24 所示机构中，已知凸轮廓线 AK 段为渐开线，形成 AK 段渐开线的基圆圆心为 O，$OA=r_0$，求对应 AK 段廓线的以下问题：

(1)从动件的运动规律。

(2)当凸轮为主动件时，机构的最大压力角与最小压力角。

(3)当原从动件变为主动件时，机构的最大压力角出现在什么位置?

(4)当以凸轮为主动件时，机构的优缺点是什么? 如何改进?

【**题 3.16**】　如图 3.25 所示凸轮机构中，凸轮为一偏心圆盘，圆盘半径 $R=80$ mm，圆盘几何中心 O 到回转中心 A 的距离 $OA=30$ mm，偏距 $e=15$ mm，平底与导路间的夹角 $\beta=45°$，当凸轮以等角速度 $\omega=1$ rad/s 逆时针回转时，求：

(1)凸轮基圆半径 r_0。

(2)从动件的行程 h。

(3)凸轮机构的最大压力角 α_{max}、最小压力角 α_{min}。

(4)从动件的推程运动角 Φ 和回程运动角 Φ'。

(5)从动件的最大速度 V_{max}。

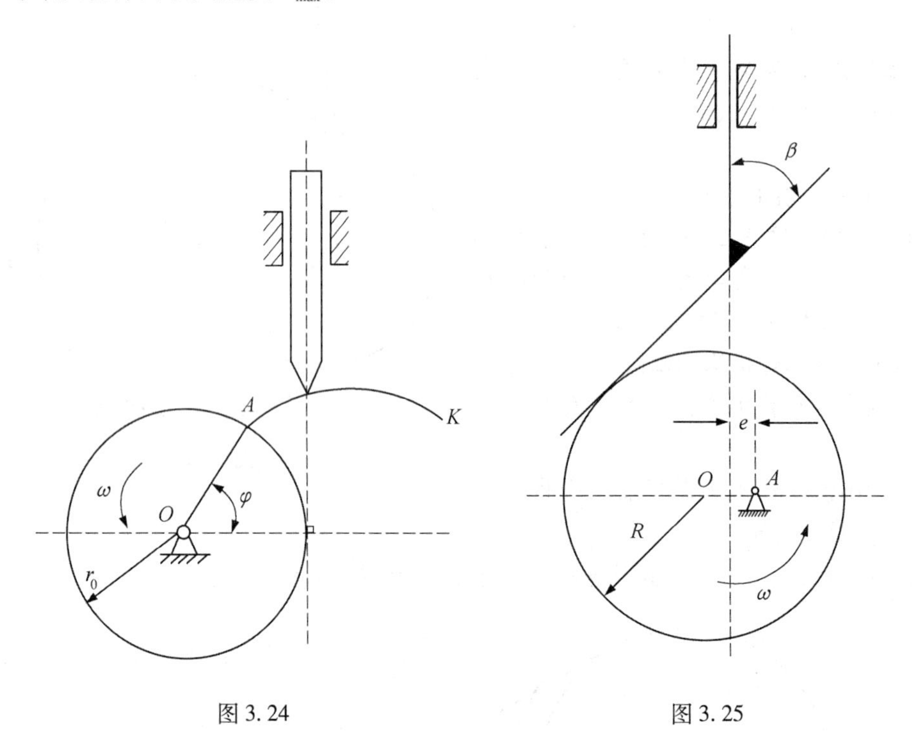

图 3.24　　　　图 3.25

第4章　齿轮机构及其设计

4.1　基本要求

（1）了解齿轮机构的类型。

（2）了解齿轮齿廓曲线的形成原理。

（3）掌握渐开线的性质、渐开线齿廓啮合传动的特点。

（4）掌握渐开线圆柱齿轮各部分的名称、渐开线圆柱齿轮的基本参数、渐开线齿轮的基本齿廓。

（5）掌握渐开线标准直齿圆柱齿轮几何尺寸的计算。

（6）理解渐开线齿廓的加工原理（范成法、仿形法）。

（7）了解渐开线齿轮根切现象产生的原因、渐开线齿轮的变位。

（8）掌握一对渐开线齿轮的正确啮合条件。

（9）掌握齿轮传动的啮合角、无侧隙啮合方程、中心距及中心距变动系数。

（10）掌握重合度及重合度的计算、重合度的物理意义及影响因素。

（11）了解变位齿轮传动的几何尺寸计算、渐开线齿轮传动类型、变位齿轮的应用。

（12）掌握斜齿圆柱齿轮齿廓曲面的形成、斜齿轮的基本参数、斜齿轮传动的几何尺寸计算、斜齿轮传动的正确啮合条件及重合度。

（13）了解斜齿轮的法面齿形及当量齿数、斜齿轮传动的优缺点。

（14）了解交错轴斜齿轮传动的几何参数关系和几何尺寸计算，交错轴斜齿轮传动的正确啮合条件、传动比及从动轮转向，交错轴斜齿轮传动的优缺点。

（15）了解蜗杆、蜗轮的形成原理与方法，蜗杆蜗轮的正确啮合条件，蜗杆传动的基本参数和几何尺寸计算，蜗杆传动的优缺点。

（16）了解圆锥齿轮的应用、直齿圆锥齿轮的齿形、背锥、当量齿数，直齿圆锥齿轮的基本参数和啮合特点，直齿圆锥齿轮的几何尺寸计算，直齿圆锥齿轮传动的正确啮合条件、传动比及从动轮转向。

4.2　内容提要

4.2.1　本章重点

本章重点是渐开线外啮合直齿圆柱齿轮传动的基本理论和设计计算。变位齿轮、斜齿轮、蜗轮、蜗杆及圆锥齿轮传动的重点则是与直齿圆柱齿轮传动及设计计算的特殊点和不同点。

1. 齿轮的齿廓曲线与齿廓啮合基本定律

（1）齿轮的齿廓曲线首先应满足齿廓啮合基本定律，即相互啮合传动的一对齿廓，在任意位置啮合时的传动比与其连心线 O_1O_2 被啮合接触点处的公法线分成的两段长度成反比。这个规律称为齿廓啮合基本定律。它反映齿廓曲线与传动比的关系。

（2）齿廓接触点公法线与两齿轮连心线的交点 P，称为啮合节点。节点在分别与两齿轮固连的平面上的运动轨迹，称为两齿轮的节线。如果要使两齿轮做定传动比，则其齿廓必须满足的条件是：无论两齿廓在何位置接触，过接触点所作的齿廓公法线与两齿轮的连心线相交于固定节点 P。这时过节点 P 所作的两圆称为节圆，两齿轮的传动可看成两齿轮节线做纯滚动。如果要使两齿轮做变传动比传动，则节点 P 应按相应的规律在连心线上移动。因而两轮的节线是非圆形的，故称为非圆齿轮。

2. 渐开线齿廓的啮合特性

（1）可保证定传动比传动。两齿廓在任意点啮合时，其啮合点的公法线均内切于两基圆而位置不变，因而节点 P 位置不变，传动比恒定。

（2）正压力方向不变，传动平稳。两渐开线齿廓啮合时，啮合线、两基圆内公切线、正压力作用线为同一条直线，故正压力方位始终不变，传动平稳。

（3）具有传动的可分性。只要保证两齿廓接触，中心距略有变化，传动比不变。

3. 单个渐开线齿轮

（1）渐开线标准圆柱齿轮的基本参数及几何尺寸计算。

渐开线标准直齿圆柱齿轮有五个基本参数：齿数 z、模数 m、压力角 α、齿顶高系数 h_a^* 及顶隙系数 c^*。其中：模数 m 是决定齿轮及轮齿大小和承载能力的重要参数，按照标准系列选取，单位为 mm；压力角 α 是决定齿轮齿廓形状和齿轮啮合性能的重要参数，一般取 $\alpha=20°$；而 $h_a^*=1.0$，$c^*=0.25$。这五个基本参数决定了标准直齿圆柱齿轮的各部分基本尺寸。分度圆上齿厚和齿槽宽相等的齿轮，称为标准齿轮。

标准直齿圆柱齿轮的几何尺寸是以分度圆为基准计算的。应牢牢掌握分度圆直径 d、齿顶圆直径 d_a、齿根圆直径 d_f、基圆直径 d_b、齿距 p、齿厚 s 及齿槽宽 e 等的计算公式。

齿条几何尺寸的特点是：对应齿轮的分度圆、齿顶圆、齿根圆分别变为分度线、齿顶线及齿根线；其齿廓变为直线，压力角等于齿形角；其同侧齿廓平行，齿距处处相等。

内齿轮几何尺寸的特点是：对应于外齿轮的齿廓变为内齿轮的轮齿，其齿廓是内凹的，齿根圆大于齿顶圆，而齿顶圆又必须大于基圆。

（2）标准斜齿圆柱齿轮。由于轮齿的倾斜而引入螺旋角 β（一般取 $\beta=8°\sim20°$）的基本参数，并且模数、压力角、齿顶高系数及顶隙系数有法面和端面之分，其中法面基本参数 m_n、α_n、h_{an}^* 和 c_n^* 为标准值，取值与直齿轮相同。

斜齿圆柱齿轮的几何尺寸是按端面参数 m_t、α_t、h_{at}^* 和 c_t^* 计算的。法面参数与端面参数的关系为 $m_t=m_n/\cos\beta$，$\tan\alpha_t=\tan\alpha_n/\cos\beta$，$h_{at}^*=h_{an}^*\cos\beta$，$c_t^*=c_n^*\cos\beta$。还应注意斜齿圆柱齿轮中当量齿轮和当量齿数的概念。

（3）蜗轮和蜗杆。蜗轮和蜗杆在其中间面内就相当于齿轮和齿条，蜗杆又相似于螺杆形状，故它们的基本参数有：模数 m、压力角 α、齿顶高系数 h_a^*（取 1）、顶隙系数 c^*（取

0.2)、蜗杆头数 z_1、蜗轮齿数 z_2、蜗杆的直径系数 q 及导程角 γ。其中模数 m 和压力角 α 是指蜗杆的轴面模数 m_{x1} 和压力角 α_{x1}，也即蜗轮的端面模数 m_{x2} 和压力角 α_{x2}，且均为标准值。但蜗轮和蜗杆的模数系列不同于齿轮的模数系列。压力角一般取 $\alpha=20°$；蜗杆的直径系数 q 为蜗杆分度圆直径 d_1 与其模数 m 的比值，即 $q=d_1/m$。

(4) 圆锥齿轮。圆锥齿轮是用来传递空间相交轴之间的运动和动力的，轮齿分布在圆锥体上，所以相当于把圆柱齿轮的“圆柱”变成“圆锥”，如齿顶圆锥、分度圆锥、齿根圆锥、基圆锥等。还应注意圆锥齿轮中的“背锥”、当量齿轮和当量齿数的概念。

(5) 变位齿轮的变位系数和几何尺寸。加工变位齿轮时，刀具分度线与被切齿轮分度圆不相切，二者分离的距离 xm 称为变位量，x 称为变位系数。其中刀具分度线与被切齿轮分度圆分离的称为正变位，x 为正值，被加工齿轮称为正变位齿轮；而刀具分度线与被切齿轮分度圆相交的称为负变位，x 为负值，被加工齿轮称为负变位齿轮。

变位齿轮中 m、α、z、d、p、d_b 与标准齿轮一样保持不变。由于齿轮齿顶圆是齿轮刀具切出来的，因而有：$h_f=m(h_a^*+c^*-x)$，$d_f=d-2h_f=m(z-2h_a^*-2c^*+x)$；为保证齿全高 h 不变，故 $h_a=m(h_a^*+x)$，$d_a=d+2h_a=m(z+2h_a^*+x)$；而 $s=m(\pi/2+2x\tan\alpha)$，$e=m(\pi/2-2x\tan\alpha)$。

4. 注意分清下面一些容易混淆的概念

(1) 分度圆与节圆。分度圆是指单个齿轮上具有标准模数和标准压力角的圆。其位置为标准安装时两分度圆相切，非标准安装时相交或分离。节圆是一对齿轮在啮合传动时两个相切做纯滚动的圆。单个齿轮没有节圆。根据渐开线方程式，节圆的大小分别为 $r'_1=r_{b1}/\cos\alpha'=r_1\cos\alpha/\cos\alpha'$，$r'_2=r_{b2}/\cos\alpha'=r_2\cos\alpha/\cos\alpha'$。一般情况下，节圆半径与分度圆半径不相等，节圆与分度圆不重合。只有当啮合角 α' 等于渐开线齿廓在分度圆处的压力角 α 时，两个节圆半径才分别与两个齿轮的分度圆半径相等，两个节圆才分别与两个齿轮的分度圆重合。这种情况下只有两个齿轮的实际中心距等于标准中心距时才会出现。

(2) 压力角 α 与啮合角 α'。压力角 α 是指单个齿轮渐开线齿廓上某一点的线速度方向与该点法线方向所夹的锐角。渐开线齿廓上各点压力角的大小是不相等的。啮合角 α' 是指一对齿轮啮合时，啮合线与两节圆公切线之间所夹的锐角，其值等于渐开线齿廓在节圆上的压力角，由于节圆大小随中心距变化而变化，故两轮的啮合角也随中心距变化而变化，其关系式为 $a'\cos\alpha'=a\cos\alpha$。显然，只有两轮中心距 a' 为标准中心距 a 时，这时节圆与分度圆重合，啮合角才等于分度圆上的压力角。

(3) 法向节距 p_n 与基圆节距 p_b。法向节距 p_n 与基圆节距 p_b 的长度相等 $p_n=p_b$，都是相邻两个轮齿与侧齿廓之间度量的长度，但是法向节距 p_n 是在渐开线齿廓上任意一点的法线上度量的相邻两齿与侧齿廓之间的直线长度，而基圆节距 p_b 是指基圆上度量的相邻两齿与侧齿廓之间的弧长。

(4) 标准齿轮与零变位齿轮。标准齿轮不仅基本参数是标准值，分度圆齿厚与齿槽宽相等，即 $s=e=\pi m/2$，而且齿高也是标准值，即 $h=(2h_a^*+c^*)m$。零变位齿轮的变位系数 $x=x_1+x_2=0$，也具有标准的基本参数，分度圆齿厚与齿槽宽也相等，但由于与该齿轮相啮合的是变位齿轮，故齿轮的齿高为 $h=(2h_a^*+c^*-\Delta y)m$，也不是标准值。

(5) 变位齿轮与传动类型。变位齿轮是指单个齿轮是正变位齿轮($x>0$)或负变位齿轮($x<0$)。而传动类型则是按一对相啮合的齿轮的变位系数之和来区分的:当 $x=x_1+x_2>0$ 时,该对齿轮传动称为正传动;当 $x=x_1+x_2<0$ 时,该对齿轮传动称为负传动;当 $x=x_1+x_2=0$ 时,该对齿轮传动称为零传动或高度变位齿轮传动。在这三种传动类型中的齿轮都可能既有正变位齿轮,又有负变位齿轮。如在正传动中,两齿轮可以都是正变位齿轮,也可以一个是正变位齿轮($x_1>0$),而另一个是负变位齿轮($x_2<0$),只要 $x_1+x_2>0$,则该对齿轮传动就属于正传动。又如在负传动中,两齿轮可以都是负变位齿轮,也可以一个是正变位齿轮($x_1>0$),而另一个是负变位齿轮($x_2<0$),只要 $x_1+x_2<0$,则该对齿轮传动就属于负传动。

(6)齿面接触线与啮合线。两轮齿廓齿面的瞬时接触线称为齿面接触线。当一对直齿圆柱齿轮啮合传动时,两轮的齿面接触线是与轴线平行的直线。在主动轮的齿廓曲面上,该接触线由齿根逐渐走向齿顶,而在从动轮的齿廓曲面上,该接触线由齿顶逐渐走向齿根。啮合线是指一对齿廓曲线在啮合传动过程中,其啮合点的轨迹。对于一对渐开线齿廓而言,其啮合线既是两基圆的内公切线,又是两齿廓在啮合点的公法线,同时也是不计摩擦时两齿廓间力的作用线。

(7)理论啮合线与实际啮合线。由于基圆内无渐开线,其基圆的内公切线的两个切点 N_1 和 N_2 分别为起始啮合和终止啮合的极限点,也即基圆的内公切线$\overline{N_1N_2}$是啮合线的极限长度,称之为理论啮合线。由于齿轮上所用的渐开线齿廓长度受到齿顶圆的限制,所以一对有限长的渐开线齿廓的实际啮合线$\overline{B_1B_2}$的长度小于理论啮合线$\overline{N_1N_2}$。点 B_2、B_1 在理论啮合线$\overline{N_1N_2}$上的位置由两个齿顶圆与理论啮合线$\overline{N_1N_2}$的交点来确定。

5. 一对渐开线齿轮啮合传动的有关内容

(1)一对渐开线齿轮的正确啮合条件。

一对渐开线齿轮的正确啮合条件是:两齿轮的模数和压力角分别相等,即 $m_1=m_2=m$,$\alpha_1=\alpha_2=\alpha$。这个条件对直齿圆柱齿轮,无论是标准齿轮还是变位齿轮,无论是外啮合还是内啮合,均适用,对齿轮齿条啮合也同样适用。

一对平行轴斜齿圆柱齿轮的正确啮合条件是:两齿轮法面上的模数和压力角分别相同,螺旋角大小相等、方向相反(外啮合)或相同(内啮合),即 $m_{n1}=m_{n2}=m_n$,$\alpha_{n1}=\alpha_{n2}=\alpha_n$,$\beta_1=\mp\beta_2$。一对交错轴斜齿圆柱齿轮的正确啮合条件是:$m_{n1}=m_{n2}=m_n$,$\alpha_{n1}=\alpha_{n2}=\alpha_n$,且两齿轮的螺旋角之和等于轴交角,即 $\Sigma=|\beta_1+\beta_2|$。

蜗轮和蜗杆传动的正确啮合条件是:在其中间平面内蜗轮与蜗杆的模数和压力角分别相等,即 $m_{x1}=m_{t2}=m$,$\alpha_{x1}=\alpha_{t2}=\alpha$。为保持二者齿相一致,当两轴交错角为90°时,蜗杆导程角还应等于蜗轮螺旋角,即 $\gamma_1=\beta_2$,且二者螺旋线方向相同。

一对圆锥齿轮的正确啮合条件是:两齿轮的模数和压力角(大端)分别相等,即

$$m_1=m_2=m \qquad \alpha_1=\alpha_2=\alpha$$

且

$$\delta_1+\delta_2=\Sigma \qquad \text{(两轴夹角)}$$

(2)一对渐开线齿轮连续传动条件。

一对直齿轮传动的连续传动条件:为了两齿轮的连续传动,必须保证在前一对轮齿尚未脱离啮合时,后一对轮齿能及时进入啮合。这就要求实际啮合线段$\overline{B_1B_2}$应大于或等于

齿轮的法向齿距(基圆齿距)p_b。通常把$\overline{B_1B_2}$与p_b的比值称为齿轮传动的重合度,并用ε_α表示。因此齿轮连续传动的条件为:重合度ε_α必须大于或等于1。而实际使用的重合度应大于许用值$[\varepsilon_\alpha]$,即

$$\varepsilon_\alpha=\overline{B_1B_2}/p_b\geqslant 1 \quad \text{或} \quad \varepsilon_\alpha\geqslant[\varepsilon_\alpha]$$

重合度的意义:一是衡量连续传动的条件,二是反映了同时参与啮合的轮齿对数的平均值。如$\varepsilon_\alpha=1.65$,表示平均有1.65对轮齿参与啮合,其中两个$0.65p_b$的范围为双齿啮合区,而$0.35p_b$的范围为单齿啮合区。由此可见,重合度越大,齿轮传动平稳性越高,承载能力越高。重合度可由下式计算:

$$\varepsilon_\alpha=[z_1(\tan\alpha_{a1}-\tan\alpha')\pm z_2(\tan\alpha_{a2}-\tan\alpha')]/(2\pi)$$

式中 “+”号——外啮合;

“-”号——内啮合;

α_{a1}、α_{a2}——轮1、轮2的齿顶圆压力角。

若齿轮和齿条啮合时,其重合度为

$$\varepsilon_\alpha=z_1(\tan\alpha_{a1}-\tan\alpha')/(2\pi)+2h_a^*/(\pi\sin 2\alpha)$$

至于变位齿轮传动的连续传动条件和重合度计算则与标准齿轮相同。

斜齿轮传动的重合度:斜齿轮传动的重合度ε_γ包含端面重合度ε_α与轴面重合度ε_β两部分,端面重合度与直齿轮一样,是用端面参数按直齿轮的重合度公式来计算;而轴面重合度则与斜齿轮的螺旋角β、斜齿轮的宽度B有关,且随β和B的增大而增大,这是斜齿轮传动的一大优点,即$\varepsilon_\gamma=\varepsilon_\alpha+\varepsilon_\beta=\overline{B_1B_2}/p_{bt}+B\sin\beta/(\pi m_n)$。

圆锥齿轮传动的重合度:圆锥齿轮传动的重合度即为其当量齿轮传动的重合度,故可用当量齿轮的参数按直齿轮重合度公式来计算圆锥齿轮传动的重合度的大小。

4.2.2 本章难点

本章难点是齿轮传动的啮合过程、齿廓工作段、斜齿轮及锥齿轮的当量齿轮和当量齿数的概念。

(1) 要搞清一对齿轮传动的啮合过程,必须首先搞清楚啮合线、理论啮合线$\overline{N_1N_2}$、起始啮合点B_2、终止啮合点B_1及齿廓工作段的概念。其次能根据两齿轮基本参数确定其基圆直径d_b、分度圆直径d、齿顶圆直径d_a及中心距a,并用作图法作出两轮的各圆、理论啮合线$\overline{N_1N_2}$、实际啮合线$\overline{B_1B_2}$及两轮齿廓工作段,进而计算重合度和判别单齿及双齿啮合区,在此基础上,还应搞清楚齿轮与齿条的啮合过程。此外还要注意非标准中心距安装对齿轮各圆、顶隙、齿侧间隙、实际啮合线及重合度的影响。

(2) 要搞清当量齿轮的概念,主要应注意三个问题:一是为什么要提出当量齿轮的概念?其意义是什么?二是何谓当量齿轮和当量齿数?三是当量齿数是如何确定出来的?

4.3 例题精选与答题技巧

【例4.1】 设两齿轮的传动比$i_{12}=2.5$,$z_1=40$,$h_a^*=1$,$m=10$ mm,$\alpha=20°$,求z_2及两

齿轮的尺寸。

解题要点：

直齿圆柱齿轮基本参数及几何尺寸的计算。

【解】 $i_{12}=\frac{z_2}{z_1}=2.5$

$$z_2=i_{12}z_1=2.5\times40=100$$

$$d_1=mz_1=10\times40=400\ (\text{mm})$$

$$d_2=mz_2=10\times100=1\ 000\ (\text{mm})$$

$$h_a=mh_a^*=10\times1=10\ (\text{mm})$$

$$h_f=m(h_a^*+c^*)=10\times(1+0.25)=12.5\ (\text{mm})$$

$$h=h_a+h_f=10+12.5=22.5\ (\text{mm})$$

$$d_{a1}=d_1+2h_a=400+20=420\ (\text{mm})$$

$$d_{a2}=d_2+2h_a=1\ 000+20=1\ 020\ (\text{mm})$$

$$d_{f1}=d_1-2h_f=400-2\times12.5=375\ (\text{mm})$$

$$d_{f2}=d_2-2h_f=1\ 000-2\times12.5=975\ (\text{mm})$$

$$d_{b1}=d_1\cos\alpha=400\cos20^\circ=400\times0.939\ 7=375.88\ (\text{mm})$$

$$d_{b2}=d_2\cos\alpha=1\ 000\cos20^\circ=1\ 000\times0.939\ 7=939.7\ (\text{mm})$$

$$a=\frac{m}{2}(z_1+z_2)=\frac{10}{2}\times(40+100)=700\ (\text{mm})$$

$$s=e=\frac{p}{2}=\frac{1}{2}\pi m=\frac{1}{2}\times3.1\ 415\ 926\times10=15.708\ (\text{mm})$$

【例 4.2】 当分度圆压力角 $\alpha=20^\circ$、齿顶高系数 $h_a^*=1$、渐开线标准直齿轮的齿根圆和基圆相重合时，它的齿数应该是多少？如果齿数大于或小于这个数值，那么基圆和齿根圆哪个大些？

解题要点：

基圆直径和齿根圆直径的计算公式。

【解】 基圆直径

$$d_b=mz\cos\alpha$$

齿根圆直径

$$d_f=mz-2m(h_a^*+c^*)$$

当基圆和齿根圆重合时

$$d_b=d_f$$

即

$$mz\cos\alpha=mz-2m(h_a^*+c^*)$$

所以

$$z=\frac{2(h_a^*+c^*)}{1-\cos\alpha}=\frac{2(1+0.25)}{1-\cos20^\circ}=\frac{2.5}{1-0.939\ 7}=41.46$$

令 $d_b>d_f$，可解出 $z<41.46$。

由于齿数只能是整数，所以齿根圆不可能正好与基圆重合。当齿数 $z\geqslant42$ 时，齿根圆大于基圆；当齿数 $z\leqslant41$ 时，基圆大于齿根圆。

【例 4.3】 已知一对渐开线正常齿的标准齿轮的齿数为 $z_1=20$、$z_2=60$，其分度圆的模数和压力角为 $m=5$ mm、$\alpha=20°$，试求两轮齿顶圆和基圆齿厚。

解题要点：

齿顶圆和基圆齿厚计算公式；$\text{inv}\ \alpha=\tan\alpha-\alpha$。

【解】 $s_1=s_2=s=\dfrac{\pi m}{2}=\dfrac{\pi\times5}{2}=7.854$（mm）

$$r_1=\frac{mz_1}{2}=\frac{5\times20}{2}=50\ (\text{mm})$$

$$r_2=\frac{mz_2}{2}=\frac{5\times60}{2}=150\ (\text{mm})$$

$$r_{a1}=r_1+h_a^*m=50+1\times5=55\ (\text{mm})$$

$$r_{a2}=r_2+h_a^*m=150+1\times5=155\ (\text{mm})$$

$$r_{b1}=r_1\cos\alpha=r_1\cos20°=50\times0.9397=46.985\ (\text{mm})$$

$$r_{b2}=r_2\cos\alpha=r_2\cos20°=150\times0.9397=140.954\ (\text{mm})$$

$$\alpha_{a1}=\arccos\frac{r_{b1}}{r_{a1}}=\arccos\frac{46.985}{55}=\arccos0.8543=31°19'$$

$$\alpha_{a2}=\arccos\frac{r_{b2}}{r_{a2}}=\arccos\frac{140.954}{155}=\arccos0.9094=24°34'$$

所以

$$\alpha_{b1}=0°\qquad\alpha_{b2}=0°\qquad\alpha=20°$$

$$s_{a1}=s_1\frac{r_{a1}}{r_1}-2r_{a1}(\text{inv}\ \alpha_{a1}-\text{inv}\ \alpha)$$

$$=7.854\times\frac{55}{50}-2\times55\times(0.061829-0.014904)=3.478\ (\text{mm})$$

$$s_{a2}=s_2\frac{r_{a2}}{r_2}-2r_{a2}(\text{inv}\ \alpha_{a2}-\text{inv}\ \alpha)$$

$$=7.854\times\frac{155}{150}+2\times155\times(0.028363-0.014904)=3.94\ (\text{mm})$$

$$s_{b1}=s_1\frac{r_{b1}}{r_1}-2r_{b1}(\text{inv}\ \alpha_{b1}-\text{inv}\ \alpha)$$

$$=7.854\times\frac{46.985}{50}+2\times46.985\times0.014904=8.78\ (\text{mm})$$

$$s_{b2}=s_2\frac{r_{b2}}{r_2}-2r_{b2}(\text{inv}\ \alpha_{b2}-\text{inv}\ \alpha)$$

$$=7.854\times\frac{140.955}{150}+2\times140.955\times0.014904=11.58\ (\text{mm})$$

【例 4.4】 已知一正常齿的标准齿轮，其 $z=18$、$m=10$ mm、$\alpha=20°$，求齿顶圆、基圆上的齿厚和齿间宽以及齿顶变尖时的齿顶圆半径。

解题要点：

齿顶圆和基圆上的齿厚和齿间宽计算公式。

【解】 $r=\frac{1}{2}mz=\frac{1}{2}\times10\times18=90$（mm）

$s=\frac{1}{2}\pi m=\frac{1}{2}\pi\times10=15.71$（mm）

$r_a=r+h_a^*m=90+10=100$（mm）

$r_b=r\cos\alpha=90\times\cos 20°=90\times0.9397=84.57$（mm）

$\alpha_a=\arccos\frac{r_b}{r_a}=\arccos\frac{84.57}{100}=\arccos 0.8457=32°15'$

$s_a=s\frac{r_a}{r}-2r_a(\mathrm{inv}\ \alpha_a-\mathrm{inv}\ \alpha)=15.71\times\frac{100}{90}-2\times100\times(\mathrm{inv}\ 32°15'-\mathrm{inv}\ 20°)$

$=15.71\times\frac{100}{90}-2\times100\times(0.068084-0.014904)=6.82$（mm）

$p_a=\frac{2\pi r_a}{z}=\frac{2\pi\times100}{18}=34.91$（mm）

$s_b=s\cos\alpha+2r\mathrm{inv}\ 20°=15.71\times\cos 20°+2\times84.57\times\mathrm{inv}\ 20°=17.28$（mm）

$e_a=p_a-s_a=34.91-6.82=28.09$（mm）

$p_b=\frac{2\pi r_b}{z}=\frac{2\pi\times84.57}{18}=29.52$（mm）

$e_b=p_b-s_b=29.52-17.28=12.24$（mm）

当齿顶变尖时 $s_a=s\frac{r_a}{r}-2r_a(\mathrm{inv}\ \alpha_a-\mathrm{inv}\ \alpha)=0$

$$\mathrm{inv}\ \alpha_a=\frac{s}{2r}+\mathrm{inv}\ \alpha=\frac{15.71}{2\times90}+\mathrm{inv}\ 20°=0.0872777+0.014904=0.1021817$$

查表得 $\alpha_a=36°25'$

所以 $r_a=\frac{r_b}{\cos\alpha_a}=\frac{84.57}{\cos 36°25'}=105.09$（mm）

【例 4.5】 已知一对外啮合齿轮传动，$\alpha=20°$，$h_a^*=1$，$c^*=0.25$，$m=8$ mm，中心距 $a'=208$ mm，传动比 $i_{12}=2$，试设计并核对齿轮传动（求出两轮的齿数、各部分的尺寸及重合度）。

解题要点：

基本参数和基本尺寸的计算。

【解】

因为
$$\begin{cases}a=\frac{m}{2}(z_1+z_2)\\ i_{12}=\frac{z_2}{z_1}\end{cases}$$

所以
$$\begin{cases}208=\frac{8}{2}(z_1+z_2)\\ 2=\frac{z_2}{z_1}\end{cases}$$

联立解上式得齿数为

$$z_1=17.33 \qquad z_2=34.66$$

$$\begin{cases} z_1=17 \\ z_2=35 \end{cases}$$

则该对齿轮的实际传动比 $i_{12}=\dfrac{z_2}{z_1}=\dfrac{35}{17}=2.059$，与要求的传动比 $i_{12}=2$ 稍有出入，如传动比要求不严格，尚属许可。

该对齿轮传动的标准中心距为

$$a=\frac{m}{2}(z_1+z_2)=\frac{8}{2}\times(17+35)=208\ (\mathrm{mm})$$

所以标准中心距 a 等于其安装中心距 a'，故采用一对标准齿轮传动。

主要几何尺寸为

$$d_1=mz_1=8\times17=136\ (\mathrm{mm})$$

$$d_2=mz_2=8\times35=280\ (\mathrm{mm})$$

$$h_a=mh_a^*=8\times1=8\ (\mathrm{mm})$$

$$h_f=m(h_a^*+c^*)=8\times(1+0.25)=10\ (\mathrm{mm})$$

$$h=h_a+h_f=8+10=18\ (\mathrm{mm})$$

$$d_{a1}=d_1+2h_a=136+2\times8=152\ (\mathrm{mm})$$

$$d_{a2}=d_2+2h_a=280+2\times8=296\ (\mathrm{mm})$$

$$d_{f1}=d_1-2h_f=136-2\times10=116\ (\mathrm{mm})$$

$$d_{f2}=d_2-2h_f=280-2\times10=260\ (\mathrm{mm})$$

$$d_{b1}=d_1\cos\alpha=d_1\cos20^\circ=136\times0.9397=127.8\ (\mathrm{mm})$$

$$d_{b2}=d_2\cos\alpha=d_2\cos20^\circ=280\times0.9397=263.12\ (\mathrm{mm})$$

$$\alpha_{a1}=\arccos\frac{d_{b1}}{d_{a1}}=\arccos\frac{127.8}{152}=\arccos0.8408=32^\circ47'$$

$$\alpha_{a2}=\arccos\frac{d_{b2}}{d_{a2}}=\arccos\frac{263.12}{296}=\arccos0.8889=27^\circ16'$$

重合度为

$$\begin{aligned}\varepsilon_\alpha&=\frac{1}{2\pi}[z_1(\tan\alpha_{a1}-\tan\alpha)+z_2(\tan\alpha_{a2}-\tan\alpha)]\\&=\frac{1}{2\pi}\times[17\times(\tan32^\circ47'-\tan20^\circ)+35\times(\tan27^\circ16'-\tan20^\circ)]\\&=\frac{1}{2\pi}\times[17\times(0.6441-0.3640)+35\times(0.5154-0.3640)]=1.6\end{aligned}$$

【例 4.6】 设一对外啮合传动齿轮的齿数 $z_1=30$，$z_2=40$，模数 $m=20$ mm，压力角 $\alpha=20^\circ$，齿顶高系数 $h_a^*=1$。当中心距 $a'=725$ mm 时，求啮合角 α'；当 $\alpha'=20^\circ30'$时，求中心距 a'？

解题要点：

标准中心距和实际中心距的关系。

【解】 $$a=\frac{m}{2}(z_1+z_2)=\frac{20}{2}\times(30+40)=700\ (\text{mm})$$

又因 $$\cos\alpha'=\frac{a}{a'}\cos\alpha$$

若 $$a'=725\ \text{mm}$$

则 $$\alpha'=\arccos\left(\frac{a}{a'}\cos\alpha\right)=\arccos\left(\frac{700}{725}\times\cos 20^\circ\right)$$

$$=\arccos\left(\frac{700}{725}\times 0.939\ 7\right)=\arccos 0.907\ 3=24^\circ 52'$$

若 $$\alpha'=22^\circ 30'$$

则 $$a'=a\times\frac{\cos\alpha}{\cos\alpha'}=700\times\frac{\cos 20^\circ}{\cos 22^\circ 30'}$$

$$=700\times\frac{0.939\ 7}{0.923\ 9}=711.97\ (\text{mm})$$

【例 4.7】 已知一对齿轮 $m=4$ mm，$z_1=25$，$z_2=50$，基圆直径分别为 $d_{b1}=93.96$ mm，$d_{b2}=187.92$ mm。若齿轮安装中心距 $a'=150$ mm，求啮合角 α' 及节圆直径 d'_1 和 d'_2；若 $a'=154$ mm，求 α'、d'_1、d'_2。

解题要点：

基本几何尺寸的计算。

【解】 (1) 当安装中心距 $a'=150$ mm 时，因

$$\begin{cases} i_{12}=\dfrac{z_2}{z_1}=\dfrac{r'_2}{r'_1} \\ a'=r'_1+r'_2 \end{cases}$$

有 $$\frac{50}{25}=\frac{r'_2}{r'_1}\qquad r'_1+r'_2=150$$

解得 $$r'_1=\frac{150}{3}=50\ (\text{mm})\qquad r'_2=2r'_1=100\ \text{mm}$$

而 $$\alpha'=\arccos\frac{r_{b1}}{r'_1}=\arccos\frac{r_{b2}}{r'_2}=\arccos\frac{d_{b1}}{d'_1}$$

$$=\arccos\frac{93.96}{100}=\arccos 0.939\ 6=20^\circ$$

故解得 $$\begin{cases} \alpha'=\alpha=20^\circ \\ d'_1=100\ \text{mm} \\ d'_2=200\ \text{mm} \end{cases}$$

以上是一般解法。如果注意到

$$a=\frac{m}{2}(z_1+z_2)=\frac{4}{2}(25+50)=150=a'$$

可直接得到 $$\begin{cases} \alpha'=\alpha=20^\circ \\ d'_1=d_1=mz_1=4\times 25=100\ (\text{mm}) \\ d'_2=d_2=mz_2=4\times 50=200\ (\text{mm}) \end{cases}$$

（2）当安装中心距 $a'=154$ mm 时，与解(1)同理可得

$$r'_1=\frac{a'}{3}=\frac{154}{3}=51.333\ (\text{mm})$$

$$r'_2=2r'_1=102.67\ \text{mm}$$

而
$$\alpha'=\arccos\frac{d_{b1}}{d'_1}=\arccos\frac{93.96}{102.67}=\arccos 0.9152=23°46'$$

故得解为
$$\begin{cases}\alpha'=23°45' \\ d'_1=102.67\ \text{mm} \\ d'_2=205.34\ \text{mm}\end{cases}$$

【例 4.8】　已知一正常齿的标准外啮合齿轮传动，其 $\alpha=20°$，$m=5$ mm，$z_1=19$，$z_2=42$。试求重合度 ε_α，并绘出单齿及双齿的啮合区。

解题要点：

重合度的计算公式，单齿及双齿的啮合区的绘制。

【解】　$r_1=\frac{1}{2}mz_1=\frac{1}{2}\times5\times19=47.5\ (\text{mm})$

$$r_2=\frac{1}{2}mz_2=\frac{1}{2}\times5\times42=105\ (\text{mm})$$

$$r_{a1}=r_1+h_a=47.5+5=52.5\ (\text{mm})$$

$$r_{a2}=r_2+h_a=105+5=110\ (\text{mm})$$

$$r_{b1}=r_1\cos\alpha=47.5\times\cos 20°=47.5\times0.9397=44.636\ (\text{mm})$$

$$r_{b2}=r_2\cos\alpha=105\times\cos 20°=105\times0.9397=98.669\ (\text{mm})$$

$$\alpha_{a1}=\arccos\frac{r_{b1}}{r_{a1}}=\arccos\frac{44.636}{52.5}=\arccos 0.8502=31°46'$$

$$\alpha_{a2}=\arccos\frac{r_{b2}}{r_{a2}}=\arccos\frac{98.669}{110}=\arccos 0.8970=26°14'$$

$$\begin{aligned}\varepsilon_\alpha&=\frac{1}{2\pi}[z_1(\tan\alpha_{a1}-\tan\alpha)+z_2(\tan\alpha_{a2}-\tan\alpha)]\\&=\frac{1}{2\pi}[19\times(\tan 31°46'-\tan 20°)+42\times(\tan 26°14'-\tan 20°)]\\&=\frac{1}{2\pi}[19\times(0.6192-0.3640)+42\times(0.4928-0.3640)]=1.63\end{aligned}$$

该传动的单齿和双齿啮合区如图 4.1 所示。

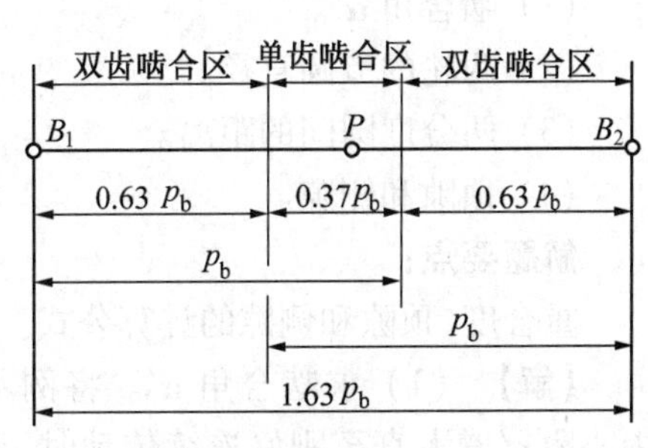

图 4.1

【例 4.9】　计算例 4.8 中两轮的滑动系数，并绘出曲线图。

解题要点：

滑动系数的计算公式。

【解】

$$\begin{aligned}\overline{PN_1}&=r_{b1}\tan\alpha=44.636\times\tan 20°\\&=44.636\times0.3640=16.2475\ (\text{mm})\end{aligned}$$

$$\overline{PN_2}=r_{b2}\tan\alpha=98.669\times\tan 20°=98.669\times0.3640=35.9155\ (\text{mm})$$

$$i_{12}=\frac{z_2}{z_1}=\frac{42}{19}\approx2.21$$

轮 1 齿根的滑动系数

$$U_{1\max}=\frac{\overline{PB_2}\times(1+i_{12})}{(\overline{PN_1}-\overline{PB_2})\times i_{12}} \tag{1}$$

$$\overline{PB_2}=r_{a2}\sin\alpha_{a2}-r_2\sin\alpha=110\times\sin 26°14'-105\times\sin 20°$$
$$=110\times0.442-105\times0.342=12.71\ (\text{mm})$$

将数据代入式(1),得

$$U_{1\max}=\frac{12.71\times(1+2.21)}{(16.2475-12.71)\times2.21}=5.22$$

轮 2 齿根的滑动系数

$$U_{2\max}=\frac{\overline{PB_1}(1+i_{12})}{(\overline{PN_2}-\overline{PB_1})i_{12}} \tag{2}$$

$$\overline{PB_1}=r_{a1}\sin\alpha_{a1}-r_1\sin\alpha=52.5\times\sin 31°46'-47.5\times\sin 20°=11.39\ (\text{mm})$$

将数据代入式(2),得

$$U_{2\max}=\frac{11.39\times(1+2.21)}{(35.9155-11.39)\times2.21}=0.675$$

轮 1 齿顶的滑动系数

$$U_1=\frac{\overline{PB_1}(1+i_{12})}{(\overline{PN_1}+\overline{PB_1})i_{12}}=\frac{11.39\times(1+2.21)}{(16.2475+11.39)\times2.21}=0.599$$

轮 2 齿顶的滑动系数

$$U_2=\frac{\overline{PB_2}(1+i_{12})}{(\overline{PN_2}+\overline{PB_2})i_{12}}=\frac{12.71\times(1+2.21)}{(35.9155+12.71)\times2.21}=0.38$$

其滑动曲线如图 4.2 所示。

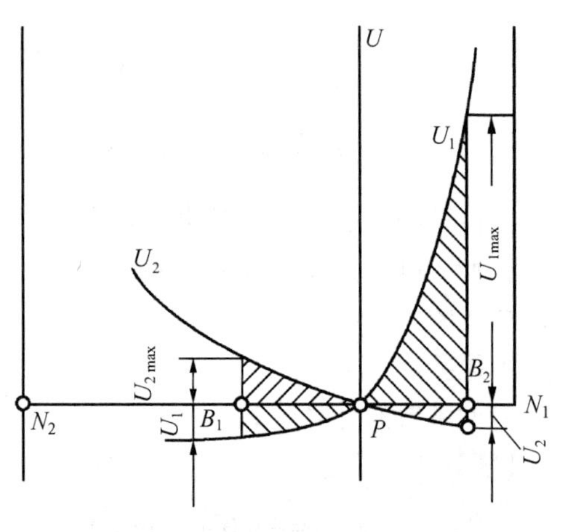

图 4.2

【例 4.10】 设将例 4.1 的中心距 a 增大,直到刚好连续传动,试求:

(1) 啮合角 α'。

(2) 两轮的节圆直径。

(3) 两分度圆间的距离。

(4) 顶隙和侧隙。

解题要点:

重合度、顶隙和侧隙的计算公式。

【解】 (1) 求啮合角 α'。将例 4.1 的中心距 a'增大直至刚好连续传动时,重合度 $\varepsilon=1$,即

$$\frac{1}{2\pi}[z_1(\tan\alpha_{a1}-\tan\alpha')+z_2(\tan\alpha_{a2}-\tan\alpha')]=1$$

所以

$$\tan\alpha'=\frac{z_1\tan\alpha_{a1}+z_2\tan\alpha_{a2}-2\pi}{z_1+z_2}$$

$$\begin{aligned}\alpha'&=\arctan\left(\frac{z_1\tan\alpha_{a1}+z_2\tan\alpha_{a2}-2\pi}{z_1+z_2}\right)\\&=\arctan\left(\frac{z_1\tan 31°46'+z_2\tan 26°14'-2\pi}{z_1+z_2}\right)\\&=\arctan\left(\frac{19\times0.619\,2+42\times0.498\,2-2\pi}{19+42}\right)=\arctan 0.429\,2=23°14'\end{aligned}$$

（2）求两轮的节圆直径 d'_1、d'_2。刚好连续传动时，两轮的节圆直径为

$$d'_1=\frac{d_1\cos\alpha}{\cos 23°14'}=\frac{95\times0.939\,7}{0.918\,9}=97.15\text{（mm）}$$

$$d'_2=\frac{d_2\cos\alpha}{\cos 23°14'}=\frac{210\times0.939\,7}{0.918\,9}=214.75\text{（mm）}$$

（3）求两分度圆分离的距离。

$$a'=\frac{d'_1+d'_2}{2}=\frac{97.15+214.75}{2}=155.95\text{（mm）}$$

$$a=\frac{d_1+d_2}{2}=\frac{95+210}{2}=152.5\text{（mm）}$$

两分度圆分离的距离为

$$\Delta a=a'-a=155.95-152.5=3.45\text{（mm）}$$

（4）求顶隙 c 和侧隙 j。

$$c=a'-r_{a2}-r_{f1}=155.95-110-41.25=4.7\text{（mm）}$$

因

$$s_2=\frac{\pi m}{2}=\frac{\pi\times5}{2}=7.854\text{（mm）}$$

$$r'_2=\frac{d'_2}{2}=\frac{214.75}{2}=107.375\text{（mm）}$$

$$r_2=\frac{d_2}{2}=\frac{210}{2}=105\text{（mm）}\qquad d'_2=2r'_2=2\times107.375=214.75\text{（mm）}$$

$$\alpha'=23°14'\qquad \alpha=20°$$

$$\begin{aligned}s'_2&=s_2\frac{r'_2}{r_2}-2r'_2(\text{inv}\,\alpha'-\text{inv}\,\alpha)=7.854\times\frac{107.375}{105}-214.75\times(\text{inv}\,23°14'-\text{inv}\,20°)\\&=7.854\times\frac{107.375}{105}-214.75\times(0.023\,791-0.014\,904)=6.123\text{（mm）}\end{aligned}$$

$$p'_1=\frac{\pi d'_1}{z_1}=\frac{\pi\times 97\ 015}{19}=16.041\ (\text{mm})$$

$$s_1=\frac{\pi m}{2}=\frac{\pi\times 5}{2}=7.854\ (\text{mm})$$

$$r'_1=\frac{d'_1}{2}=\frac{97.15}{2}=48.575\ (\text{mm})$$

$$r_1=\frac{d_1}{2}=\frac{95}{2}=47.5\ (\text{mm})$$

$$2r'_1=d'_1=97.15\ \text{mm}$$

所以

$$s'_1=s_1\frac{r'_1}{r_1}-2r'_1(\text{inv}\ \alpha'-\text{inv}\ \alpha)=8.031\ 75\times\frac{48.575}{47.5}-97.15\times(\text{inv}\ 23°14'-\text{inv}\ 20°)$$

$$=7.854\times\frac{48.575}{47.5}-97.15\times(0.023\ 791-0.014\ 904)=7.168\ (\text{mm})$$

因为 $e'_1=p'_1-s'_1=16.041-7.168=8.873\ (\text{mm})$

所以 $j=e'_1-s'_2=8.873-6.123=2.75\ (\text{mm})$

【例 4.11】 已知一对外啮合直齿圆柱齿轮传动，齿数 $z_1=10$、$z_2=25$，分度圆压力角 $\alpha=20°$，模数 $m=10$ mm，齿顶高系数 $h_a^*=1$，安装中心距 $a'=175$ mm。试设计这对齿轮，并计算各部分尺寸。

解题要点：

本题设计步骤可分为三步：(1) 选择传动类型和变位系数；(2) 计算齿轮的几何尺寸；(3) 验算(包括齿顶不变尖、不根切、重合度应大于$[\varepsilon_\alpha]$等)。

【解】 (1) 选择传动类型和变位系数。

标准中心距 $a=\frac{m}{2}(z_1+z_2)=\frac{10}{2}\times(10+25)=175\ (\text{mm})$

$$a'=175=a$$

$$z_1+z_2=35>2z_{\min}=34$$

$$z_1=10<z_{\min}=17 \qquad z_2=25>z_{\min}=17$$

选择传动类型为高度变位齿轮传动，

则

$$x_{1\min}=\frac{h_a^*(z_{\min}-z_1)}{z_{\min}}=\frac{17-10}{17}=\frac{7}{17}=+0.412$$

$$x_{2\min}=\frac{h_a^*(z_{\min}-z_2)}{z_{\min}}=\frac{17-25}{17}=-\frac{8}{17}=-0.471$$

所以选择变位系数为 $\begin{cases}x_1=+0.412\\x_2=-0.412\end{cases}$

(2) 计算两只齿轮的各部分尺寸。按高度变位齿轮传动计算公式进行计算。

安装中心距 $a'=a=\frac{m}{2}(z_1+z_2)=\frac{10}{2}(10+25)=175\ (\text{mm})$

啮合角　$\alpha'=\alpha=20°$

中心距变动系数　$y=\frac{a'-a}{m}=0$

齿顶高变动系数　$\Delta y=x_1+x_2-y=0$

齿顶高　$h_{a1}=(h_a^*+x_1)m=(1+0.412)\times10=14.12$ (mm)

$h_{a2}=(h_a^*+x_2)m=(1-0.412)\times10=5.89$ (mm)

齿根高　$h_{f1}=(h_a^*+c^*-x_1)m=(1.25-0.412)\times10=8.38$ (mm)

$h_{f2}=(h_a^*+c^*-x_2)m=(1.25+0.412)\times10=16.62$ (mm)

全齿高　$h=h_1=h_2=h_a+h_f=22.5$ mm

分度圆直径　$d_1=mz_1=10\times10=100$ (mm)

$d_2=mz_2=10\times25=250$ (mm)

基圆直径

$d_{b1}=d_1\cos\alpha=100\times\cos 20°=100\times0.9397=93.97$ (mm)

$d_{b2}=d_2\cos\alpha=250\times\cos 20°=250\times0.9397=234.925$ (mm)

分度圆齿厚

$$s_1=\frac{\pi m}{2}+2xm\tan\alpha=\frac{\pi\times10}{2}+2\times0.412\times10\times0.364=18.707\ (\text{mm})$$

$$s_2=\frac{\pi m}{2}+2x_2m\tan\alpha=\frac{\pi\times10}{2}-2\times0.412\times10\times0.364=12.709\ (\text{mm})$$

分度圆齿间宽

$$e_1=\frac{\pi m}{2}-2x_1m\tan\alpha=12.709\ \text{mm}$$

$$e_2=\frac{\pi m}{2}-2x_2m\tan\alpha=18.707\ \text{mm}$$

周节

$$p=s+e=31.416\ \text{mm}$$

齿顶圆直径

$d_{a1}=(z_1+2h_a^*+2x_1)m=(10+2+2\times0.412)\times10=128.24$ (mm)

$d_{a2}=(z_2+2h_a^*+2x_2)m=(25+2-2\times0.412)\times10=261.76$ (mm)

齿根圆直径

$d_{f1}=(z_1-2h_a^*-2c^*+2x_1)m$

$=(10-2-2\times0.25+2\times0.412)\times10=83.24$ (mm)

$d_{f2}=(z_2-2h_a^*-2c^*+2x_1)m$

$=(25-2-2\times0.25-2\times0.412)\times10=216.76$ (mm)

(3) 验算。

① 不根切验算。由于选择 x_1 和 x_2 时已经考虑到不根切因素,故不会根切。

② 重合度的验算。

$$\varepsilon_\alpha=\frac{1}{2\pi}[z_1(\tan\alpha_{a1}-\tan\alpha)+z_2(\tan\alpha_{a2}-\tan\alpha)]$$

因为 $\alpha_{a1}=\arccos\dfrac{d_{b1}}{d_{a1}}=\arccos\dfrac{93.97}{128.24}=\arccos 0.732\,76=42°53'$

所以 $\tan\alpha_{a1}=\tan 42°53'=0.928\,7$

同理

$$\alpha_{a2}=\arccos\frac{d_{b2}}{d_{a2}}=\arccos\frac{234.925}{261.76}=\arccos 0.897\,48=26°10'$$

所以 $\tan\alpha_{a2}=\tan 26°10'=0.491\,3$

因为 $\alpha'=20°$

所以 $\tan\alpha'=\tan 20°=0.364\,0$

故

$$\begin{aligned}\varepsilon_\alpha&=\frac{1}{2\pi}[z_1(\tan\alpha_{a1}-\tan\alpha)+z_2(\tan\alpha_{a2}-\tan\alpha)]\\&=\frac{1}{2\pi}\times[10\times(\tan 42°53'-\tan 20°)+25\times(\tan 26°10'-\tan 20°)]\\&=\frac{1}{2\pi}\times[10\times(0.928\,7-0.364\,0)+25\times(0.491\,3-0.364\,0)]\\&=1.405>[\varepsilon_\alpha]=1.3\end{aligned}$$

（设该对齿轮应用于金属切削机床）

(3) 齿顶不变尖验算。

要求满足

$$s_a\geqslant b\qquad b=0.2\sim0.4\ \mathrm{m}$$

小齿轮采取正变位,齿顶易变尖,所以只要对小齿轮齿顶厚进行验算。

小齿轮齿顶厚为

$$\begin{aligned}s_{a1}&=r_{a1}\frac{s_1}{r_1}-2r_{a1}(\mathrm{inv}\,\alpha_{a1}-\mathrm{inv}\,\alpha)\\&=64.12\times\frac{18.707}{50}-128.24\times(\mathrm{inv}\,42°53'-\mathrm{inv}\,20°)\\&=64.12\times\frac{18.707}{50}-128.24\times(0.182\,06-0.014\,904)\\&=2.78\ (\mathrm{mm})>0.2\ (\mathrm{m})=0.2\times10=2\ (\mathrm{mm})\end{aligned}$$

可见上面的设计方案是可用的,但必须指出的是:上面的方案不是唯一的设计方案,更不是最佳方案。

【例 4.12】 设一外啮合直齿圆柱齿轮传动,$z_1=z_2=12$,$m=10$ mm,$\alpha=20°$,$h_a^*=1$,$a'=130$ mm,试设计这对齿轮。

解题要点:

本题只能选择变位齿轮正传动。对于角度变位齿轮传动,其两齿轮齿数和的条件不受限制。

【解】 (1) 选择传动类型。

标准中心距 $a=\dfrac{m}{2}(z_1+z_2)=\dfrac{10}{2}\times(12+12)=120\ (\mathrm{mm})$

安装中心距 $a'=130\ (\mathrm{mm})$

所以　$a'>a$

(2) 求变位系数和 x_Σ,求分配变位系数 x_1 和 x_2。

啮合角

$$\alpha'=\arccos\left(\frac{a}{a'}\cos\alpha\right)=\arccos\left(\frac{120}{130}\times\cos 20^\circ\right)=\arccos\left(\frac{120}{130}\times 0.939\,7\right)=29^\circ 50'$$

变位系数之和为

$$x_\Sigma=x_1+x_2=\frac{z_1+z_2}{2\tan\alpha}(\text{inv }\alpha'-\text{inv }\alpha)=\frac{12+12}{2\times\tan 20^\circ}(\text{inv }29^\circ 50'-\text{inv }20^\circ)=1.249$$

最小变位系数为

$$x_{1\min}=x_{2\min}=\frac{h_a^*(z_{\min}-z)}{z_{\min}}=\frac{17-12}{17}=0.294$$

由于两轮齿数相同,故取

$$\begin{cases}x_1=0.624\,5\\x_2=0.624\,5\end{cases}$$

(3) 计算两齿轮各部分尺寸。

中心距变动系数

$$y=\frac{a'-a}{m}=\frac{130-120}{10}=1$$

齿顶高变动系数

$$\Delta y=x_1+x_2-y=1.249-1=0.249$$

齿顶高

$$h_{a1}=h_{a2}=m(h_a^*+x_1-\Delta y)=10\times(1+0.624\,5-0.249)=13.755\ (\text{mm})$$

齿根高

$$h_{f1}=h_{f2}=m(h_a^*+c^*-x_1)=10\times(1+0.25-0.624\,5)=6.255\ (\text{mm})$$

全齿高　$h_1=h_2=h_a+h_f=13.755+6.255=20.01\ (\text{mm})$

分度圆直径　$d_1=d_2=mz_1=10\times 12=120\ \text{mm}$

齿顶圆直径　$d_{a1}=d_{a2}=d_1+2h_{a1}=120+2\times 13.755=147.51\ (\text{mm})$

齿根圆直径　$d_{f1}=d_{f2}=d_1-2h_{f2}=120-2\times 6.255=107.49\ (\text{mm})$

基圆直径　$d_{b1}=d_{b2}=d_1\cos\alpha=120\times\cos 20^\circ=112.76\ (\text{mm})$

分度圆齿厚

$$s_1=s_2=m\left(\frac{\pi}{2}+2x\tan\alpha\right)=10\times\left(\frac{\pi}{2}+2\times 0.624\,5\times\tan 20^\circ\right)=20.25\ (\text{mm})$$

分度圆齿间宽

$$e_1=e_2=m\left(\frac{\pi}{2}-2x\tan\alpha\right)=10\times\left(\frac{\pi}{2}-2\times 0.624\,5\times\tan 20^\circ\right)=11.16\ (\text{mm})$$

分度圆周节　$p=\pi m=31.42\ (\text{mm})$

3. 验算

(1) 不根切。在分配变位系数时,已经考虑保证不发生根切。

(2) 重合度 ε_α。

$$\alpha_{a1}=\alpha_{a2}=\arccos\frac{d_{b1}}{d_{a1}}=\arccos\frac{112.76}{147.51}=40°8'$$

$$\varepsilon_{\alpha}=\frac{1}{2\pi}[z_1(\tan\alpha_{a1}-\tan\alpha')+z_2(\tan\alpha_{a2}-\tan\alpha')]$$

$$=\frac{1}{2\pi}\times2\times12(\tan 40°8'-\tan 29°50')$$

$$=1.03<[\varepsilon_{\alpha}]=1.1\sim1.2\quad（考虑应用于汽车工业）$$

（3）齿顶不变尖。

$$s_{a1}=s_{a2}=s_1\frac{r_{a1}}{r_1}-2r_{a1}(\text{inv }\alpha_{a1}-\text{inv }\alpha)$$

$$=20.25\times\frac{147.51}{120}-147.51\times(\text{inv }40°8'-\text{inv }20°)$$

$$=6.05\ (\text{mm})>0.04\ (\text{m})=4\ (\text{mm})$$

上面的验算，重合度较小，建议将齿轮传动中心距适当减小或增加齿数后重新设计。

【例 4.13】 在一对外啮合的渐开线直齿圆柱齿轮传动中，已知：$z_1=12$，$z_2=28$，$m=5$ mm，$h_a^*=1$，$\alpha=20°$。要求小齿轮刚好无根切，试问在无侧隙啮合条件下：

（1）实际中心距 $a'=100$ mm 时，应采用何种类型的齿轮传动，变位系数 x_1、x_2 各为多少？

（2）实际中心距 $a'=102$ mm 时，应采用何种类型的齿轮传动，变位系数 x_1、x_2 各为多少？

解题要点：

（1）当实际中心距 $a'=a$ 时，由齿数条件确定传动类型和变位系数。

（2）当实际中心距 $a'>a$ 时，只能采用正传动来凑中心距。

【解】 （1）实际中心距 $a'=100$ mm 时，

$$a=m(z_1+z_2)/2=5\times(12+28)/2=100\ (\text{mm})=a'$$

$$z_1+z_2>2z_{\min}\qquad z_1<z_{\min}$$

采用等高度变位齿轮传动。

$$x_1=(17-z_1)/17=(17-12)/17=0.294$$

$$x_2=-0.294$$

（2）实际中心距 $a'=102$ mm 时，$a'>a$，采用正传动。

$$x_1+x_2=\frac{z_1+z_2}{2\tan\alpha}(\text{inv }\alpha'-\text{inv }\alpha)=\frac{12+28}{2\tan 20°}(\text{inv }22.888°-\text{inv }20°)=0.4283$$

分配变位系数 $x_1=0.294$ $x_2=0.1343$

【例 4.14】 已知取渐开线直齿圆柱齿轮 $z_1=17$，$z_2=34$，$z_3=33$，$m=2$ mm，$\alpha=20°$，$h_a^*=1$，$c^*=0.25$，齿轮 1 和齿轮 3 是一对标准齿轮。今以齿轮 1 为公共滑移齿轮（图 4.3），试计算齿轮 2 的变位系数 x_2。（注意：$\text{inv }\alpha=\tan\alpha-\alpha$）

解题要点：

（1）齿轮 1、2 的实际中心距 $a'_{12}=a_{13}$。

（2）齿轮 1、3 为一对标准齿轮，则 $x_1=0$。

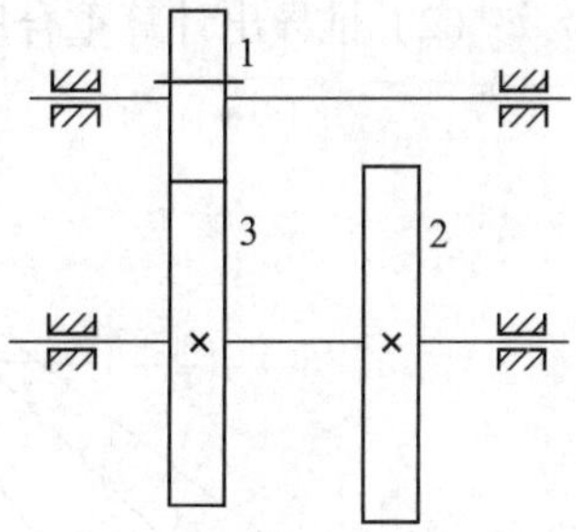

【解】　$a_{13}=m(z_1+z_3)/2=2\times(17+33)/2=50$ (mm)

$$a_{12}=m(z_1+z_2)/2=2\times(17+34)/2=51 \text{ (mm)}$$

$$a'_{12}=a_{13}=50 \text{ mm}$$

$$\alpha'_{12}=\arccos(a_{12}\cos 20°/a'_{12})=\arccos(51\times\cos 20°/50)=16°57'$$

$$x_1+x_2=\frac{z_1+z_2}{2\tan\alpha}(\text{inv }\alpha'_{12}-\text{inv }\alpha) \qquad (\text{已知 } x_1=0)$$

$$x_2=\frac{17+34}{2\tan 20°}(\text{inv }16°57'-\text{inv }20°)=-0.459\,7$$

图 4.3

【例 4.15】　某机器上有一对标准安装的外啮合渐开线直齿圆柱齿轮机构，已知：$z_1=20$，$z_2=40$，$m=4$ mm，$h_a^*=1$。为了提高传动的平稳性，用一对标准斜齿圆柱齿轮来代替，并保持原中心距、模数(法面)、传动比不变，要求螺旋角 $\beta<20°$。试设计这对斜齿圆柱齿轮的齿数 z_1、z_2 和 β，并计算小齿轮的齿顶圆直径 d_{a1} 和当量齿数 z_{v1}。

解题要点：

(1) 根据已知条件，可求出直齿轮传动的中心距。

(2) 在保持原中心距、模数、传动比不变的条件下，由螺旋角 $\beta<20°$求出齿数。

【解】　(1) 确定 z_1、z_2、β。

由
$$a=\frac{m_n}{2\cos\beta}(z_1+z_2)=\frac{6z_1}{\cos\beta}=\frac{1}{2}m(z_1+z_2)=120 \text{ (mm)}$$

$$\cos\beta=\frac{z_1}{20} \qquad z_1<20 \quad (\text{且必须为整数})$$

取
$$\begin{cases} z_1=19,18,17,\cdots \\ z_2=38,36,34,\cdots \end{cases}$$

当 $z_1=19$、$z_2=38$ 时，$\beta=18.195°$；

当 $z_1=18$、$z_2=36$ 时，$\beta=25.84°$；

当 $z_1=17$、$z_2=34$ 时，$\beta=31.788°$。

由于 $\beta<20°$，则这对斜齿圆柱齿轮的 $z_1=19$、$z_2=38$、$\beta=18.195°$。

(2) 计算 d_{a1}、z_{v1}。

$$d_{a1}=d_1+2h_a=\frac{m_n z_1}{\cos\beta}+2h_{an}^*m_n=\frac{4\times 19}{\cos 18.195°}+2\times1\times4=88 \text{ (mm)}$$

$$z_{v1}=\frac{z_1}{\cos^3\beta}=\frac{19}{\cos^3 18.195°}=22.16$$

【例 4.16】　标准渐开线直齿圆柱齿轮与齿条相啮合。已知它们的参数为：$\alpha=20°$，$h_a^*=1$，$c^*=0.25$，$m=5$ mm，$z=20$。由于安装误差齿条的分度线与齿轮的分度圆分离 0.1 mm。

(1) 试求有安装误差时的下列参数。

① 齿轮与齿条啮合时的节圆半径 r' 和啮合角 α'。

② 沿啮合线方向的法向间隙 c_n。

（2）推导出计算重合度 ε_α 的公式，并计算有安装误差时的重合度。

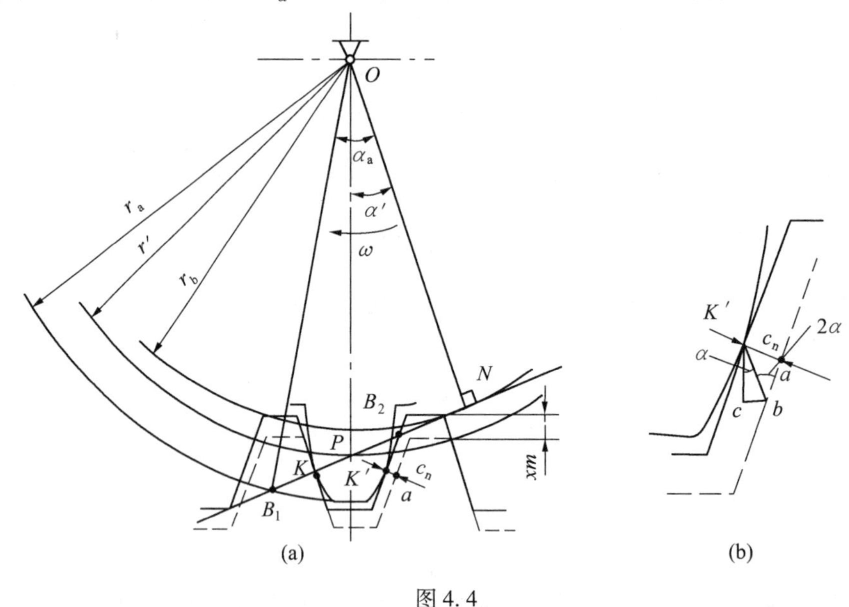

(a)　　(b)

图 4. 4

解题要点：

标准齿轮与齿条在有安装中心距的情况下法向齿侧间隙的求解方法。

【解】（1）试求有安装误差时的下列参数。

① 齿轮与齿条啮合时的节圆半径 r' 和啮合角 α'。由于齿轮与齿条啮合时，无论是否标准安装，其啮合角 α' 恒等于齿轮的分度圆压力角 α，齿轮的节圆也恒与其分度圆重合，故有

$$\alpha'=\alpha=20° \qquad r'=r=zm/2=5\times20/2=50\ (\mathrm{mm})$$

② 沿啮合线方向的法向间隙 c_n。由图 4. 4(a)、图 4. 4(b)可知，当有安装误差的齿条分度线与齿轮的分度圆分离为 xm 时，即 $xm=0.1$ mm，齿轮与齿条的齿廓接触点仍为点 K，而另一侧齿廓则产生齿侧间隙，且法向齿侧间隙 $c_n=\overline{K'a}$，过点 K' 作另一侧齿廓平行线得 $\overline{K'b}$，则在三角形 $\triangle K'ba$ 中，$\angle K'ba=2\alpha$，故有

$$K'a=K'b\sin 2\alpha$$

在作直角三角形 $\triangle K'cb$ 时，$\angle cK'b=\alpha$，$\overline{K'c}=xm=0.1$ mm，故有

$$\overline{K'b}=\overline{K'c}/\cos\alpha=xm/\cos\alpha$$

于是得

$$\begin{aligned}c_n&=\overline{K'a}=\overline{K'b}\sin 2\alpha=xm\sin 2\alpha/\cos\alpha\\&=2xm\sin\alpha=2\times0.1\times\sin 20°=0.068\ 4\ (\mathrm{mm})\end{aligned}$$

（2）为了求重合度 $\varepsilon_\alpha=\dfrac{B_1B_2}{p_b}$，先求有安装误差时，齿条与齿轮的实际啮合线的长度 $\overline{B_1B_2}$，即分别作齿轮齿顶圆和齿条齿顶线与其啮合线的交点，得到点 B_1 和点 B_2。由图可知

$$\overline{PB_2}=(h_a^*m-xm)/\sin\alpha$$

$$\overline{B_1P}=\overline{NB_1}-\overline{NP}=r_b(\tan\alpha_a-\tan\alpha)=mz\cos\alpha(\tan\alpha_a-\tan\alpha)/2$$

$$\overline{B_1B_2}=\overline{B_1P}+\overline{PB_2}=mz\cos\alpha(\tan\alpha_a-\tan\alpha)/2+(h_a^*m-xm)/\sin\alpha$$

$$p_b=p\cos\alpha=\pi m\cos\alpha$$

故

$$\varepsilon_\alpha=\frac{\overline{B_1B_2}}{p_b}=z(\tan\alpha_a-\tan\alpha)/2\pi+2(h_a^*-x)/(\pi\sin 2\alpha)$$

因为

$$\cos\alpha_a=\frac{r_b}{r_a}=\frac{mz\cos\alpha}{m(z+2h_a^*)}=\frac{20\times\cos 20°}{20+2\times 1}=0.854\ 27$$

故

$$\alpha_a=31.32° \qquad x=0.02$$

$$\varepsilon_\alpha=20\times(\tan 31.32°-\tan 20°)/(2\pi)+2\times(1-0.02)/(\pi\sin 40°)=1.748$$

【例 4.17】 用齿条刀具加工一直齿圆柱齿轮。设已知被加工齿轮轮坯的角速度 $\omega_1=5$ rad/s，刀具移动速度为 0.375 m/s，刀具的模数 $m=10$ mm，压力角 $\alpha=20°$。

（1）求被加工齿轮的齿数。

（2）若齿条分度线与被加工齿轮中心的距离为 77 mm，求被加工齿轮的分度圆齿厚。

（3）若已知该齿轮与大齿轮 2 相啮合时的传动比 $i_{12}=4$，当无齿侧间隙的准确安装时，中心距 $a=377$ mm，求这两个齿轮的节圆半径 r'_1、r'_2 及啮合角 α'。

解题要点：

（1）用齿条刀具范成齿轮时的运动条件为 $v_{刀}=r\omega$，它直接关系到被加工齿轮的齿数。

（2）用齿条刀具范成齿轮时的位置条件为 $L=r+xm$，它直接关系到被加工齿轮的变位系数。

【解】 （1）由于用齿条刀具加工齿轮时，被加工齿轮的节圆与其分度圆重合，且与刀具的节线做范成运动，则有

$$r_1\omega_1=v_{刀} \quad 而 \quad r_1=mz_1/2$$

故得

$$z_1=2v_{刀}/(m\omega_1)=2\times 0.375\times 1\ 000/(10\times 5)=15$$

（2）因刀具安装的距离 $L=77$ mm，大于被加工齿轮的分度圆半径 $r_1=75$ mm，则被加工齿轮为正变位，其变位量为

$$xm=L-r_1=77-75=2\ (\text{mm})$$

得

$$x=2/m=2/10=0.2$$

故被加工齿轮的分度圆齿厚为

$$s=(\pi/2+2x\tan\alpha)m=(\pi/2+2\times 0.2\times\tan 20°)\times 10=17.164\ (\text{mm})$$

（3）由两齿轮的传动比 i_{12} 和实际中心距 a' 可知，

$$z_2=i_{12}z_1=4\times 15=60$$

$$i_{12}=\frac{\omega_1}{\omega_2}=\frac{r'_2}{r'_1}=4 \qquad 即 \qquad r'_2=4r'_1$$

$$r'_1+r'_2=a'=377\ (\text{mm})$$

上两式联立，解得

$$r'_1=75.4\ (\text{mm})$$

$$r'_2=301.6\ (\text{mm})$$

两轮的中心距为

$$a=m(z_1+z_2)/2=10\times(15+60)/2=375\ (\text{mm})$$

由式 $a'\cos\alpha'=a\cos\alpha$ 可求得

$$\cos\alpha'=a\cos\alpha/a'=375\times\cos 20°/377=0.934\ 71$$

故得
$$\alpha'=20.819°$$

【例 4.18】 如图 4.5 所示的机构中,已知各齿轮直齿圆柱齿轮模数均为 2 mm,$z_1=15$,$z_2=32$,$z_{2'}=20$,$z_3=30$,要求齿轮 1、3 同轴线。试问:

(1) 齿轮 1、2 和齿轮 2′、3 应选择什么传动类型最好? 为什么?

(2) 若齿轮 1、2 改为斜齿轮传动来凑中心距,当齿数不变、模数不变时,斜齿轮的螺旋角为多少?

(3) 当用范成法(如滚刀)来加工齿数 $z_1=15$ 的斜齿轮 1 时,是否会产生根切?

(4) 这两个齿轮的当量齿数是多少?

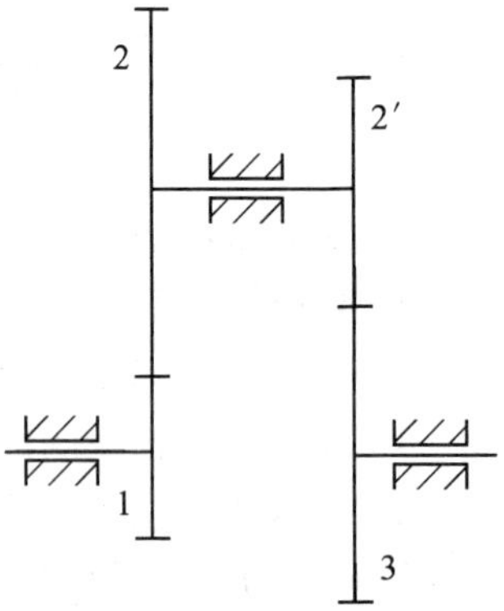

2 2′ 1 3

图 4.5

解题要点:

判别斜齿轮是否发生根切有两种方法:

一是从斜齿轮的端面齿形考虑,因与直齿轮一样,故可直接利用直齿轮不发生根切最小齿数公式来计算;二是从斜齿轮的法面齿形考虑,因斜齿轮的法面齿形是用其当量齿轮的齿形代替的,且当量齿轮为直齿轮,故可按其当量齿数来直接进行判别。

【解】 (1) 齿轮 1、2 和齿轮 2′、3 的传动中心距分别为

$$a_{12}=m(z_1+z_2)/2=2\times(15+32)/2=47\ (\text{mm})$$

$$a_{2'3}=m(z_{2'}+z_3)/2=2\times(20+30)/2=50\ (\text{mm})$$

根据其中心距,选齿轮 2′、3 为标准齿轮传动,而齿轮 1、2 为正变位传动。实际中心距为 $a'=50$ mm,此方案为最佳。因为齿轮 2′、3 的中心距较大,选其为标准传动,使设计、加工简单,互换性好,同时也避免了齿轮 1、2 采用负变位传动不利的情况;齿轮 1、2 采用正传动,一方面可避免齿轮发生根切,如齿轮 $z_1=15<17$,故必须采用正变位,另一方面齿轮的弯曲强度和接触强度都有所提高。

(2) 齿轮 1、2 改为斜齿轮传动时,由题意要求:两轮齿数不变,模数不变,即 $m_n=m=2$ mm,其中心距为

$$a=m_n(z_1+z_2)/(2\cos\beta)=2\times(15+32)/(2\cos\beta)=a'=50\ (\text{mm})$$

则
$$\cos\beta=0.94 \qquad \beta=19°56'54''$$

(3) 用范成法加工斜齿轮不发生根切的最小齿数。

$$z_{\min}=2h_{an}^*\cos\beta/\sin^2\alpha_t$$

而 α_t 可由式 $\tan\alpha_n=\tan\alpha_t\cos\beta$ 求得

$$\alpha_t=\arctan(\tan\alpha_n/\cos\beta)=\arctan(\tan 20°/\cos 19°56'54'')=21°10'$$

$$z_{min}=2h_{an}^{*}\cos\beta/\sin^2\alpha_t=2\times1\times\cos(19°56'54'')/(\sin 21°10')^2=14.429$$

因为
$$z_1=15>z_{min}$$
故用范成法滚刀加工此斜齿轮时不会发生根切。

（4）这两个齿轮的当量齿数。

$$z_{v1}=z_1/\cos^3\beta=15/(\cos 19°56'54'')^3=18.06$$

$$z_{v2}=z_2/\cos^3\beta=32/(\cos 19°56'54'')^3=38.53$$

【例 4.19】　设计一对外啮合圆柱齿轮机构，用于传递中心距为 138 mm 的两平行轴之间的运动。要求其传动比 $i_{12}=5/3$，传动比误差不超过±1%。已知：$m=4$ mm，$\alpha=20°$，$h_a^*=1$，$c^*=0.25$，两轮材质相同。若要求两轮的齿根磨损情况大致相同，重合度 $\varepsilon\geqslant1.3$，齿顶圆齿厚≥0.4 m，试设计这对齿轮传动。

解题要点：

这类设计题目往往会涉及传动类型、传动方案的选择，设计者应列出多种可能的方案，并从中选择既能满足要求，传动质量又较高的方案来完成设计。

【解】　方案一　采用直齿圆柱齿轮正传动

$$z_1<\frac{2a'}{m(1+i_{12})}=\frac{2\times138}{4\times\left(1+\frac{5}{3}\right)}=25.872$$

试取 $z_1=24$，则

$$z_2=i_{12}z_1=\frac{5}{3}\times24=40$$

标准中心距为

$$a=\frac{m}{2}(z_1+z_2)=\frac{4}{2}\times(24+40)=128\ (\text{mm})$$

$$\alpha'=\arccos\left(\frac{a\cos\alpha}{a'}\right)=\arccos\frac{128\times\cos 20°}{138}=29.355°$$

$$\text{inv}\ \alpha'=\tan\alpha'-\frac{\alpha'}{180°}\pi=\tan 29.355°-\frac{29.355°}{180°}\pi=0.050\ 095\ 3$$

$$x_1+x_2=\frac{(z_1+z_2)(\text{inv}\ \alpha'-\text{inv}\ \alpha)}{2\tan\alpha}$$
$$=\frac{(24+40)\times(0.050\ 095\ 3-0.014\ 904)}{2\tan 20°}=3.094$$

参照清华大学《机械原理教程》中图 4.37 所示的封闭图，可以看出，由 $x_1+x_2=3.094$ 来选择两轮变位系数，既不能满足两轮齿根部分等磨损的要求，又不能满足 $\varepsilon\geqslant1.3$ 的要求，同时还会发生齿根过渡曲线干涉，所以 $z_1=24$，$z_2=40$ 的方案不可取。

取 $z_1=25$，则 $z_2=\frac{5}{3}\times25=41.667$；取 $z_2=42$，传动比误差 $=\left|\frac{\frac{5}{3}-\frac{42}{25}}{\frac{5}{3}}\right|=0.008<1\%$；（若取 $z_2=43$，则传动比误差为 0.032>1%）。

$$a=\frac{m}{2}(z_1+z_2)=\frac{4}{2}\times(25+42)=134\ (\text{mm})$$

$$\alpha'=\arccos\frac{a\cos\alpha}{a'}=\arccos\frac{134\times\cos 20^\circ}{138}=24.153^\circ$$

$$\text{inv}\ \alpha'=\tan\alpha'-\frac{\alpha'}{180^\circ}\pi=\tan 24.153^\circ-\frac{24.153^\circ}{180^\circ}\pi=0.026\ 882\ 8$$

$$x_1+x_2=\frac{(z_1+z_2)(\text{inv}\ \alpha'-\text{inv}\ \alpha)}{2\tan\alpha}$$

$$=\frac{(25+42)\times(0.026\ 882\ 8-0.014\ 904)}{2\tan 20^\circ}=1.102\ 5$$

参照清华大学《机械原理教程》中图4.37所示的封闭图来选择变位系数x_1和x_2。具体方法是:在封闭图的两个坐标轴上分别取$x_1=1.102\ 5$和$x_2=1.102\ 5$,连接这两点得一条45°的斜线,则此斜线上任意一点所对应的变位系数之和均为1.102 5。为了满足两轮齿根部分滑动磨损相等的要求,取$u_1=u_2$曲线与45°斜线交点的坐标值,即为应选择的两轮变位系数

$$x_1=0.535\qquad x_2=0.567\ 5$$

由封闭图可以看出,此组变位系数可以满足重合度$\varepsilon_\alpha\geqslant 1.2$、$s_{a1}\geqslant 0.4\ m$的要求,也不发生齿根过渡曲线干涉。

中心距变动系数为

$$y=\frac{a'-a}{m}=\frac{138-134}{4}=1$$

齿高变动系数为

$$\Delta y=x_1+x_2-y=1.102\ 5-1=0.102\ 5$$

根据以上基本参数,可以算出两个齿轮的几何尺寸。

分度圆半径

$$r_1=\frac{mz_1}{2}=\frac{4\times 25}{2}=50\ (\text{mm})$$

$$r_2=\frac{mz_2}{2}=\frac{4\times 42}{2}=84\ (\text{mm})$$

齿根圆半径

$$r_{f1}=r_1-(h_a^*+c^*)m+x_1m=50-(1+0.25)\times 4+0.535\times 4=47.14\ (\text{mm})$$

$$r_{f2}=r_2-(h_a^*+c^*)m+x_2m=84-(1+0.25)\times 4+0.567\ 5\times 4=81.27\ (\text{mm})$$

齿顶圆半径

$$r_{a1}=r_1+h_a^*m+x_1m-\Delta ym=50+4+0.535\times 4-0.102\ 5\times 4=55.73\ (\text{mm})$$

$$r_{a2}=r_2+h_a^*m+x_2m-\Delta ym=84+4+0.567\ 5\times 4-0.102\ 5\times 4=89.86\ (\text{mm})$$

分度圆齿厚

$$s_1=\frac{\pi m}{2}+2x_1m\tan\alpha=\frac{4\times\pi}{2}+2\times 0.535\times 4\times\tan 20^\circ=7.841\ (\text{mm})$$

$$s_2=\frac{\pi m}{2}+2x_2m\tan\alpha=\frac{4\times\pi}{2}+2\times 0.567\ 5\times 4\times\tan 20^\circ=7.936\ (\text{mm})$$

齿顶圆压力角

$$\alpha_{a1}=\arccos\frac{r_{b1}}{r_{a1}}=\arccos\frac{50\times\cos 20^\circ}{55.73}=32.534^\circ$$

$$\alpha_{a2}=\arccos\frac{r_{b2}}{r_{a2}}=\arccos\frac{84\times\cos 20^\circ}{89.86}=28.549^\circ$$

重合度

$$\begin{aligned}\varepsilon_\alpha&=\frac{1}{2\pi}[z_1(\tan\alpha_{a1}-\tan\alpha')+z_2(\tan\alpha_{a2}-\tan\alpha')]\\&=\frac{1}{2\pi}[25(\tan 32.534^\circ-\tan 24.153^\circ)+42(\tan 28.549^\circ-\tan 24.153^\circ)]\\&=1.39>1.3\end{aligned}$$

顶圆齿厚

$$\mathrm{inv}\,\alpha_{a1}=\tan\alpha_{a1}-\alpha_{a1}=\tan 32.534^\circ-\frac{32.534^\circ}{180^\circ}\times\pi=0.070\,079\,4$$

$$\begin{aligned}s_{a1}&=s_1\frac{r_{a1}}{r_1}-2r_{a1}(\mathrm{inv}\,\alpha_{a1}-\mathrm{inv}\,\alpha)\\&=7.841\times\frac{55.73}{50}-2\times55.73\times(0.070\,079\,4-0.014\,904)=2.59\ (\mathrm{mm})\end{aligned}$$

$$\mathrm{inv}\,\alpha_{a2}=\tan\alpha_{a2}-\alpha_{a2}=\tan 28.549^\circ-\frac{28.549^\circ}{180^\circ}\times\pi=0.045\,789\,5\ (\mathrm{mm})$$

$$\begin{aligned}s_{a2}&=s_2\frac{r_{a2}}{r_2}-2r_{a2}(\mathrm{inv}\,\alpha_{a2}-\mathrm{inv}\,\alpha)\\&=7.936\times\frac{89.86}{84}-2\times89.86\times(0.045\,789\,5-0.014\,904)=2.93\ (\mathrm{mm})\end{aligned}$$

$$0.4m=0.4\times4=1.6\ (\mathrm{mm})$$

$$s_{a1}\geqslant0.4\ \mathrm{m}\qquad s_{a2}\geqslant0.4\ \mathrm{m}$$

由以上分析可知,该方案能满足所有设计要求。

【解】 方案二　采用平行轴标准斜圆柱齿轮传动。中心距公式为

$$a=\frac{m_n(z_1+z_2)}{2\cos\beta}$$

取 $z_1=25$, $z_2=42$, $m_n=4$ mm,计算分度圆螺旋角

$$\beta=\arccos\frac{m_n(z_1+z_2)}{2a}=\arccos\frac{4\times(25+42)}{2\times138}=13.829^\circ$$

螺旋角大小比较合适。

计算核对该对平行斜齿圆柱齿轮的端面参数

$$m_t=\frac{m_n}{\cos\beta}=\frac{4}{\cos 13.829^\circ}=4.119\ (\mathrm{mm})$$

$$\alpha_t=\arctan\frac{\tan\alpha_n}{\cos\beta}=\arctan\frac{\tan 20^\circ}{\cos 13.829^\circ}=20.548^\circ$$

$$h_{at}^*=h_{an}^*\cos\beta=1\times\cos 13.829^\circ=0.971$$

$$c_t^* = c_n^* \cos\beta = 0.25\times\cos 13.829° = 0.243$$

计算当量齿数

$$z_{v1} = \frac{z_1}{\cos^3\beta} = \frac{25}{\cos^3 13.829°} = 27.306$$

$$z_{v2} = \frac{z_2}{\cos^3\beta} = \frac{42}{\cos^3 13.829°} = 45.875$$

计算该对齿轮几何尺寸及重合度 ε_γ

$$r_1 = \frac{m_t z_1}{2} = \frac{4.119\times 25}{2} = 51.488\ (\text{mm})$$

$$r_2 = \frac{m_t z_2}{2} = \frac{4.119\times 42}{2} = 86.499\ (\text{mm})$$

$$r_{a1} = m_t\left(\frac{z_1}{2}+h_{at}^*\right) = 4.119\times\left(\frac{25}{2}+0.971\right) = 55.487\ (\text{mm})$$

$$r_{a2} = m_t\left(\frac{z_2}{2}+h_{at}^*\right) = 4.119\times\left(\frac{42}{2}+0.971\right) = 90.499\ (\text{mm})$$

$$\alpha_{at1} = \arccos\frac{r_{b1}}{r_{a1}} = \arccos\left(\frac{\frac{m_t z_1}{2}\cos\alpha_t}{r_{a1}}\right) = \arccos\left(\frac{\frac{4.119\times 25}{2}\times\cos 20.548°}{55.487}\right) = 29.671°$$

$$\alpha_{at2} = \arccos\frac{r_{b2}}{r_{a2}} = \arccos\left(\frac{\frac{m_t z_2}{2}\cos\alpha_t}{r_{a2}}\right) = \arccos\left(\frac{\frac{4.119\times 42}{2}\times\cos 20.548°}{90.499}\right) = 29.493°$$

取齿宽 $b = 50$ mm

$$\varepsilon_\gamma = \varepsilon_\alpha + \varepsilon_\beta = \frac{1}{2\pi}[z_1(\tan\alpha_{at1}-\tan\alpha_t)+(\tan\alpha_{at2}-\tan\alpha_t)] + \frac{b\sin\beta}{\pi m_n}$$

$$= \frac{1}{2\pi}[25(\tan 29.671°-\tan 20.548°)+42(\tan 26.493°-\tan 20.548°)] + \frac{50\sin 13.829°}{4\pi} = 2.553$$

由以上分析可知,该方案重合度增大,有利于提高承载能力和使传动更加平稳。但能否选择此方案,还需要校核其齿根滑动磨损情况。

【例 4.20】 Y38 滚齿机中有一对标准的斜齿轮传动,齿数 $z_1 = 16$、$z_2 = 64$,法面模数 $m_n = 3$ mm,法面分度圆压力角 $\alpha_n = 20°$,分度圆柱上的螺旋角 $\beta = 19°7'$,齿顶高系数 $h_{an}^* = 1$,齿宽 $B = 30$ mm。试求:

(1) 斜齿轮传动比 i_{12} 和中心距 a。

(2) 两齿轮各部分的尺寸。

(3) 两齿轮的当量齿数 z_{v1}、z_{v2},并选择盘状铣刀刀号。

(4) 斜齿轮重合度 ε_γ。

解题要点:

斜齿轮传动的基本参数和基本尺寸的计算。

【解】（1）求斜齿轮的传动比 i_{12} 和中心距 a。

$$i_{12}=\frac{z_2}{z_1}=\frac{64}{16}=4$$

$$a=\frac{m_n}{2\cos\beta}(z_1+z_2)=\frac{3}{2\cos 19°7'}(16+64)=127\ (\mathrm{mm})$$

（2）求两齿轮各部分的尺寸。

$$d_1=\frac{z_1 m_n}{\cos\beta}=\frac{16\times 3}{\cos 19°7'}=50.8\ (\mathrm{mm})$$

$$d_2=\frac{z_2 m_n}{\cos\beta}=\frac{64\times 3}{\cos 19°7'}=203.2\ (\mathrm{mm})$$

因为 $$\tan\alpha_n=\tan\alpha_t\cos\beta$$

所以 $$\alpha_t=\arctan\frac{\tan\alpha_n}{\cos\beta}=\arctan\frac{\tan 20°}{\cos 19°7'}=21°4'$$

$$d_{b1}=d_1\cos\alpha_t=50.8\times\cos 21°4'=47.41\ (\mathrm{mm})$$
$$d_{b2}=d_2\cos\alpha_t=203.2\times\cos 21°4'=189.63\ (\mathrm{mm})$$
$$h_{a1}=h_{a2}=h_{an}^* m_n=1\times 3=3\ (\mathrm{mm})$$
$$h_{f1}=h_{f2}=(h_{an}^*+c_n^*)m_n=1.25\times 3=3.75\ (\mathrm{mm})$$
$$d_{a1}=d_1+2h_{a1}=50.8+2\times 3=56.8\ (\mathrm{mm})$$
$$d_{a2}=d_2+2h_{a2}=203.2+2\times 3=209.2\ (\mathrm{mm})$$
$$d_{f1}=d_1-2h_{f1}=50.8-2\times 3.75=43.3\ (\mathrm{mm})$$
$$d_{f2}=d_2-2h_{f2}=203.2-2\times 3.75=195.7\ (\mathrm{mm})$$

（3）求两齿轮的当量齿数 z_{v1} 和 z_{v2}，并选择盘状铣刀刀号。

$$z_{v1}=\frac{z_1}{\cos^3\beta}=\frac{16}{\cos^3 19°7'}=18.96\approx 19$$

$$z_{v2}=\frac{z_2}{\cos^3\beta}=\frac{64}{\cos^3 19°7'}=75.86\approx 76$$

选择盘状铣刀：No. 7。

（4）求斜齿轮重合度 ε_γ。

因为

$$\varepsilon_\gamma=\varepsilon_\alpha+\varepsilon_\beta=\frac{z_1}{2\pi}(\tan\alpha_{at1}-\tan\alpha_t)+\frac{z_2}{2\pi}(\tan\alpha_{at2}-\tan\alpha_t)+\frac{B\sin\beta}{\pi m_n}$$

由解(2)知 $\alpha_t=21°4'$　　$\tan\alpha_t=\tan 21°4'=0.3852$

因为 $$\alpha_{at1}=\arccos\frac{d_{b1}}{d_{a1}}=\arccos\frac{47.41}{56.8}=33°25'$$

$$\tan\alpha_{at1}=\tan 33°25'=0.6598$$

$$\alpha_{at2}=\arccos\frac{d_{b2}}{d_{a2}}=\arccos\frac{189.63}{209.2}=24°59'$$

$$\tan\alpha_{at2}=\tan 24°59'=0.3275$$

故 $\varepsilon_\gamma = \frac{z_1}{2\pi}(\tan\alpha_{at1}-\tan\alpha_t)+\frac{z_2}{2\pi}(\tan\alpha_{at2}-\tan\alpha_t)+\frac{B\sin\beta}{\pi m_n}$

$$=\frac{16}{2\pi}(\tan 33°25'-\tan 21°4')+\frac{64}{2\pi}(\tan 24°59'-\tan 21°4')+\frac{30\times 0.3275}{3\pi}=2.57$$

【例 4.21】 设已知一对标准斜齿圆柱齿轮传动,$z_1=20$,$z_2=40$,$m_n=8$ mm,$\alpha_n=20°$,$\beta=30°$,$B=30$ mm,$h_a^*=1$,试求 a、ε_γ 及 β_b。

解题要点:

斜齿轮传动重合度及基圆柱上螺旋角的计算。

【解】 (1) 求中心距 a。

$$a=\frac{m_n}{2\cos\beta}(z_1+z_2)=\frac{8}{2\cos 30°}(20+40)=277.136\ (\text{mm})$$

$$r_1=\frac{m_n z_1}{2\cos\beta}=\frac{8\times 20}{2\cos 30°}=92.379\ (\text{mm})$$

$$r_2=\frac{m_n z_2}{2\cos\beta}=\frac{8\times 40}{2\cos 30°}=184.76\ (\text{mm})$$

(2) 求重合度 ε_γ。

$$\varepsilon_\gamma=\varepsilon_\alpha+\varepsilon_\beta=\frac{z_1}{2\pi}(\tan\alpha_{at1}-\tan\alpha_t)+\frac{z_2}{2\pi}(\tan\alpha_{at2}-\tan\alpha_t)+\frac{B\sin\beta}{\pi m_n}$$

$$\alpha_t=\arctan\frac{\tan\alpha_n}{\cos\beta}=\arctan\frac{\tan 20°}{\cos 30°}=22°47'$$

$$\alpha_{t1}=\arccos\frac{r_{b1}}{r_{a1}}\arccos\frac{r_1\cos\alpha_t}{r_1+h_a^* m_n}=\arccos\frac{92.378\times\cos 22°47'}{92.378+1\times 8}=31°57'$$

$$\alpha_{t2}=\arccos\frac{r_{b2}}{r_{a2}}\arccos\frac{r_2\cos\alpha_t}{r_2+h_a^* m_n}=\arccos\frac{184.75\times\cos 22°47'}{184.75+1\times 8}=27°54'$$

$$\sin\beta=\sin 30°=0.5$$

$$\varepsilon_\gamma=\varepsilon_\alpha+\varepsilon_\beta=\frac{z_1}{2\pi}(\tan\alpha_{at1-}\tan\alpha_t)+\frac{z_2}{2\pi}(\tan\alpha_{at2}-\tan\alpha_t)+\frac{B\sin\beta}{\pi m_n}$$

$$=\frac{1}{2\pi}[20(\tan 30°57'-\tan 22°47')+40(\tan 27°54'-\tan 22°47')]+\frac{30\sin 30°}{8\pi}=1.94$$

(3) 求基圆柱上的螺旋角 β_b。

$$\beta_b=\arccos\left(\cos\beta\frac{\cos\alpha_n}{\cos\alpha_t}\right)=\arccos\left(\cos 30°\times\frac{\cos 20°}{\cos 22°47'}\right)=28°2'$$

【例 4.22】 已知一对斜齿圆柱齿轮传动,$z_1=10$,$z_2=13$,齿宽 $B=140$ mm,$\beta=22°30'$,$\alpha_n=20°$,$m_n=20$ mm,$h_{an}^*=1$,$c_n^*=0.25$。试设计这对齿轮。

解题要点:

斜齿轮传动基本参数及基本尺寸的计算。

【解】 (1) 设计计算。

① 端面模数。

$$m_t=\frac{m_n}{\cos\beta}=\frac{20}{\cos 22°30'}=21.647\ (\text{mm})$$

② 端面压力角。

$$\alpha_t=\arctan\frac{\tan\alpha_n}{\cos\beta}=\arctan\frac{\tan 20°}{\cos 22°30'}=21°30'$$

③ 端面齿顶高系数和径向间隙系数。

$$h_{at}=h_{an}^{*}\cos\beta=1\times\cos 22°30'=0.923\ 9$$

$$c_{at}^{*}=c_n^{*}\cos\beta=0.25\times\cos 22°30'=0.231$$

④ 端面最少齿数。

$$z_{t\min}=\frac{2h_{at}^{*}}{\sin^2\alpha_t}=\frac{2\times0.923\ 9}{\sin^2 21°30'}=13.76$$

因为 $$z_1+z_2=10+14=24<2z_{t\min}=2\times13.76=27.52$$

所以应采用角度变位正传动。

⑤ 当量齿数。

$$z_{v1}=\frac{z_1}{\cos^3\beta}=\frac{10}{\cos^3 22°30'}=12.68$$

$$z_{v2}=\frac{z_2}{\cos^3\beta}=\frac{14}{\cos^3 22°30'}=17.75$$

⑥ 端面变位系数。

$$x_{t1}\geqslant h_{at}^{*}\frac{z_{t\min}-z_1}{z_{t\min}}=0.923\ 9\times\frac{13.76-10}{13.76}=0.252$$

$$x_{t2}\geqslant h_{at}^{*}\frac{z_{t\min}-z_2}{z_{t\min}}=0.923\ 9\times\frac{13.76-14}{13.76}=-0.016\ 1$$

取 $$\begin{cases}x_{t1}=0.252\\x_{t2}=0\end{cases}$$

⑦ 端面啮合角。

$$\operatorname{inv}\alpha_t'=\frac{2(x_{t1}+x_{t2})}{z_1+z_2}\tan\alpha_t+\operatorname{inv}\alpha_t=\frac{2(0.252+0)}{10+14}\times\tan 21°30'+\operatorname{inv}21°30'=0.026\ 936\ 9$$

$$\alpha_t'=24°10'$$

⑧ 中心距。

标准中心距

$$a=\frac{m_t}{2}(z_1+z_2)=\frac{21.647}{2}(10+14)=259.764\ (\text{mm})$$

安装中心距

$$a'=a\frac{\cos\alpha_t}{\cos\alpha_t'}=259.764\frac{\cos 21°30'}{\cos 24°10'}=264.889\ (\text{mm})$$

⑨ 端面中心距分离系数。

$$y_t=\frac{a'-a}{m_t}=\frac{264.889-259.764}{21.647}=0.237$$

⑩ 端面齿顶高变动系数。

$$\Delta y = x_1 + x_2 - y = 0.252 + 0 - 0.237 = 0.015$$

⑪ 齿轮各部分尺寸。

$$d_1 = m_t z_1 = 21.647 \times 10 = 216.47\ (\text{mm})$$

$$d_2 = m_t z_2 = 21.647 \times 14 = 303.06\ (\text{mm})$$

$$d_{b1} = d_1 \cos\alpha_t = 216.47 \times \cos 21°30' = 201.404\ (\text{mm})$$

$$d_{b2} = d_2 \cos\alpha_t = 303.06 \times \cos 21°30' = 281.967\ (\text{mm})$$

$$d_{f1} = (z_1 - 2h_{at}^* - 2c_t^* + 2x_{t1})m_t$$
$$= (10 - 2\times 0.9239 - 2\times 0.231 + 2\times 0.252)\times 21.647 = 177.38\ (\text{mm})$$

$$d_{f2} = (z_2 - 2h_{at}^* - 2c_t^* + 2x_{t2})m_t$$
$$= (14 - 2\times 0.9239 - 2\times 0.231 + 0)\times 21.647 = 253.058\ (\text{mm})$$

$$d_{a1} = (z_1 + 2h_{at}^* + 2x_{t1} - 2\Delta y)m_t$$
$$= (10 + 2\times 0.9239 + 2\times 0.252 - 2\times 0.015)\times 21.647 = 266.73\ (\text{mm})$$

$$d_{a2} = (z_2 + 2h_{at}^* + 2x_{t2} - 2\Delta y)m_t$$
$$= (14 + 2\times 0.9239 + 0 - 2\times 0.015)\times 21.647 = 342.41\ (\text{mm})$$

$$s_1 = \left(\frac{\pi}{2} + 2x_{t1}\tan\alpha_t\right)m_t = \left(\frac{\pi}{2} + 2\times 0.252\times 0.3939\right)\times 21.647 = 38.30\ (\text{mm})$$

$$s_2 = \left(\frac{\pi}{2} + 2x_{t2}\tan\alpha_t\right)m_t = \frac{\pi m_t}{2} = 34\ (\text{mm})$$

（2）验算。

① 重合度验算。

因为 $$\alpha_{at1} = \arccos\frac{r_{b1}}{r_{a1}} = \arccos\frac{d_{b1}}{d_{a1}} = \arccos\frac{201.404}{266.73} = 40°58'$$

所以 $$\tan\alpha_{at1} = 0.8683$$

因为 $$\alpha_{at2} = \arccos\frac{r_{b2}}{r_{a2}} = \arccos\frac{d_{b2}}{d_{a2}} = \arccos\frac{281.967}{342.41} = 34°34'$$

所以 $$\tan\alpha_{at2} = 0.6890$$

因为 $$\tan\alpha_t = \tan 21°30' = 0.3939$$

而 $$B = 140\ \text{mm}$$

$$\sin\beta = \sin 22°30' = 0.3827$$

$$m_n = 20\ \text{mm}$$

故

$$\varepsilon_\gamma = \varepsilon_\alpha + \varepsilon_\beta = \frac{z_1}{2\pi}(\tan\alpha_{at1} - \tan\alpha_t) + \frac{z_2}{2\pi}(\tan\alpha_{at2} - \tan\alpha_t) + \frac{B\sin\beta}{\pi m_n}$$
$$= \frac{10}{2\pi}(\tan 40°58' - \tan 21°30') + \frac{14}{2\pi}(\tan 34°34' - \tan 21°30') +$$
$$\frac{140\times 0.3827}{20\pi} = 2.265 > [\varepsilon_\alpha]$$

满足要求。

② 齿顶厚验算。

$$s_{a1}=s_1\frac{r_{a1}}{r_1}-2r_{a1}(\text{inv }\alpha_{at1}-\text{inv }\alpha_t)$$

$$=38.3\times\frac{266.73/2}{216.47/2}-266.73\times(\text{inv }40°58'-\text{inv }21°30')$$

$$=11.29\ (\text{mm})>(0.25\sim0.4)m_t=(5.41\sim8.66)\ (\text{mm})$$

小齿轮齿顶厚能满足要求,大齿轮齿顶总能满足要求。

③ 根切验算。由于在选择变位系数 x_{t1} 和 x_{t2} 时已经考虑到不根切的要求,总能保证。

验算的结果均能满足,所以上面的设计方案是可行的。

【例 4.23】 如图 4.6 所示的 Y38 滚齿机中,有一对螺旋齿轮传动,齿数 $z_1=10$、$z_2=20$,法面模数 $m_n=2.5$ mm,法面分度圆压力角 $\alpha_n=20°$,分度圆柱上的螺旋角 $\beta_1=63°26'$,$\beta_2=26°34'$,两个齿轮都是左旋的。试求:

(1) 两齿轮的轴线投影夹角 Σ。

(2) 中心距 a。

(3) 传动比 i_{12}。

(4) 两个齿轮的相对转向。

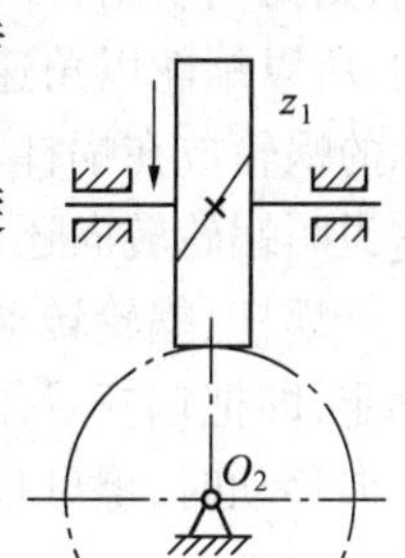

图 4.6

解题要点:

螺旋齿轮传动相对转动方向的判断。

【解】 (1) 求两齿轮的轴线投影夹角 Σ。因两个齿轮均为左旋,同向,则两轴投影夹角为

$$\Sigma=\beta_1+\beta_2=63°26'+26°34'=90°$$

(2) 求中心距 a。

$$a=\frac{m_n}{2}\left(\frac{z_1}{\cos\beta_1}+\frac{z_2}{\cos\beta_2}\right)=\frac{2.5}{2}\left(\frac{10}{\cos 63°26'}+\frac{20}{\cos 26°34'}\right)=55.9\ (\text{mm})$$

(3) 求传动比 i_{12}。

$$i_{12}=\frac{z_2}{z_1}=\frac{20}{10}=2$$

(4) 求两个齿轮的相对转向。用速度三角形判别螺旋齿轮的转向。设已知 ω_1 的转向如图 4.7 所示,则其上与点 P 相重合的点 P_1 的速度 v_{P_1} 的方向为已知,而 O_2 齿轮上与点 P 相重合的点 P_2 的速度为

$$v_{P_2}=v_{P_1}+v_{P_2P_1}$$

式中,$v_{P_2P_1}$ 为啮合轮齿间的相对滑动速度,其方向总是沿 tt 线(啮合点 P 处齿间的切线);速度 v_{P_2} 过点 P,其方向垂直于 O_2O_2 轴线(但指向未定)。据上式便可作出速度三角形,如图 4.7 所示(绘制速度三角形时,要注意速度 v_{P_1} 的指向不能搞错)。根据速度 v_{P_2} 的指向,便可判别 ω_2 的转向。

【例 4.24】 如图 4.8 所示的蜗杆、蜗轮机构中,已知蜗杆的旋向和转向,试判断蜗轮的转向。

解题要点：

在蜗杆、蜗轮机构中，通常蜗杆是主动件、从动件蜗轮的转向主要取决于蜗杆的转向和旋向。可以用左、右手法则来确定，右旋用右手判定，左旋用左手判定。

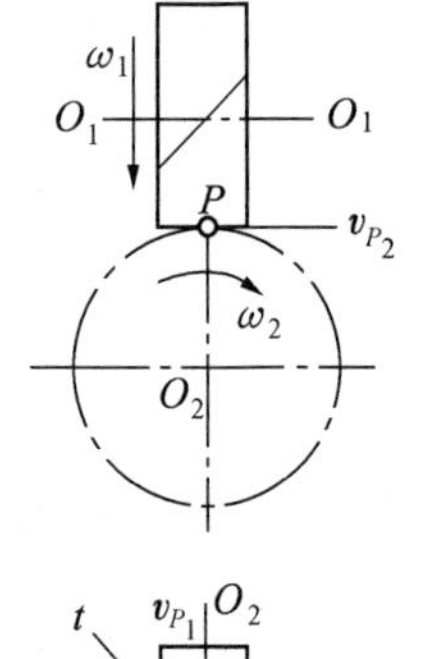

【解】 如图 4.8(a)所示是右旋蜗杆、蜗轮，用右手四指沿蜗杆角速度 ω_1 方向弯曲，则拇指所指的方向的相反方向即是蜗轮上啮合接触点的线速度方向，所以蜗轮以角速度 ω_2 逆时针方向转动。如图 4.8(b)所示的螺旋线是左旋，用左手四指沿蜗杆角速度 ω_1 方向弯曲，则拇指所指方向的相反方向即为蜗轮上啮合接触点的线速度方向，所以蜗轮以角速度 ω_2 顺时针方向转动。如果把如图 4.8(b)所示的蜗轮放在蜗杆下方，如图 4.8(c)所示，则蜗杆逆时针方向转动，这说明蜗轮转向还与蜗杆相对位置有关。

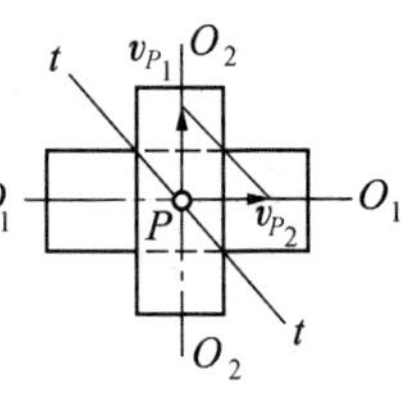

图 4.7

蜗杆、蜗轮转动方向也可借助于与螺旋方向相同的螺杆、螺母来确定，即把蜗杆看作螺杆，蜗轮看作螺母，当螺杆只能转动而不能做轴向移动时，螺母移动方向即表示蜗轮上啮合接触点的线速度方向，从而确定了蜗轮的转动方向。

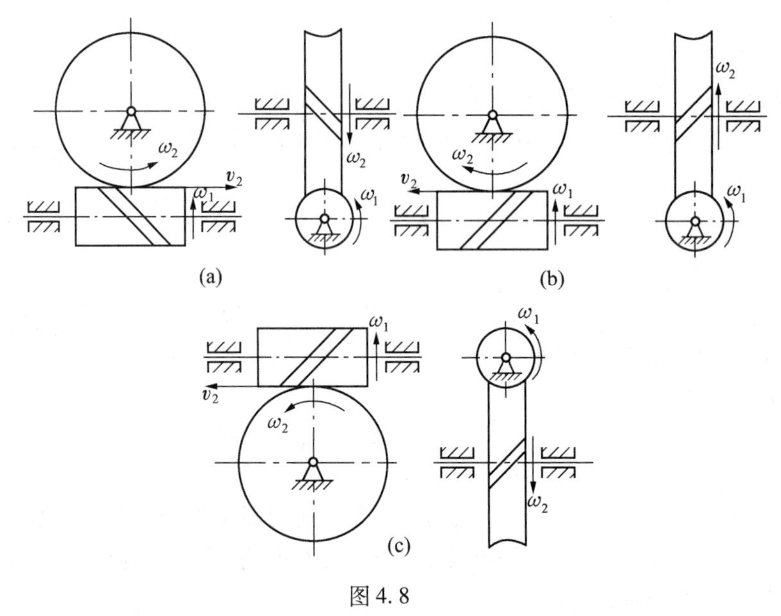

图 4.8

【例 4.25】 已知：与一单头蜗杆啮合传动的蜗轮参数为 $z_2=40$，分度圆直径 $d_2=280$ mm，端面分度圆压力角 $\alpha=20°$，齿顶高系数 $h_a^*=1$，蜗杆的特性系数为 $q=9$。试求：

（1）蜗轮的端面模数或蜗杆的轴面模数 m。

（2）蜗杆的轴面周节 p_{a1} 和蜗杆的螺旋线导程 l。

（3）蜗杆的分度圆直径 d_1。

（4）传动的中心距 a。

（5）转动比 i_{12}。

（6）蜗轮轮缘宽度 B 和蜗杆的螺纹部分长度 L。

解题要点：

蜗轮蜗杆传动基本参数及基本尺寸的计算。

【解】（1）蜗轮的端面模数或蜗杆的轴面模数。

$$m=\frac{d_2}{z_2}=\frac{280}{40}=7\ (\text{mm})$$

（2）蜗杆的轴面周节与螺旋线导程。

蜗杆的轴面周节

$$p_{a1}=\pi m=\pi\times 7=21.99\ (\text{mm})$$

蜗杆的螺旋线导程

$$l=z_1p_{a1}=1\times 21.99=21.99\ (\text{mm})$$

（3）根据 $m=7$ mm，由文献[1]表查得蜗杆特性系数 $q=9$，所以蜗杆分度圆直径为

$$d_1=mq=7\times 9=63\ (\text{mm})$$

（4）传动中心距。

$$a=\frac{m}{2}(q+z_2)=\frac{7}{2}(9+40)=171.5\ (\text{mm})$$

（5）传动比。

$$i_{12}=\frac{z_2}{z_1}=\frac{40}{1}=40$$

（6）蜗轮齿顶圆直径（主平面上）。

$$d_{a1}=d_1+2h_a^*m=63+2\times 1\times 7=77\ (\text{mm})$$

蜗轮轮缘宽度

$$B\leqslant 0.75d_{a1}=0.75\times 77=57.75\ (\text{mm})$$

取

$$B=55\ \text{mm}$$

蜗轮螺纹部分长度

$$L\geqslant(11+0.06z_2)m=(11+0.06\times 40)\times 7=93.8\ (\text{mm})$$

取

$$L=100\ \text{mm}$$

【例 4.26】 已知一对标准直齿圆锥齿轮传动，齿数 $z_1=20$、$z_2=40$，分度圆压力角 $\alpha=20°$，大端模数 $m=5$ mm，齿顶高系数 $h_a^*=1$，轴交角 $\Sigma=90°$。试求两齿轮的分度圆锥角、分度圆直径、锥距、齿顶角、齿根角、顶锥角、根锥角、齿顶圆直径和当量齿数。

解题要点：

圆锥齿轮传动基本参数及基本尺寸的计算。

【解】 齿数比　$u=\dfrac{z_2}{z_1}=\dfrac{40}{20}=2$

分度圆锥角　$\delta_1=\text{arccot}\ u=\text{arccot}\ 2=26°34'$

$\delta_2=90°-\delta_1=90°-26°34'=63°26'$

分度圆直径　$d_1=mz_1=5\times 20=100\ (\text{mm})$

$d_2=mz_2=5\times 40=200\ (\text{mm})$

锥距　$R=d_1\dfrac{\sqrt{u^2+1}}{2}=\dfrac{100\sqrt{2^2+1}}{2}=206.8\ (\mathrm{mm})$

齿顶角　$\theta_a=\arctan\dfrac{h_a}{R}=\arctan\dfrac{1\times5}{111.8}=2°34'$

齿根角　$\theta_f=\arctan\dfrac{h_f}{R}=\arctan\dfrac{(1+0.2)\times5}{111.8}=3°04'$

顶锥角　$\delta_{a1}=\delta_1+\theta_a=26°34'+2°34'=29°08'$

$\delta_{a2}=\delta_2+\theta_a=63°26'+2°34'=66°$

根锥角　$\delta_{f1}=\delta_1-\theta_f=26°34'-3°04'=23°30'$

$\delta_{f2}=\delta_2-\theta_f=63°26'-3°04'=60°22'$

齿顶圆直径

$$d_{a1}=d_1+2h_a\cos\delta_1=100+2\times1\times5\times\cos26°34'=108.944\ (\mathrm{mm})$$

$$d_{a2}=d_2+2h_a\cos\delta_2=200+2\times1\times5\times\cos63°26'=204.472\ (\mathrm{mm})$$

当量齿数

$$z_{v1}=\frac{z_1}{\cos\delta_1}=\frac{20}{\cos26°34'}=22.36$$

$$z_{v2}=\frac{z_2}{\cos\delta_2}=\frac{40}{\cos63°26'}=89.45$$

4.4　思考题与习题

4.4.1　思考题

(1) 叙述齿廓啮合基本定律,这个定律是否仅仅用来确定一对相啮合齿廓的传动比?

(2) 渐开线是如何形成的? 有哪些重要性质? 试列出渐开线方程式。一对渐开线齿廓相啮合有哪些啮合特点?

(3) 一对齿廓曲线应该满足什么条件才能使其传动比为常数? 渐开线齿廓能否实现定传动比?

(4) 齿距的定义是什么? 何谓模数? 为什么要规定模数的标准系列? 在直齿圆柱齿轮、斜齿圆柱齿轮、蜗轮和蜗杆及直齿圆锥齿轮上,何处的模数是标准值?

(5) 渐开线齿廓上某点压力角是如何确定的? 渐开线齿廓上各点的压力角是否相同? 何处的压力角是标准值?

(6) 渐开线直齿圆柱齿轮的基本参数有哪几个? 哪些是标准的? 其标准值是多少? 为什么这些参数称为基本参数?

(7) 分度圆与节圆有什么区别? 在什么情况下分度圆与节圆重合?

(8) 啮合线是一条什么线? 啮合角与压力角有什么区别? 在什么情况下二者大小相同?

(9) 什么是法向齿距和基圆齿距? 它们之间有什么关系?

(10) 渐开线的形状由什么决定的？若两个齿轮的模数和齿数分别相等，但压力角不同，它们齿廓的渐开线形状是否相同？

(11) 渐开线直齿圆柱齿轮机构要满足哪些条件才能使相互啮合正常运转？为什么要满足这些条件？

(12) 一对渐开线外啮合直齿圆柱齿轮机构的实际中心距大于设计中心距，其传动比 i_{12} 是否有变化？节圆和啮合角是否有变化？这一对齿轮能否正确啮合？重合度是否有变化？

(13) 一标准齿轮与标准齿条啮合，当齿条的中线与分度圆不相切时，会发生什么问题？节圆会不会改变？节线会不会改变？重合度会不会改变？

(14) 重合度的物理意义是什么？有哪些参数会影响重合度？这些参数的增加会使重合度增加还是减少？

(15) 何谓齿轮的根切现象？产生根切的原因是什么？是否基圆越小越容易发生根切？根切有什么危害？如何避免根切？

(16) 用标准齿条型刀具切制齿轮与齿轮齿条啮合传动有何异同？

(17) 何谓变位齿轮？齿轮变位修正的目的是什么？齿轮变位后与标准齿轮相比较哪些尺寸发生了变化？哪些尺寸没有变？

(18) 直齿圆柱齿轮传动有哪些传动类型？它们各用在什么场合？

(19) 正传动类型中的齿轮是否一定都是正变位齿轮？负传动类型中的齿轮是否一定都是负变位齿轮？

(20) 什么传动类型必须将齿轮的齿顶高降低？为什么？齿高变动系数如何确定？

(21) 平行轴斜齿圆柱齿轮传动的基本参数有哪些？基本参数的标准值在端面还是在法面，为什么？

(22) 平行轴斜齿圆柱齿轮传动的螺旋角 β 对传动有什么影响？它的常用取值范围是什么，为什么？

(23) 在设计斜齿轮机构时，当齿数和模数确定后，是否可以用调整螺旋角 β 大小的办法来满足两平行轴之间实际中心距的要求？

(24) 一个直齿轮和一个斜齿轮能否正确啮合？需要满足什么条件？

(25) 渐开线标准直齿圆柱齿轮的参数和安装中心距对重合度有什么影响？

(26) 何谓斜齿轮的当量齿轮？对于螺旋角为 β、齿数为 z 的斜齿圆柱齿轮，试写出当量齿数的表达式。

(27) 平行轴斜齿圆柱齿轮机构、蜗杆蜗轮机构和直齿圆锥齿轮机构的正确啮合条件与直齿圆柱齿轮机构的正确啮合条件相比较有何异同？

(28) 何谓直齿圆锥齿轮的当量齿数？当量齿数有什么用途？

(29) 直齿圆锥齿轮机构的传动比与其分度圆锥角 δ_1 和 δ_2 有什么关系？

4.4.2　习题

【题4.1】　一对标准安装的渐开线标准直齿圆柱齿轮外啮合传动，已知：$a=100$ mm，$z_1=20$，$z_2=30$，$\alpha=20°$，$d_{a1}=88$ mm。

（1）试计算下列几何尺寸：

① 齿轮的模数 m。

② 两轮的分度圆直径 d_1、d_2。

③ 两轮的齿根圆直径 d_{f1}、d_{f2}。

④ 两轮的基圆直径 d_{b1}、d_{b2}。

⑤ 顶隙 c。

（2）若安装中心距增至 $a'=102$ mm，试问：

① 上述各值有无变化，如有应为多少？

② 两轮的节圆半径 r'_1、r'_2 和啮合角 α' 为多少？

【题 4.2】 图 4.9(a)所示为渐开线齿廓与一直线齿廓相啮合传动，渐开线的基圆半径为 r_1，直线的相切圆半径为 r_2。试求：当直线齿廓处于与连心线成 θ 角时，两轮的传动比 $i_{12}=\omega_1/\omega_2$ 之比值。已知：$r_1=40$ mm，$r_2=20$ mm，$\theta=30°$，$O_1O_2=100$ mm。又问该两轮是否做定传动比传动？为什么？

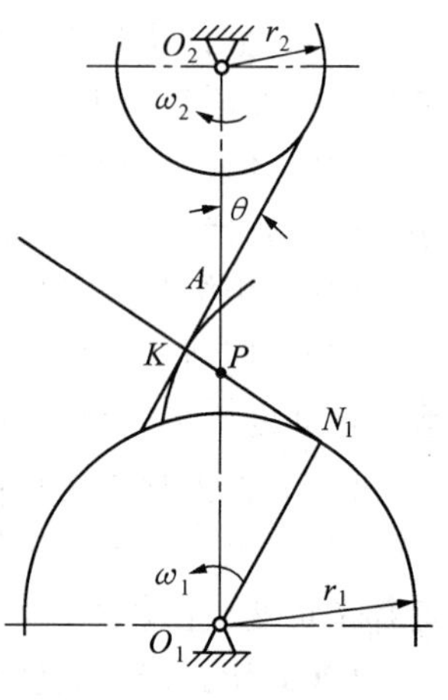

图 4.9

【题 4.3】 设计一对外啮合的标准直齿圆柱齿轮传动。要求传动比 $i_{12}=n_1/n_2=z_2/z_1=8/5$，安装中心距 $a'=78$ mm。若根据强度的需要，取模数 $m=3$ mm。采取标准齿形，齿顶高系数 $h_a^*=1$，试确定这对齿轮的齿数 z_1、z_2，并计算出这对齿轮的各部分尺寸，即 d、d_b、h_a、h_f、h、d_a、d_f、p、s、e。

【题 4.4】 设计一对渐开线外啮合标准直齿圆柱齿轮机构。已知：$z_1=18$，$z_2=37$，$m=5$ mm，$h_a^*=1$，$c^*=0.25$。试求：

（1）两轮几何尺寸及中心距。

（2）计算重合度 ε_α，并以长度比例尺 $\mu_l=0.2$ mm/mm 绘出一对齿啮合区和两对齿啮合区。

【题 4.5】 已知一对渐开线外啮合齿轮的齿数 $z_1=z_2=15$，实际中心距 $a'=325$ mm，$m=20$ mm，$\alpha=20°$，$h_a^*=1$。试设计这对齿轮传动。

【题 4.6】 用齿条刀具加工齿轮，刀具的参数如下：$m=2$ mm，$\alpha=20°$，$h_a^*=1$，$c^*=0.25$，刀具的移动速度 $v_{刀}=7.6$ mm/s，齿轮毛坯的角速度 $\omega=0.2$ rad/s，毛坯中心到刀具中心线的距离 $L=40$ mm。试求：

（1）被加工齿轮的齿数 z。

（2）变位系数 x。

（3）齿根圆半径 r_f。

（4）基圆半径 r_b。

【题 4.7】 在图 4.10 所示的回归轮系中，已知：$z_1=27$，$z_2=60$，$z_{2'}=63$，$z_3=25$，压力角皆为 $\alpha=20°$，模数均为 $m=5$ mm。试用变位理论设计该轮系，问有几种设计方案？哪种方案较合理？

【题 4.8】 一对外啮合斜齿圆柱齿轮传动（正常齿制），已知：$m_n=4$ mm，$z_1=24$，$z_2=48$，$a=150$ mm。试求：

（1）螺旋角 β。

（2）两轮的分度圆直径 d_1、d_2。

（3）两轮的齿顶圆直径 d_{a1}、d_{a2}。

（4）若改用 $m=4$ mm、$\alpha=20°$的外啮合直齿圆柱齿轮传动，要求中心距和齿数均不变，试问采用何种类型的变位齿轮传动？并计算变位系数之和 x_1+x_2。

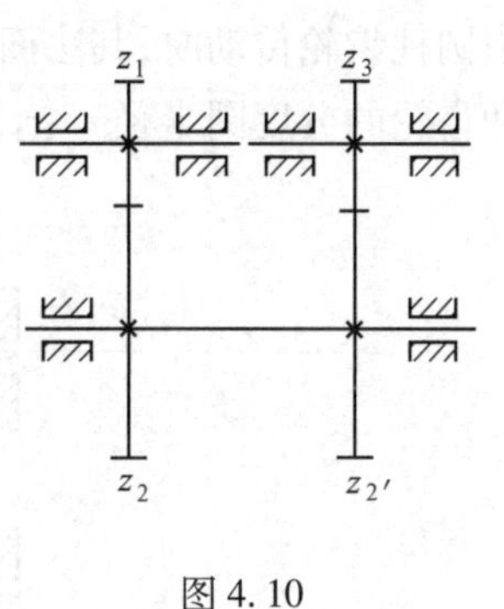

图 4.10

【题 4.9】　已知一对渐开线斜齿圆柱齿轮传动的 $z_1=48$、$z_2=64$、$m_n=5$ mm、$\alpha_n=20°$、$\beta=30°$、$B=40$ mm、$h_{an}^*=1$。试求：

（1）周节 p_n、p_t、p_a。

（2）分度圆直径 d_1、d_2 及中心距 a。

（3）重合度 ε_γ。

（4）当量齿数 z_{v1}、z_{v2}。

【题 4.10】　已知一对标准圆锥齿轮传动，其速比 $i=3.94$，齿数 $z_1=16$，模数 $m=14$ mm，压力角 $\alpha=20°$，齿顶高系数 $h_a^*=1$，轴交角 $\Sigma=90°$，齿宽系数 $\phi=0.3$，试求两齿轮的分度圆锥角、分度圆直径、齿顶圆直径、锥距、齿宽、顶锥角及当量齿数。

【题 4.11】　用齿条刀具范成法切制一渐开线直齿圆柱外齿轮，已知齿数 $z=90$，刀具的参数为：$m=2$ mm，$\alpha=20°$，$h_a^*=1$，$c^*=0.25$。

（1）轮坯以 $\omega=1/22.5$ rad/s 的角速度转动，在切制标准齿轮时，齿条刀中线相对轮坯中心 O 的距离 L 应为多少？此时齿条刀移动速度 v_d 应为多少？

（2）如果齿条刀的位置和移动速度都不变，而轮坯的角速度变为 $\omega'=1/23.5$ rad/s，则此时被切齿轮的齿数 z 为多少？属哪种变位齿轮？变位系数 x 为多少？

（3）针对（2）中齿轮，求出其齿顶圆直径 d_a 及基圆半径 r_b。

【题 4.12】　一对标准渐开线直齿圆柱齿轮，正确安装（齿侧间隙为零）后，中心距为 144 mm，其齿数为 $z_1=24$、$z_2=120$，分度圆压力角 $\alpha=20°$，$h_a^*=1$，$c^*=0.25$。试求：

（1）齿轮 2 的模数 m_2 及其在分度圆上的齿厚 S。

（2）求齿轮 1 的齿顶圆处压力角 α_{a1}。

（3）如已求得它们的实际啮合长度 $B_1B_2=10.3$ mm，试计算该对齿轮传动的重合度。

（4）说明该对齿轮能否实现连续传动。

【题 4.13】　在图 4.11 所示轮系中，$z_1=20$，$z_2=48$，$m_1=m_2=2$ mm，$z_3=18$，$z_4=36$，$m_3=m_4=2.5$ mm，该两对齿轮均为标准渐开线直齿圆柱齿轮，且安装中心距相等。$\alpha=20°$，$h_a^*=1$，$c^*=0.25$。试求：

（1）两对齿轮的标准中心距分别为多少？

（2）当以齿轮 1 与齿轮 2 的标准中心距为安装中心距时，齿轮 3 与齿轮 4 采取何种传动才能保证无侧隙啮合？求啮合角 α'_{34}和节圆半径 r'_3。

（3）仍以齿轮 1 与齿轮 2 的标准中心距为安装中心距，当齿轮 3 与齿轮 4 采取标准斜齿圆柱齿轮传动时，其法面模数 $m_{n3}=m_{n4}=2.5$ mm，齿数不变，求分度圆柱上的螺旋角 β，两齿轮的分度圆半径 r_3、r_4。

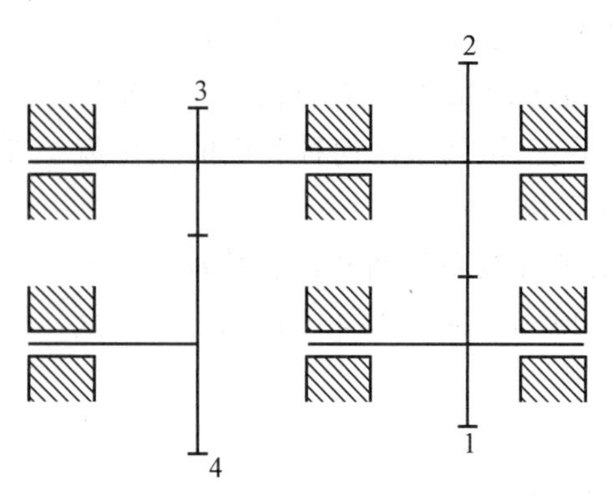

图 4.11

【题 4.14】 已知一对外啮合渐开线标准直齿圆柱齿轮的参数为：

$z_1=40,z_2=60,m=5$ mm，$\alpha=20°,h_a^*=1,c^*=0.25$。

（1）求这对齿轮标准安装时的重合度 ε_α，并绘出单齿及双齿啮合区。

（2）若将这对齿轮安装得刚好能够连续传动，试求：这时的啮合角 α'，节圆半径 r_1' 和 r_2'，两轮齿廓在节圆处的曲率半径 ρ_1' 和 ρ_2'。

【题 4.15】 一对齿数相同的标准渐开线直齿圆柱齿轮啮合，已知压力角 $\alpha=20°$，$m=6$，$h_a^*=1$，重合度 $\varepsilon=1.39$，在标准安装情况下（无侧隙啮合），它们的齿顶圆正好通过对方的极限啮合点，试求：

（1）齿轮齿数。

（2）齿顶圆压力角。

（3）这对齿轮啮合能否发生根切现象？

【题 4.16】 某牛头刨床中，有一渐开线外啮合标准齿轮传动，已知小齿轮 1 的齿数 $z_1=17$，大齿轮 2 的齿数 $z_2=118$，模数 $m=5$ mm，$h_a^*=1$，$c^*=1$，安装中心距 $a'=337.5$ mm。检修时发现小齿轮 1 严重磨损，必须报废。大齿轮 2 磨损较轻，沿分度圆齿厚共磨去 0.91 mm获得光滑的新齿面。若继续使用修理后的大齿轮 2，且仍使用原来的箱体，求：

（1）新的小齿轮 1 的齿根圆半径 r_{f1}、修理后的大齿轮 2 的齿根圆半径 r_{f2}。

（2）新的小齿轮 1 的齿顶圆半径 r_{a1}、修理后的大齿轮 2 的齿顶圆半径 r_{a2}。

（3）此时该对齿轮传动的重合度 ε。

第5章 轮 系

5.1 基本要求

(1) 熟悉轮系的类型、轮系的功用。

(2) 掌握定轴轮系传动比的计算。

(3) 掌握周转轮系传动比的计算。

(4) 掌握复合轮系传动比的计算。

(5) 了解行星轮系传动效率的特点。

(6) 设计行星轮系时,应考虑哪些因素来选择行星轮系的类型?

(7) 设计行星轮系时,各轮齿数和行星轮数目必须满足的四个条件是什么?

(8) 了解行星轮系的均载方法。

(9) 了解渐开线少齿差行星传动、谐波齿轮传动、摆线针轮行星传动。

5.2 内容提要

5.2.1 本章重点

本章重点是定轴轮系、周转轮系、复合轮系传动比的计算及设计。计算是判断给定轮系的类型,并确定其传动比及转向;设计是根据工作要求选择轮系的类型,并确定各轮的齿数。

1. 轮系的分类

(1) 定轴轮系。组成轮系的各个齿轮的轴线相对于机架的位置都是固定的轮系。定轴轮系又可分为平面定轴轮系和空间定轴轮系。

(2) 周转轮系。组成轮系的各个齿轮中有一个或几个齿轮的轴线位置是绕着其他齿轮的固定轴线回转的轮系。周转轮系可按自由度的数目分为:自由度为2的差动轮系和自由度为1的行星轮系。基本周转轮系由两个中心轮、一个或几个行星轮和一个系杆组成。

(3) 复合轮系。复合轮系既包含定轴轮系又包含周转轮系或由几部分周转轮系组成的复合轮系。其中把含有定轴轮系和周转轮系的复合轮系称为混合轮系,而把由几部分周转轮系组成的复合轮系又称为复合周转轮系。

2. 轮系传动比的计算

(1) 定轴轮系的传动比。定轴轮系传动比大小的计算方法是:定轴轮系的传动比

(首末两轮的角速度之比)等于组成该轮系的各对齿轮中所有从动轮齿数的连乘积与所有主动轮齿数的连乘积之比,即

$$i_{1n}=\frac{\omega_1}{\omega_2}=\frac{\text{所有从动轮齿数的连乘积}}{\text{所有主动轮齿数的连乘积}}=\frac{z_2z_4\cdot\cdots\cdot z_n}{z_1z_3\cdot\cdots\cdot z_{n-1}}$$

首末两轮转向关系的确定及表示:定轴轮系首末两轮的转向关系通常用画箭头法确定,即从已知首轮的转向开始,循着运动传递路线,逐对对啮合传动进行转向判断,并用画箭头法表示出各主、从动轮的转向,直至确定出末轮的转向。主、从动轮的转向箭头方向的确定:对于圆柱齿轮,外啮合时转向箭头方向相反,而内啮合时转向箭头方向相同;对于圆锥齿轮,转向箭头或同时指向节点或同时背向节点;对于螺旋齿轮或蜗轮蜗杆传动,其转向可根据两轮在节点处的重合点间的速度关系来判断。

对于平面定轴轮系首末两轮的转向关系,也可用该轮系中外啮合齿轮对数 n 来确定和表示,即可用$(-1)^n$ 的结果来确定并表示首末两轮的转向关系。如为正号则表示转向相同,负号表示转向相反。对于空间定轴轮系首末两轮的转向关系,当首末两轮的轴线平行时,可用正、负号来表示转向关系;当首末两轮的轴线不平行时,可用画箭头法来表示首末两轮的转向关系。

(2) 周转轮系的传动比。周转轮系的传动比计算是本章的重点内容之一。周转轮系和定轴轮系的根本区别在于:周转轮系中有一个转动着的系杆,由于转动系杆的存在,使行星轮既自转又公转。所以周转轮系的传动比不能直接按照定轴轮系传动比来计算,而是将它转化为定轴轮系再来计算。即假想给整个轮系加上一个公共的角速度$-\omega_H$,使系杆固定不动,这样,周转轮系就转化成一个假想的定轴轮系,这个假想的定轴轮系称为周转轮系的"转化机构"。

① 差动轮系各基本构件间的转速关系。设周转轮系中两个中心轮为 1 和 n,系杆为 H,则其转化机构的传动比 i_{1n}^{H}的计算公式为

$$i_{1n}^{H}=\frac{\omega_1^{H}}{\omega_n^{H}}=\frac{\omega_1-\omega_H}{\omega_n-\omega_H}=\pm\frac{z_2\cdot\cdots\cdot z_n}{z_1\cdot\cdots\cdot z_{n-1}}$$

只要给定了 ω_1、ω_n、ω_H 三者中的任意两个参数,就可以用上式求出第三个参数,从而得到周转轮系中三个基本构件中任意两个构件之间的传动比 i_{1H}、i_{nH}、i_{1n};或只要给定了 ω_1、ω_n、ω_H 三者中的任意一个参数,就可以用上式求出另外两个参数的比值。

② 行星轮系各基本构件间的转速关系。周转轮系中,若其中一个中心轮固定,就变成自由度为 1 的行星轮系。当中心轮 1 或 n 分别固定时,相应行星轮系的传动比分别为

$$i_{nH}=1-i_{n1}^{H}\qquad i_{1H}=1-i_{1n}^{H}$$

(3) 复合轮系的传动比。复合轮系的传动比既不能直接按定轴轮系的传动比来计算,也不能直接按周转轮系的传动比来计算,而应当将复合轮系中定轴轮系部分和周转轮系部分区别开来分别计算。因此复合轮系传动比计算的方法及步骤为:

① 分清轮系。分清轮系中哪些部分是定轴轮系,哪些部分是周转轮系。

② 分别计算。即定轴轮系部分应当按照定轴轮系传动比方法来计算,而周转轮系部分应当按照周转轮系传动比方法来计算。分别列出它们的计算式。

③ 联立求解。根据各部分列出的计算式,联立求解。

3. 行星轮系的设计

轮系的设计是本章的重点内容之一，主要包括：根据工作所提出的功能要求和使用场合，选择轮系的类型及确定各轮的齿数。

(1) 轮系类型的选择。轮系类型选择的主要出发点是根据工作所提出的功能要求和使用场合。首先要考虑的问题是所选择的轮系能否满足工作所要求的传动比、能否满足效率的要求等。

(2) 各轮齿数的确定。设计行星轮系(即 2K-H 型)时，各轮齿数的选配需满足以下四个条件：

① 保证实现给定的传动比：

$$z_3=(i_{1H}-1)\cdot z_1$$

② 保证中心轮和系杆的轴线重合及满足同心条件：

$$z_2=(z_3-z_1)/2$$

③ 保证 K 个行星轮能够均布地装入两中心轮之间，即满足安装条件：

$$N=(z_3+z_1)/K$$

④ 保证 K 个行星轮不致相互碰撞，即满足邻接条件：

$$(z_1+z_2)\sin\frac{180°}{K}>z_2+2h_a^*$$

5.2.2　本章难点

本章难点是复合轮系传动比的计算，而复合轮系传动比计算的关键是轮系的正确划分。复合轮系传动比的计算应注意以下几点：

(1) 必须正确地分清复合轮系中定轴轮系和周转轮系部分，并把轮系划分成一个个基本定轴轮系和基本周转轮系。分清轮系的关键是把其中周转轮系划分出来，即找到行星轮。应从复合轮系的首轮开始，循着运动传递路线，逐个对齿轮进行判断，看它是绕固定轴线位置转动，还是绕变动轴线位置转动。如果找到了绕变动轴线位置转动的齿轮，即找到了行星轮。这时，带动行星轮轴线转动的构件就是系杆，与行星轮相啮合而绕固定轴线位置转动的齿轮就是中心轮。每一系杆连同系杆上的行星轮和与行星轮相啮合的中心轮就组成了一个基本周转轮系。在找出复合轮系中每一个周转轮系之后，剩下的就是定轴轮系了。

(2) 搞清楚复合轮系中各部分之间的连接关系，常用的几种基本连接方式为：

① 串联式复合轮系，即由定轴轮系与一个或几个基本周转轮系组成，或几个基本周转轮系串联组成。其特点是：前一个基本轮系的从动轴与后一个基本轮系的主动轴相固连，因此，各部分传动比可独立计算。

② 并联式复合轮系，即由差动轮系与一个定轴轮系或行星周转轮系组成，或几个基本周转轮系并联组成。其特点是：差动轮系的两个基本构件由定轴轮系或行星轮系所封闭，故称之为封闭式复合轮系。因此，各部分轮系传动比必须联立求解。

③ 双重式复合轮系，即在一个周转轮系上又装载着另一个周转轮系。其特点是，具有双重系杆，至少有一个行星轮同时绕两个运动轴线位置转动。因此，其传动比的计算需

要进行二次转化。

总之，只有分清轮系，才能正确列出各基本轮系相应的传动比方程式，并进行求解。

5.3 例题精选与答题技巧

【例 5.1】 某传动装置如图 5.1 所示，已知：各齿轮齿数 $z_1=60$，$z_2=48$，$z_{2'}=80$，$z_3=120$，$z_{3'}=60$，$z_4=40$，蜗杆 $z_{4'}=2$（右旋），蜗轮 $z_5=80$，齿轮 $z_{5'}=65$，模数 $m=5$ mm。主动轮 1 的转速为 $n_1=240$ r/min，转向如图 5.1 所示。试求齿条 6 的移动速度 v_6 的大小和方向。

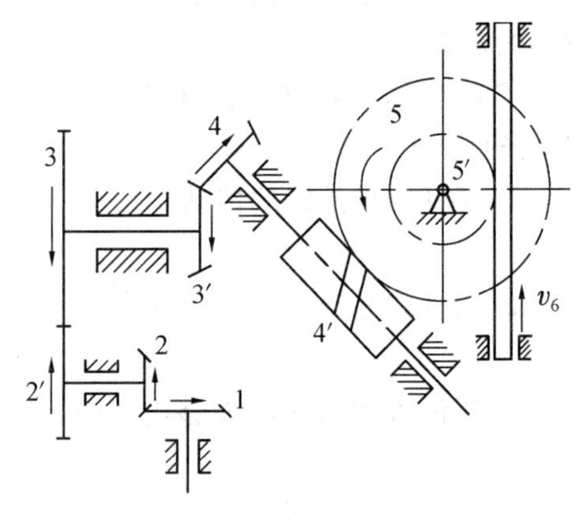

图 5.1

解题要点：

这是一个由圆柱齿轮、圆锥齿轮、蜗轮蜗杆、齿轮齿条所组成的定轴轮系。

【解】 为了求齿条 6 的移动速度 v_6 的大小，需要首先求出齿轮 5′的转动角速度 $\omega_{5'}$。因此首先计算传动比 i_{15}的大小。

$$i_{15}=\frac{n_1}{n_5}=\frac{z_2z_3z_4z_5}{z_1z_{2'}z_{3'}z_{4'}}=\frac{48\times120\times40\times80}{60\times80\times60\times2}=32$$

$$n_{5'}=n_5=\frac{n_1}{i_{15}}=\frac{240}{32}=7.5\ (\text{r/min})$$

$$\omega_{5'}=\frac{2\pi n_{5'}}{60}=\frac{2\pi\times7.5}{60}=0.785\ (\text{rad/s})$$

齿条 6 的移动速度等于齿轮 5′的分度圆线速度，即

$$v_6=r_{5'}\omega_{5'}=\frac{1}{2}mz_{5'}\omega_{5'}=\frac{1}{2}\times5\times65\times0.785=127.6\ (\text{mm/s})$$

齿条 6 的运动方向采用画箭头的方法确定，如图 5.1 所示。

【例 5.2】 如图 5.2 所示，已知各轮齿数为 z_1、z_2、z_3、z_4、z_5、z_6，z_1 为主动件，转向如图箭头所示。试求：

（1）传动比 $i_{1\text{H}}=\omega_1/\omega_\text{H}=?$（列出表达式）

（2）若已知各轮齿数 $z_1=z_2=z_4=z_5=20$，$z_3=40$，$z_6=60$，试求 $i_{1\text{H}}$的大小及转向。

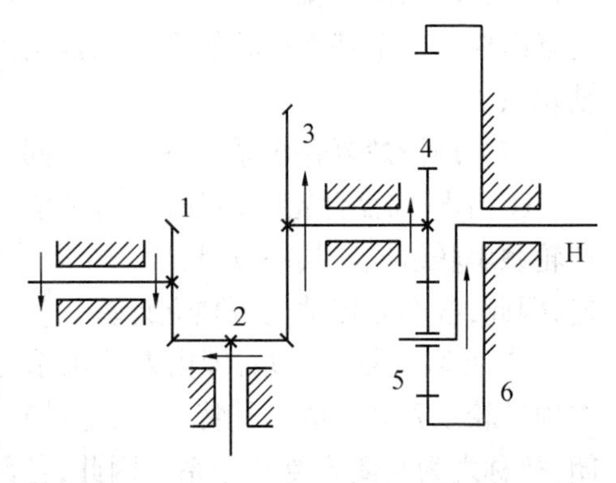

图 5.2

解题要点：

如图 5.2 所示，从结构上看，此轮系由两部分组成，齿轮 1、2、3 组成定轴轮系，齿轮 4、5、6 及系杆 H 组成行星轮系，二者之间属串联关系。齿轮 3 和齿轮 4 属同一构件。

【解】 (1) 根据上面分析,得到如下方程。

$$i_{13}=\frac{\omega_1}{\omega_3}=\frac{z_2z_3}{z_1z_2}=\frac{z_3}{z_1} \tag{1}$$

$$i_{4H}=\frac{\omega_4}{\omega_H}=\frac{\omega_3}{\omega_H}=1-i_{46}^{H}=1+\frac{z_6}{z_4} \tag{2}$$

由式(1)与式(2)解得

$$i_{1H}=\frac{\omega_1}{\omega_H}=\frac{z_3}{z_1}\left(1+\frac{z_6}{z_4}\right) \tag{3}$$

(2) 将 $z_1=z_4=20$、$z_3=40$、$z_6=60$ 代入式(3),得

$$i_{1H}=\frac{40}{20}\times\left(1+\frac{60}{20}\right)=8$$

i_{1H}转向如图5.2所示。

【例5.3】 如图5.3所示轮系,已知各轮齿数为:$z_1=25$,$z_2=50$,$z_{2'}=25$,$z_H=100$,$z_4=50$,各齿轮模数相同。求传动比 i_{14}。

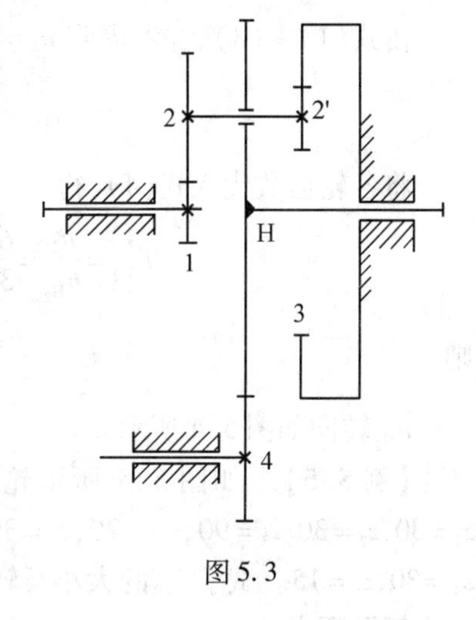

图5.3

解题要点:

图5.3轮系由两部分组成,齿轮1、2-2′、3及系杆H组成行星轮系,齿轮(系杆)H及齿轮4组成定轴轮系。

【解】 利用同心条件

$$z_3=z_1+z_2+z_{2'}=25+50+25=100$$

对于齿轮1、2-2′、3及系杆H组成的行星轮系,有

$$i_{1H}=\frac{n_1}{n_H}=1-i_{13}^{H}=1+\frac{z_2z_3}{z_1z_{2'}}=1+\frac{50\times100}{25\times25}=9 \tag{1}$$

对于齿轮(系杆)H及齿轮4组成定轴轮系,有

$$i_{H4}=\frac{n_H}{n_4}=-\frac{z_4}{z_H}=-\frac{50}{100}=-\frac{1}{2} \tag{2}$$

由式(1)和式(2)得

$$i_{14}=i_{1H}\cdot i_{H4}=\frac{n_1}{n_H}\cdot\frac{n_H}{n_4}=\frac{n_1}{n_4}=9\times\left(-\frac{1}{2}\right)=-4.5$$

计算结果为负,说明 n_1 的转向与 n_4 转向相反。

【例5.4】 如图5.4所示轮系,已知各轮齿数为:$z_1=36$,$z_2=60$,$z_3=23$,$z_4=49$,$z_{4'}=69$,$z_5=31$,$z_6=131$,$z_7=94$,$z_8=36$,$z_9=167$,$n_1=3\ 549$ r/min。试求 n_{H_2}的大小及转向。

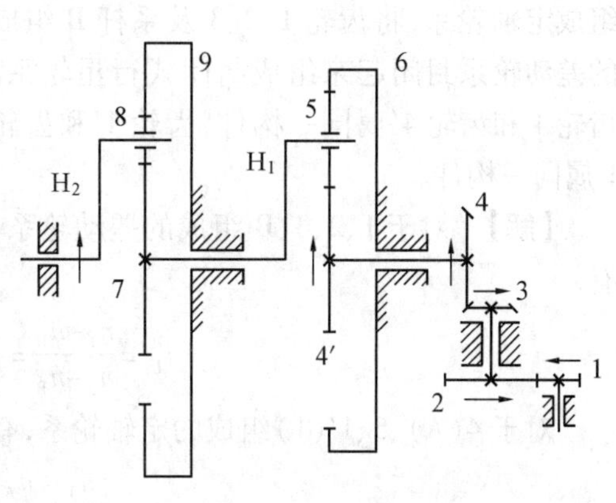

图5.4

解题要点:

如图5.4所示,此轮系由三部分组成,齿

轮 1、2、3、4 组成定轴轮系,齿轮 4′、5、6 及系杆 H_1 组成行星轮系,齿轮 7、8、9 及系杆 H_2 组成行星轮系,三者之间属串联关系。齿轮 4 和齿轮 4′属同一构件,系杆 H_1 和齿轮 7 属同一构件。

【解】 对定轴轮系 1、2、3、4,有

$$i_{14}=\frac{n_1}{n_4}=\frac{z_2z_4}{z_1z_3} \tag{1}$$

齿轮 4′、5、6 及系杆 H_1 组成行星轮系

$$i_{4'H_1}=\frac{n_{4'}}{n_{H_1}}=1-i_{4'6}^{H_1}=1+\frac{z_6}{z_{4'}} \tag{2}$$

齿轮 7、8、9 及系杆 H_2 组成行星轮系

$$i_{7H_2}=\frac{n_7}{n_{H_2}}=1-i_{79}^{H_2}=1+\frac{z_9}{z_7} \tag{3}$$

由式(1)~(3),并考虑到 $n_4=n_{4'}$、$n_{H_1}=n_7$,得

$$i_{1H_2}=\frac{n_1}{n_{H_2}}=\frac{z_2z_4}{z_1z_3}\left(1+\frac{z_6}{z_{4'}}\right)\left(1+\frac{z_9}{z_7}\right) \tag{4}$$

将各轮齿数代入式(4),得

$$i_{1H_2}=\frac{n_1}{n_{H_2}}=\frac{60\times49}{36\times23}\left(1+\frac{131}{69}\right)\left(1+\frac{167}{94}\right)=28.58$$

则

$$n_{H_2}=\frac{n_1}{i_{1H_2}}=\frac{3\ 549}{28.58}=124.18\ (\text{r/min})$$

n_{H_2}转向如图 5.4 所示。

【例 5.5】 如图 5.5 所示轮系,已知:$z_1=30$,$z_2=30$,$z_3=90$,$z_{1'}=20$,$z_4=30$,$z_{3'}=40$,$z_{4'}=30$,$z_5=15$。试求 i_{AB}的大小及转向。

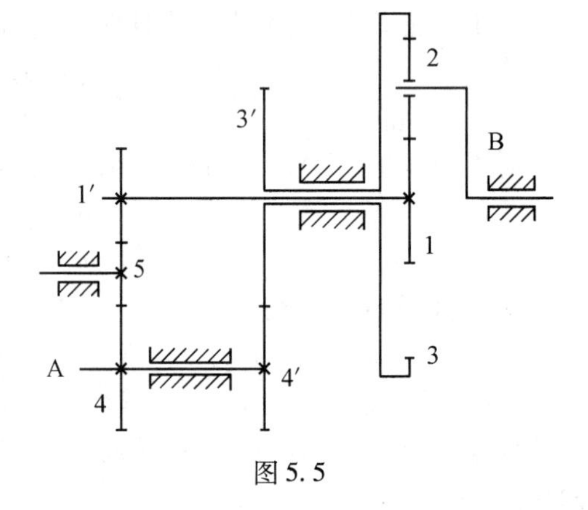

图 5.5

解题要点:

如图 5.5 所示,此轮系由三部分组成,齿轮 4、5、1′(1)组成定轴轮系及齿轮 4′、3′(3)组成定轴轮系,将齿轮 1、2、3 及系杆 B 组成的差动轮系封闭起来组成封闭式行星轮系。齿轮 4 和齿轮 4′属同一构件,齿轮 1′和齿轮 1 属同一构件。

【解】 对于 1、2、3、B 组成的差动轮系,有

$$i_{13}^{B}=\frac{n_1-n_B}{n_3-n_B}=-\frac{z_3}{z_1}=-\frac{90}{30}=-3 \tag{1}$$

对于 4(A)、5、1′(1)组成的定轴轮系,有

$$i_{41'}=\frac{n_4}{n_{1'}}=\frac{n_A}{n_{1'}}=\frac{z_{1'}}{z_4}=\frac{20}{30}=\frac{2}{3}$$

即 $$n_{1'}=\frac{3}{2}n_A \tag{2}$$

对于齿轮4′、3′(3)组成定轴轮系

$$i_{43'}=\frac{n_4}{n_{3'}}=\frac{n_A}{n_{3'}}=-\frac{z_{3'}}{z_4}=-\frac{40}{30}=-\frac{4}{3}$$

即 $$n_{3'}=-\frac{3}{4}n_A \tag{3}$$

考虑到 $n_{1'}=n_1$、$n_{3'}=n_3$，将式(1)、式(2)代入式(3)，得

$$\frac{\frac{3}{2}n_A-n_B}{-\frac{3}{4}n_A-n_B}=-3$$

解得 $$i_{AB}=\frac{n_A}{n_B}=-\frac{16}{3}\approx-5.33$$

n_A 和 n_B 的转向相反。

【例5.6】 电动卷扬机减速器如图5.6所示，已知：$z_1=26$，$z_2=50$，$z_{2'}=18$，$z_3=94$，$z_{3'}=18$，$z_4=35$，$z_5=88$。试求 i_{15}。

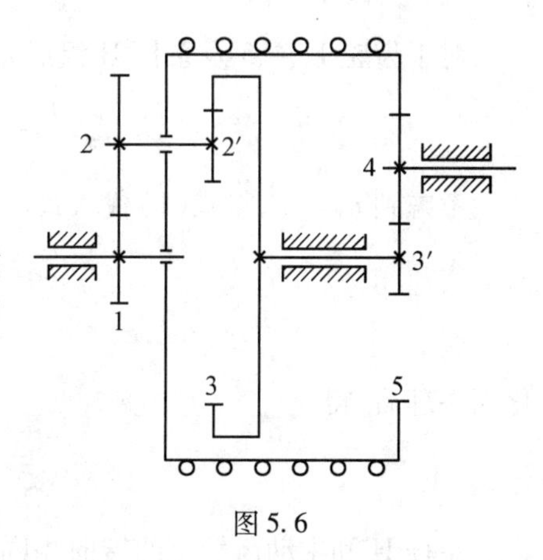

图5.6

解题要点：

如图5.6所示，此轮系由两部分组成。齿轮1、2-2′、3及系杆5组成差动轮系，其基本构件3和5被定轴轮系3′、4、5封闭起来了，从而使差动轮系的两个基本构件3和5之间保持一定的速比关系，使整个轮系变成了自由度为1的特殊的行星轮系，称为封闭式行星轮系。齿轮2和齿轮2′属同一构件，齿轮3和齿轮3′属同一构件。

【解】 对于1、2-2′、3、5组成的差动轮系，有

$$i_{13}^5=\frac{n_1-n_5}{n_3-n_5}=-\frac{z_2z_3}{z_1z_{2'}} \tag{1}$$

对于3′、4、5组成的定轴轮系，有

$$i_{3'5}=\frac{n_{3'}}{n_5}=\frac{n_3}{n_5}=-\frac{z_5}{z_{3'}}$$

即 $$n_3=-\frac{z_5}{z_{3'}}n_5 \tag{2}$$

将式(1)代入式(2)，解得

$$i_{15}=\frac{n_1}{n_5}=\frac{z_2z_3}{z_1z_{2'}}\left(1+\frac{z_5}{z_{3'}}\right)+1=\frac{50\times94}{26\times18}\left(1+\frac{88}{18}\right)=59.14$$

齿轮1和卷筒(齿轮)5转向相同。

【例5.7】 如图5.7所示轮系，已知：$z_1=z_{1'}=40$，$z_2=z_4=30$，$z_3=z_5=100$。试求 $i_{1H}=?$

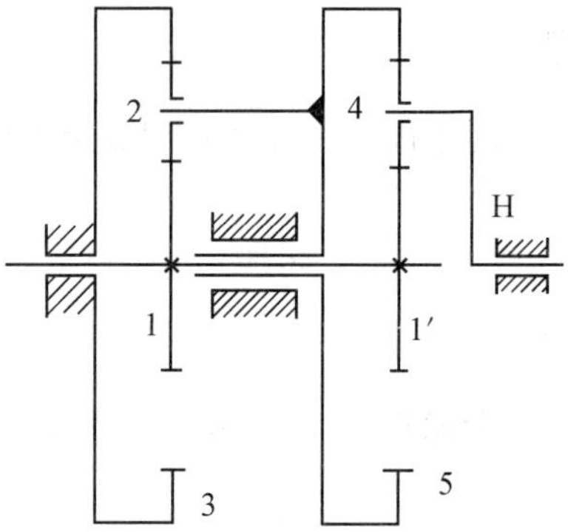

解题要点：

如图 5.7 所示，此轮系由两部分组成。齿轮 1、2、3 及齿轮系杆 5 组成行星轮系，其基本构件 1 和系杆 5 把齿轮 1′、4、5 及系杆 H 组成差动轮系封闭起来了，从而使差动轮系部分的两个中心轮 1(1′) 和 5 之间保持一定的速比关系。整个轮系是一个由行星轮系把差动轮系中的中心轮 1′和 5 封闭起来组成的封闭式差动轮系。齿轮 1 和齿轮 1′属同一构件，构件 5 是前一行星轮系的系杆，又是后一差动轮系的中心轮。

图 5.7

【解】 对于 1、2、3、5 组成的行星轮系，有

$$i_{15}=\frac{n_1}{n_5}=1-i_{13}^5=1+\frac{z_3}{z_1}=1+\frac{100}{40}=3.5$$

$$n_5=\frac{n_1}{3.5} \tag{1}$$

对于齿轮 1′、4、5 及系杆 H 组成差动轮系，有

$$i_{1'5}^{\mathrm{H}}=\frac{n_{1'}-n_{\mathrm{H}}}{n_5-n_{\mathrm{H}}}=-\frac{z_5}{z_{1'}}=-\frac{100}{40}=-2.5 \tag{2}$$

考虑到 $n_1=n_{1'}$，将式(1)代入式(2)，得

$$\frac{n_1-n_{\mathrm{H}}}{\frac{n_1}{3.5}-n_{\mathrm{H}}}=-2.5$$

化简整理后，得

$$i_{1\mathrm{H}}=\frac{n_1}{n_{\mathrm{H}}}=\frac{49}{24}$$

系杆 H 和主动齿轮 1 的转向相同。

【例 5.8】 如图 5.8 所示轮系中，已知各轮齿数为：$z_1=90$，$z_2=60$，$z_{2'}=30$，$z_3=30$，$z_{3'}=24$，$z_4=18$，$z_5=60$，$z_{5'}=36$，$z_6=32$，运动从 A、B 两轴输入，由构件 H 输出。已知：$n_A=100$ r/min，$n_B=900$ r/min，转向如图 5.8 所示。试求输出轴 H 的转速 n_H 的大小和转向。

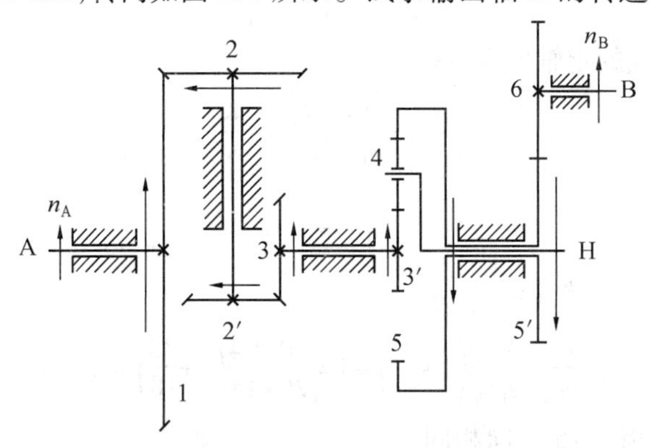

图 5.8

解题要点：

图5.8所示轮系由三部分组成，齿轮1、2-2′、3组成定轴轮系，齿轮5′、6组成定轴轮系，齿轮3′、4、5及系杆H组成差动轮系。齿轮2和齿轮2′属同一构件，齿轮3和齿轮3′属同一构件。齿轮5和齿轮5′属同一构件。

【解】　对于齿轮3′、4、5及系杆H组成的差动轮系，有

$$i_{3'5}^{H}=\frac{n_{3'}-n_{H}}{n_5-n_H}=-\frac{z_5}{z_{3'}}=-\frac{60}{24}=-\frac{5}{2} \tag{1}$$

对于齿轮1、2-2′、3组成的定轴轮系，有

$$i_{13}=\frac{n_1}{n_3}=+\frac{z_2z_3}{z_1z_{2'}}=+\frac{60\times30}{90\times30}=+\frac{2}{3}$$

即

$$n_3=n_{3'}=+\frac{3}{2}n_1=+\frac{3}{2}n_A=+150\ (\text{r/min}) \tag{2}$$

注意　这是一个由圆锥齿轮所组成的定轴轮系，只能用标箭头的方法确定其转向。故在i_{13}的计算结果中加上“+”号。

对于齿轮5′、6组成的定轴轮系，有

$$i_{5'6}=\frac{n_{5'}}{n_6}=\frac{n_5}{n_B}=-\frac{z_6}{z_{5'}}=-\frac{32}{36}=-\frac{8}{9}$$

即

$$n_5=-\frac{8}{9}n_B=-800\ (\text{r/min}) \tag{3}$$

将式(2)、式(3)代入式(1)，得

$$\frac{150-n_H}{-800-n_H}=-\frac{5}{2}$$

化简整理后，得

$$n_H\approx-528.57\ \text{r/min}$$

计算结果为负，说明n_H的转向与n_5转向相同，与n_A、n_B转向相反。

【例5.9】　如图5.9所示轮系，已知齿轮1的转速$n_1=1\ 650$ r/min，齿轮4的转速$n_4=1\ 000$ r/min，所有齿轮都是标准齿轮，模数相同且$z_2=z_5=z_6=20$。试求轮系未知齿轮的齿数z_1、z_3、z_4。

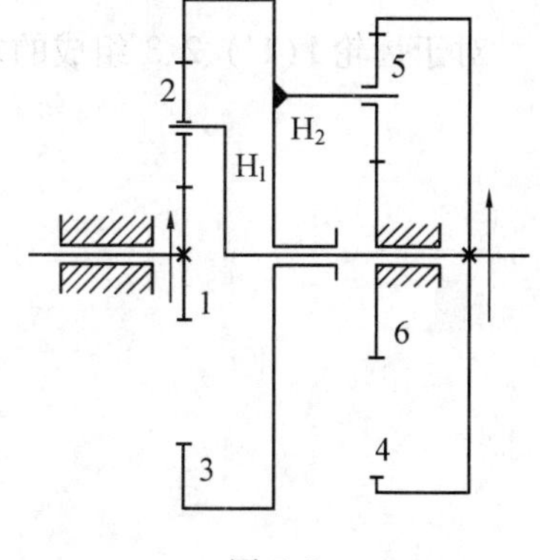

图5.9

解题要点：

如图5.9所示，此轮系由两部分组成，齿轮1、2、3(H_2)及系杆H_1(4)组成差动轮系，齿轮6、5、4(H_1)及系杆H_2(3)组成行星轮系。

【解】　利用同心条件：$z_3=z_1+2z_2=z_1+40$；$z_4=z_6+2z_5=60$。对于齿轮6、5、4(H_1)及系杆H_2(3)组成的行星轮系，有

$$i_{4H_2}=\frac{n_4}{n_{H_2}}=1-i_{46}^{H_2}=1+\frac{z_6}{z_4}=1+\frac{20}{60}=\frac{4}{3} \tag{1}$$

从而
$$n_3=n_{H_2}=\frac{3}{4}n_4=\frac{3}{4}\times 1\ 000=750\ (\mathrm{r/min})$$

$$n_{H_1}=n_4=1\ 000\ \mathrm{r/min}$$

对于齿轮 1、2、3(H_2)及系杆 H_1(4)组成的差动轮系,有

$$i_{13}^{H_1}=\frac{n_1-n_{H_1}}{n_3-n_{H_1}}=-\frac{z_3}{z_1}=-\frac{z_1+40}{z_1} \tag{2}$$

将 $n_1=1\ 650\ \mathrm{r/min}$、$n_{H_1}=1\ 000\ \mathrm{r/min}$、$n_3=750\ \mathrm{r/min}$ 代入式(2),得

$$\frac{1\ 650-1\ 000}{750-1\ 000}=-\frac{z_1+40}{z_1}$$

解上式,得

$$z_1=25$$

则

$$z_3=z_1+40=65$$

【例 5.10】 如图 5.10 所示,已知各轮齿数为:$z_1=24$,$z_{1'}=30$,$z_2=95$,$z_3=89$,$z_{3'}=102$,$z_4=80$,$z_{4'}=40$,$z_5=17$。试求 i_{15} 的大小及转向。

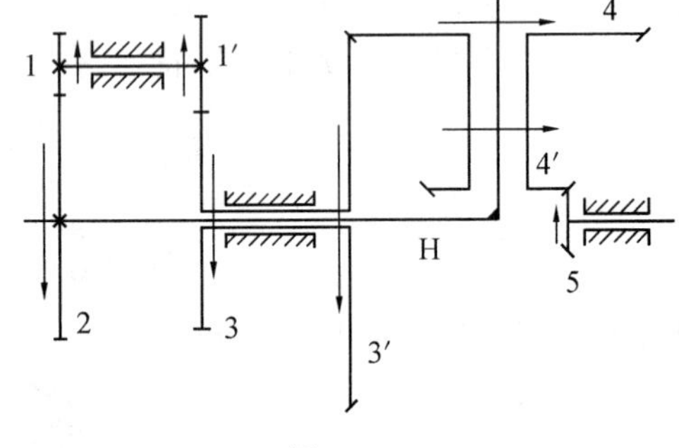

图 5.10

解题要点:

如图 5.10 所示,此轮系由两部分组成,齿轮 1(1′)、2、3 组成定轴轮系;齿轮 3′、4(4′)、5 及系杆 H 组成差动轮系。

【解】 对于齿轮 3′、4(4′)、5 及系杆 H 组成的差动轮系,有

$$i_{3'5}^{H}=\frac{n_{3'}-n_H}{n_5-n_H}=-\frac{z_4z_5}{z_{3'}z_{4'}}=-\frac{80\times 17}{102\times 40}=-\frac{1}{3} \tag{1}$$

对于齿轮 1(1′)、2、3 组成的定轴轮系,有

$$i_{12}=\frac{n_1}{n_2}=-\frac{z_2}{z_1}=-\frac{95}{24}$$

$$n_H=n_2=-\frac{24}{95}n_1 \tag{2}$$

$$i_{13}=\frac{n_1}{n_3}=-\frac{z_3}{z_{1'}}=-\frac{89}{30}$$

$$n_{3'}=n_3=-\frac{30}{89}n_1 \tag{3}$$

将式(2)、式(3)代入式(1),得

$$\frac{-\frac{30}{89}n_1-\left(-\frac{24}{95}n_1\right)}{n_5-\left(-\frac{24}{95}n_1\right)}=-\frac{1}{3}$$

解得

$$i_{15}=\frac{n_1}{n_5}=\frac{8\ 455}{6}\approx 1\ 409.2$$

轮1和轮5转向相同，如图5.10所示。

【例5.11】 如图5.11所示，已知各轮齿数为：$z_1=40$，$z_{1'}=70$，$z_2=20$，$z_3=30$，$z_{3'}=10$，$z_4=40$，$z_5=50$，$z_{5'}=20$，$n_A=100$ r/min，转向如图5.11所示。试求轴B的转速 n_B 的大小及转向？

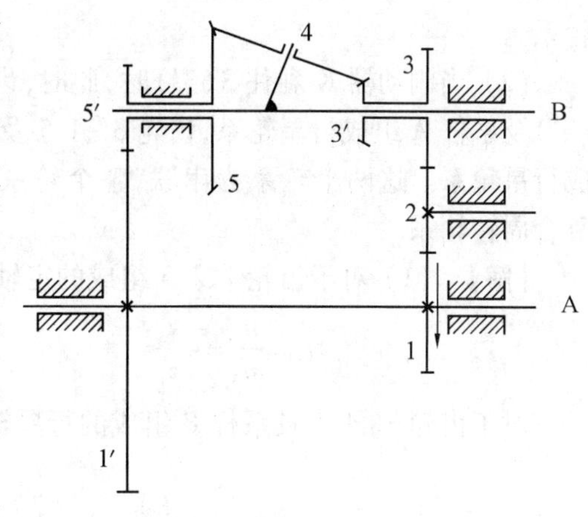

图5.11

解题要点：

如图5.11所示，此轮系由三部分组成，齿轮1、2、3(3′)组成定轴轮系；齿轮1′和5′组成定轴轮系；齿轮3′、4、5及系杆B组成差动轮系。

【解】 对于齿轮3′、4、5及系杆B组成的差动轮系，有

$$i_{3'5}^{B}=\frac{n_{3'}-n_B}{n_5-n_B}=-\frac{z_4z_5}{z_{3'}z_4}=-\frac{z_5}{z_{3'}}=-\frac{50}{10}=-5 \tag{1}$$

（采用画箭头法判别 $i_{3'5}^{B}$ 的"+""-"号）

对于齿轮1、2、3(3′)组成的定轴轮系，有

$$i_{13}=\frac{n_1}{n_3}=\frac{z_3}{z_1}=\frac{30}{40}$$

$$n_{3'}=n_3=\frac{4}{3}n_1=\frac{4}{3}n_A=\frac{400}{3}\ (\text{r/min}) \tag{2}$$

对于齿轮1′和5′组成的定轴轮系，有

$$i_{15}=\frac{n_{1'}}{n_{5'}}=\frac{n_A}{n_5}=-\frac{z_{5'}}{z_{1'}}=-\frac{20}{70}=-\frac{2}{7}$$

$$n_5=-\frac{7}{2}n_A=-350\ (\text{r/min}) \tag{3}$$

将式(2)、式(3)代入式(1)，得

$$\frac{\frac{400}{3}-n_B}{-350-n_B}=-5$$

解得

$$n_B=269.4\ \text{r/min}$$

轴B与轴A的转向相反，如图5.11所示。

【例5.12】 图5.12所示为一龙门刨床工作台的变速换向机构。J、K为电磁制动器，它们可以分别刹住构件A和3(3′)。已知各齿轮的齿数，求当分别刹住A和3(3′)时的传动比 i_{1B}。

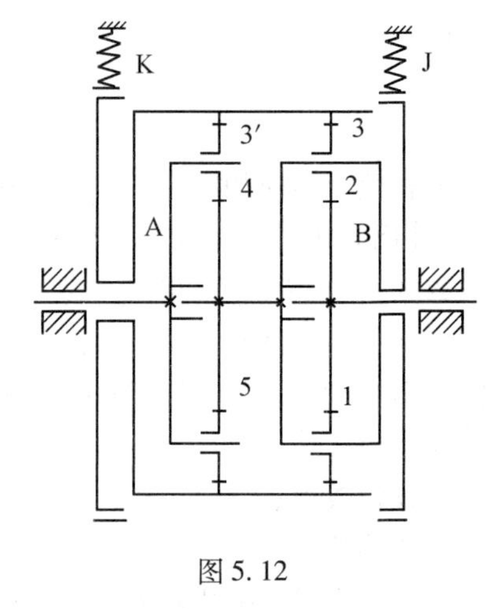

图 5.12

解题要点：

（1）当制动器 J 刹住 A 时，齿轮 5 固定。此时，齿轮 1、2、3 组成定轴轮系；齿轮 3′、4、5 及系杆 B 组成行星轮系。这两个轮系为串联，整个轮系为串联式复合轮系。

（2）当制动器 K 刹住 3(3′) 时，此时，齿轮 1、2、3(3′) 及系杆 A 组成行星轮系；齿轮 3′、4、5 及系杆 B 组成行星轮系。这两个轮系为串联，整个轮系为串联式复合周转轮系。

【解】 （1）对于齿轮 1、2、3 组成的定轴轮系，有

$$i_{13}=\frac{n_1}{n_3}=-\frac{z_3}{z_1} \tag{1}$$

对于齿轮 3′、4、5 及系杆 B 组成的行星轮系，有

$$i_{3'\mathrm{B}}=\frac{n_{3'}}{n_\mathrm{B}}=\frac{n_3}{n_\mathrm{B}}=1-i_{3'5}^{\mathrm{B}}=1+\frac{z_5}{z_{3''}} \tag{2}$$

由式(1)、式(2)得

$$i_{1\mathrm{B}}=i_{13}\cdot i_{3'\mathrm{B}}=-\frac{z_3}{z_1}\left(1+\frac{z_5}{z_{3'}}\right)$$

（2）对于齿轮 1、2、3 及系杆 A 组成的行星轮系，有

$$i_{1\mathrm{A}}=\frac{n_1}{n_\mathrm{A}}=1-i_{13}^{\mathrm{A}}=1+\frac{z_3}{z_1} \tag{3}$$

对于齿轮 3′、4、5 及系杆 B 组成的行星轮系，有

$$i_{5\mathrm{B}}=\frac{n_5}{n_B}=\frac{n_\mathrm{A}}{n_\mathrm{B}}=1-i_{53'}^{\mathrm{B}}=1+\frac{z_{3'}}{z_5} \tag{4}$$

由式(3)、式(4)得

$$i_{1\mathrm{B}}=i_{1\mathrm{A}}\cdot i_{5\mathrm{B}}=\left(1+\frac{z_3}{z_1}\right)\left(1+\frac{z_{3'}}{z_5}\right)$$

n_B 和 n_1 转向相同。

【例 5.13】 在图 5.13 所示轮系中，已知齿轮 1 的转速为 $n_1=1\ 500$ r/min，其回转方向如图中箭头所示。各齿轮的齿数为：$z_1=18$，$z_2=36$，$z_{2'}=18$，$z_{3''}=z_{5'}=78$，$z_{3'}=22$，$z_5=66$。

（1）如果组成此轮系的所有直齿圆柱齿轮均为模数相同的标准直齿圆柱齿轮，求齿轮 3 的齿数 z_3。

（2）计算系杆 H 的转速，并确定其回转方向。

解题要点：

此轮系由三部分组成。可视为齿轮 3(3′)、6 和 5′(5) 组成定轴轮系封闭齿轮 1、2(2′)、3(3″) 及系杆 H 组成差动轮系，再去封闭 3′(3″)、4、5(5′) 及系杆 H 组成差动轮系得到了二次封闭复合轮系。

【解】 因为齿轮 1 和内齿轮 3 同轴线，所以有

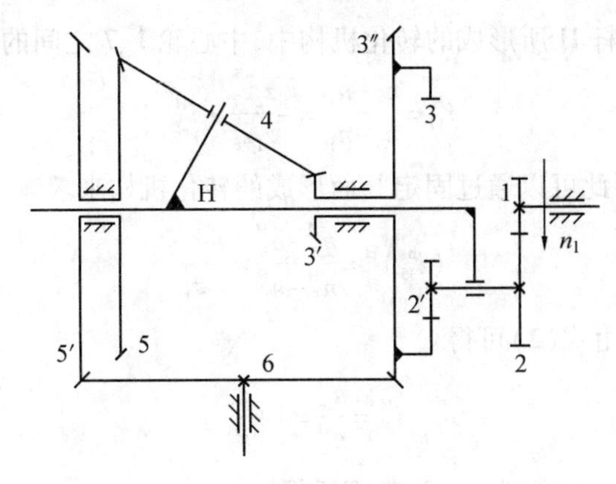

图5.13

$$r_1+r_2=r_3-r_{2'}$$

由于各齿轮模数相同,则有

$$z_3=z_1+z_2+z_{2'}=18+36+18=72$$

对于齿轮1、2(2′)、3(3″)及系杆H组成的差动轮系,有

$$i_{13}^{\mathrm{H}}=\frac{n_1-n_{\mathrm{H}}}{n_3-n_{\mathrm{H}}}=-\frac{z_2z_3}{z_1z_{2'}}=-\frac{36\times72}{18\times18}=-8 \tag{1}$$

对于齿轮3′(3″)、4、5(5′)及系杆H组成的差动轮系,有

$$i_{3'5}^{\mathrm{H}}=\frac{n_{3'}-n_{\mathrm{H}}}{n_5-n_{\mathrm{H}}}=-\frac{z_5}{z_{3'}}=-\frac{66}{22}=-3 \tag{2}$$

(采用画箭头法判别$i_{3'5}^{\mathrm{H}}$的“+”“-”号)

对于齿轮3(3′)、6和5′(5)组成的定轴轮系,有

$$i_{3''5}=\frac{n_{3''}}{n_5}=\frac{n_3}{n_{5'}}=-\frac{z_{5'}}{z_{3''}}=-\frac{78}{78}-1 \tag{3}$$

将式(1)~(3)联立,求解

$$n_{\mathrm{H}}=\frac{n_1}{25}=\frac{1\ 500}{25}=60\ (\mathrm{r/min})$$

n_{H}与n_1转向相同。

【例5.14】 在图5.14所示的轮系中,已知各轮的齿数为:$z_1=20,z_2=30,z_3=z_4=12,z_5=36,z_6=18,z_7=68$。求该轮系的传动比$i_{1\mathrm{H}}$。

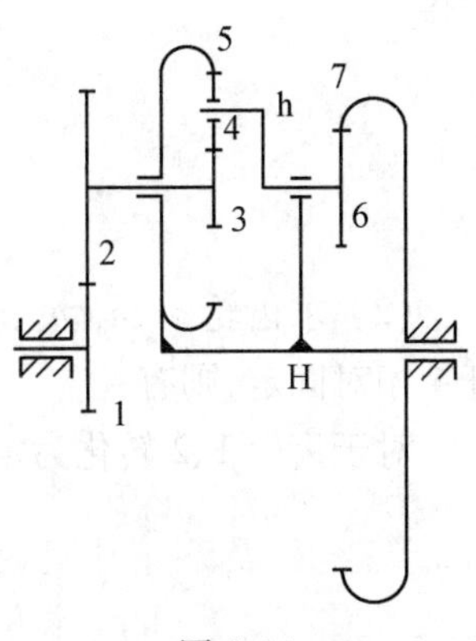

图5.14

解题要点:

这是一个双重周转轮系。1-2-6-7-H为一行星轮系,而在该行星轮系的转化机构中,3-4-5-h又构成了另一级行星轮系。双重周转轮系的传动比计算问题可以通过二次转化机构来解决。第一次是在行星轮系1-2-6-7-H中使系杆H固定形成转化机构,第二次是在行星轮系3-4-5-h中使系杆h固定形成转化机构。

【解】　在固定系杆 H 所形成的转化机构中,中心轮 1、7 之间的传动比为

$$i_{17}^{H}=\frac{n_1-n_H}{n_7-n_H}=-\frac{z_2z_7}{z_1z_6}\cdot i_{26}^{H} \tag{1}$$

注意到 $i_{26}^{H}=i_{3h}^{H}$,因此可以通过固定 h 而形成的转化机构来求解

$$(i_{35}^{h})^{H}=\frac{n_3^H-n_h^H}{n_5^H-n_h^H}=-\frac{z_5}{z_3} \tag{2}$$

注意到 $n_5^H=0$,则由式(2)可得

$$i_{3h}^{H}=\frac{n_3^H}{n_h^H}=1+\frac{z_5}{z_3}$$

将 $i_{26}^{H}=i_{3h}^{H}$ 代回式(1),并注意到 $n_7=0$,整理后得

$$i_{1H}=\frac{n_1}{n_H}=1+\frac{z_2z_7}{z_1z_6}\left(1+\frac{z_5}{z_3}\right)=1+\frac{30\times68}{20\times18}\times\left(1+\frac{36}{12}\right)=23.67$$

传动比为正值,说明齿轮 1 和系杆 H 转向相同。

【例 5.15】　如图 5.15 所示,已知各齿轮均为标准齿轮,且模数相同。其齿数为:$z_1=160$,$z_2=60$,$z_{2'}=20$,$z_4=100$,$z_6=80$,$z_7=120$。

(1) 求齿轮 3 和 5 的齿数 z_3 和 z_5。

(2) 如果齿轮 1 的转速 $n_1=1\ 000$ r/min,转向如图 5.15 所示,求齿轮 n_2、n_3、n_4、n_5 和 n_6 的转速,并在图上标出方向。

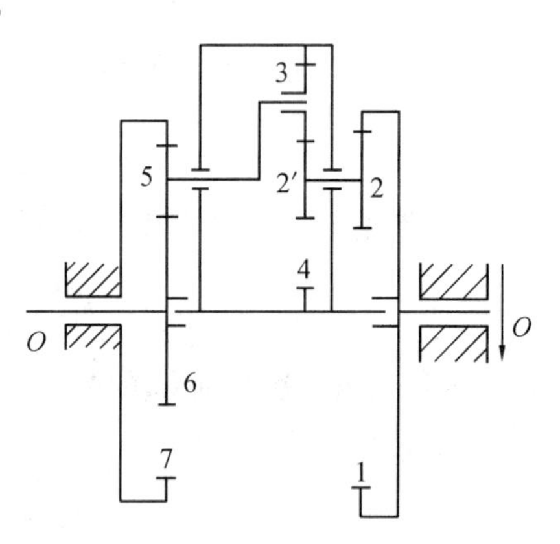

图 5.15

解题要点:

此轮系是在系杆 4 上添加系杆 5 形成的双重复合轮系。故本题求解需进行二次转化。

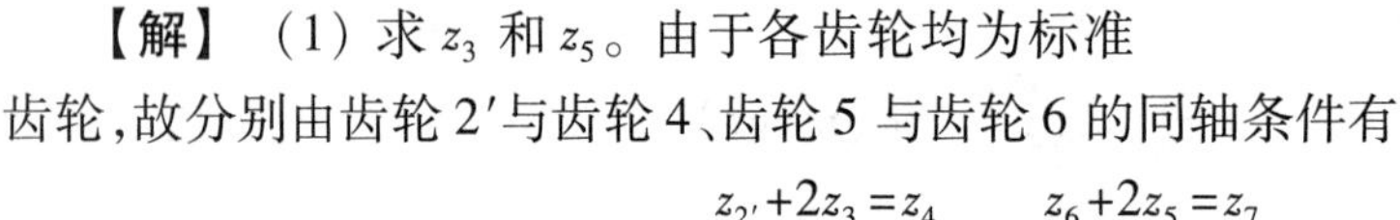

【解】　(1) 求 z_3 和 z_5。由于各齿轮均为标准齿轮,故分别由齿轮 2′与齿轮 4、齿轮 5 与齿轮 6 的同轴条件有

$$z_{2'}+2z_3=z_4\qquad z_6+2z_5=z_7$$

解得

$$z_3=\frac{1}{2}(z_4-z_{2'})=\frac{1}{2}\times(100-20)=40$$

$$z_5=\frac{1}{2}(z_7-z_6)=\frac{1}{2}\times(120-80)=20$$

(2) 求齿轮 n_2、n_3、n_4、n_5 和 n_6 的转速。先给整个轮系以 $-n_4$ 绕 OO 轴线回转,此时系杆 4 相对固定,则有:

对于齿轮 1、2 转化为定轴轮系

$$i_{12}^{4}=\frac{n_1^4}{n_2^4}=\frac{n_1-n_4}{n_2-n_4}=\frac{z_2}{z_1}=\frac{60}{160}=\frac{3}{8}$$

故

$$n_2-n_4=\frac{8}{3}(n_1-n_4) \tag{1}$$

对于齿轮2′、3、4及系杆5转化为行星轮系，直接利用周转轮系的转化机构传动比公式或对其轮系二次转化（即给此行星轮系以$-n_5$绕系杆5轴线回转），有

$$(i_{2'4}^{5})^{4}=\frac{n_{2'}^{4}-n_5^{4}}{n_4^{4}-n_5^{4}}=\frac{(n_{2'}-n_4)-(n_5-n_4)}{(n_4-n_4)-(n_5-n_4)}=-\frac{z_4}{z_{2'}}=-\frac{100}{20}=-5 \tag{2}$$

$$(i_{2'3}^{5})^{4}=\frac{n_{2'}^{4}-n_5^{4}}{n_3^{4}-n_5^{4}}=\frac{(n_{2'}-n_4)-(n_5-n_4)}{(n_3-n_4)-(n_5-n_4)}=-\frac{z_3}{z_{2'}}=-\frac{40}{20}=-2 \tag{3}$$

对于齿轮6、5、7组成的定轴轮系，且$n_7=0$，有

$$i_{57}^{4}=\frac{n_5^{4}}{n_7^{4}}=\frac{n_5-n_4}{n_7-n_4}=\frac{z_7}{z_5}=\frac{120}{20}=6$$

故

$$n_5-n_4=-6n_4 \tag{4}$$

$$i_{67}^{4}=\frac{n_6^{4}}{n_7^{4}}=\frac{n_6-n_4}{n_7-n_4}=-\frac{z_7}{z_6}=-\frac{120}{80}=-\frac{3}{2}$$

$$n_6=\frac{5}{2}n_4 \tag{5}$$

上述5个方程联立可解出所要求解的5个未知量。由式(1)、式(2)、式(4)联立求解得，$n_4=-80$ r/min，$n_2=n_{2'}=2\ 800$ r/min，$n_5=400$ r/min。将n_2、n_4、n_5代入式(3)、式(5)得$n_3=-800$ r/min，$n_6=-200$ r/min。

【例5.16】　如图5.16所示为隧道挖进机中的行星齿轮传动。其中各对齿轮传动均采用标准齿轮传动，模数$m=10$ mm。已知：$z_1=30$，$z_2=85$，$z_3=32$，$z_4=21$，$z_5=38$，$z_6=97$，$z_7=147$，$n_1=1\ 000$ r/min。试求刀盘最外一点A的线速度。

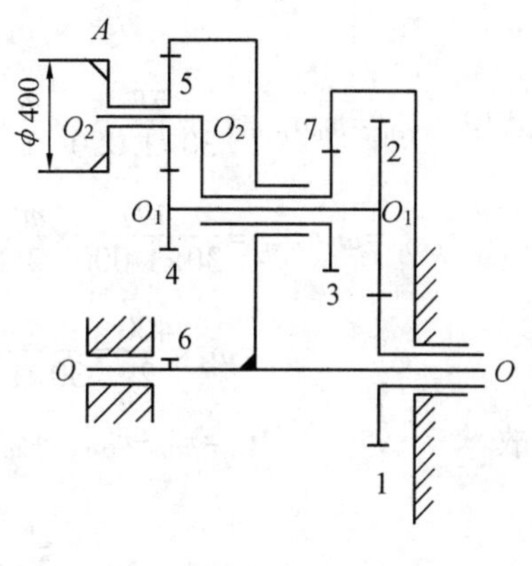

图5.16

解题要点：

此轮系在系杆上有添加系杆的双重行星轮系。给整个轮系以$-n_6$绕OO轴线回转，在轮系中每个构件i的角速度应当看成是相对于系杆6的角速度，并表示成ω_i^6或$\omega_i-\omega_6$，而决不能写成ω_i。同时观察此时的轮系为何种轮系。

如果是复合轮系，则必须把轮系区分成普通定轴轮系或普通周转轮系。

【解】　为了求点A的速度v_A，必须求出n_6、n_3及n_5。求解的关键是先给整个轮系以$-n_6$绕OO轴线回转，此时再观察轮系，有：

（1）齿轮1、2为定轴轮系，有

$$i_{12}^{6}=\frac{n_1^{6}}{n_2^{6}}=\frac{n_1-n_6}{n_2-n_6}=-\frac{z_2}{z_1}=-\frac{85}{30}=-\frac{17}{6} \tag{1}$$

（2）齿轮3、7为定轴轮系，且$n_7=0$，有

$$i_{37}^{6}=\frac{n_3^{6}}{n_7^{6}}=\frac{n_3-n_6}{n_7-n_6}=\frac{n_3-n_6}{-n_6}=\frac{z_7}{z_3}=\frac{147}{32} \tag{2}$$

(3) 齿轮 4、5、6 及系杆 3 为行星轮系,有

$$(i_{46}^{3})^{6}=\frac{n_4^6-n_3^6}{n_6^6-n_3^6}=\frac{(n_4-n_6)-(n_3-n_6)}{(n_6-n_6)-(n_3-n_6)}=-\frac{z_6}{z_4}=-\frac{97}{21} \tag{3}$$

$$(i_{56}^{3})^{6}=\frac{n_5^6-n_3^6}{n_6^6-n_3^6}=\frac{(n_5-n_6)-(n_3-n_6)}{(n_6-n_6)-(n_3-n_6)}=\frac{z_6}{z_5}=\frac{97}{38} \tag{4}$$

因 $n_2=n_4$, $n_1=1\ 000$ r/min,把上述各式简化,有

$$n_4-n_6=\frac{6}{17}(n_6-1\ 000) \tag{5}$$

$$n_3-n_6=-\frac{147}{32}n_6 \tag{6}$$

$$\frac{n_4-n_3}{n_3-n_6}=\frac{97}{21} \tag{7}$$

$$\frac{n_5-n_3}{n_3-n_6}=-\frac{97}{38} \tag{8}$$

将式(5)~(7)联立求解得:$n_6=13.489$ r/min, $n_3=-48.475$ r/min。将求得的结果代入式(8),求得 $n_5=109.698$ r/min。

由各轮之间的运动关系知

$$v_A=v_{O_2}+v_{AO_2}=v_{O_1}+v_{O_2O_1}+v_{AO_2}$$

式中 $$v_{O_1}=\omega_6 a_{O_1O}=\frac{\pi n_6}{30\times 1\ 000}\times\frac{m}{2}(z_1+z_2)=\frac{13.489\times\pi}{30\ 000}\times\frac{10}{2}\times(30+85)=0.812\ (\text{m/s})$$

$$v_{O_2O_1}=\omega_3 a_{O_1O_2}=\frac{\pi n_3}{30\times 1\ 000}\times\frac{m}{2}(z_4+z_5)=\frac{-48.475\times\pi}{30\ 000}\times\frac{10}{2}\times(21+38)=-1.498\ (\text{m/s})$$

$$v_{AO_2}=\omega_5\times\frac{400}{2}=\frac{\pi n_5}{30\times 1\ 000}\times 200=\frac{109.698\times\pi}{30\ 000}\times 200=2.298\ (\text{m/s})$$

故 $$v_A=v_{O_1}+v_{O_2O_1}+v_{AO_2}=0.812-1.498+2.298=1.612\ (\text{m/s})$$

5.4 思考题与习题

5.4.1 思考题

(1) 在定轴轮系中,如何来确定首、末两轮转向间的关系?

(2) 何谓周转轮系的“转化机构”?它在计算周转轮系传动比中起什么作用?

(3) 在差动轮系中,若已知两个基本构件的转向,如何确定第三个基本构件的转向?

(4) 周转轮系中两轮传动比的正负号与该周转轮系转化机构中两轮传动比的正负号相同吗?

(5) 计算复合轮系传动比的基本思路是什么?能否通过给整个轮系加上一个公共的角速度 $-\omega_H$ 的方法来计算整个轮系的传动比?为什么?

(6) 如何从复杂的复合轮系中划分各个基本轮系?

(7) 定轴轮系有哪些功能?设计定轴轮系时应考虑哪几方面的问题?

(8) 周转轮系有哪些功能?设计周转轮系时应考虑哪几方面的问题?

(9) 什么样的轮系可以进行运动的合成和分解?

(10) 周转轮系中各轮齿数的确定需要满足哪些条件?

(11) 在周转轮系中,i_{AB}^{H}和i_{AB}有何区别?它们的符号如何确定?ω_{A}^{H}的大小和方向与ω_{A}的大小和方向有何区别?

5.4.2　习题

【题5.1】　如图5.17所示轮系中,已知:$z_1=z_7=20$,$z_2=z_3=z_8=30$,$z_4=16$,$z_6=60$,$z_5=2$,$n_1=1\ 440$ r/min。试求n_8的大小和转向。

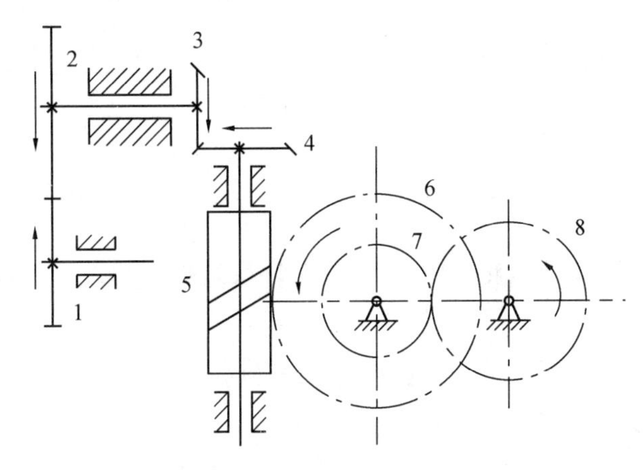

图5.17

【题5.2】　如图5.18所示的电动三爪卡盘传动轮系,已知各轮齿数为:$z_1=6$,$z_2=25$,$z_{2'}=25$,$z_3=57$,$z_4=56$。试求传动比i_{14}。

【题5.3】　如图5.19所示轮系中,已知各轮齿数为:$z_1=28$,$z_3=78$,$z_4=24$,$z_6=80$,$n_1=2\ 000$ r/min。当分别将轮3或轮6刹住时,试求系杆H的转速n_H。

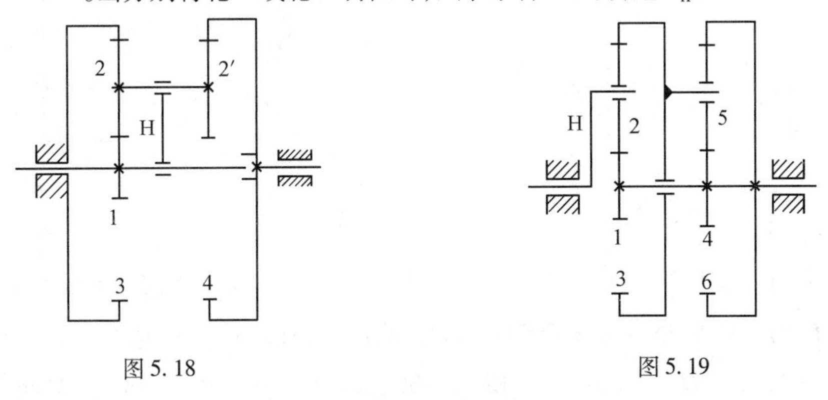

图5.18　　　　图5.19

【题 5.4】 如图 5.20 所示轮系中，$z_5=z_2=25$，$z_{2'}=20$，组成轮系的各齿轮模数相同。齿轮 1′和 3′轴线重合，且齿数相同。求轮系传动比 i_{54}。

【题 5.5】 如图 5.21 所示轮系，已知：$z_1=24$，$z_2=24$，$z_3=72$，$z_4=89$，$z_5=95$，$z_6=24$，$z_7=30$。试求 A 轴和 B 轴之间的传动比 i_{AB}的大小及转向。

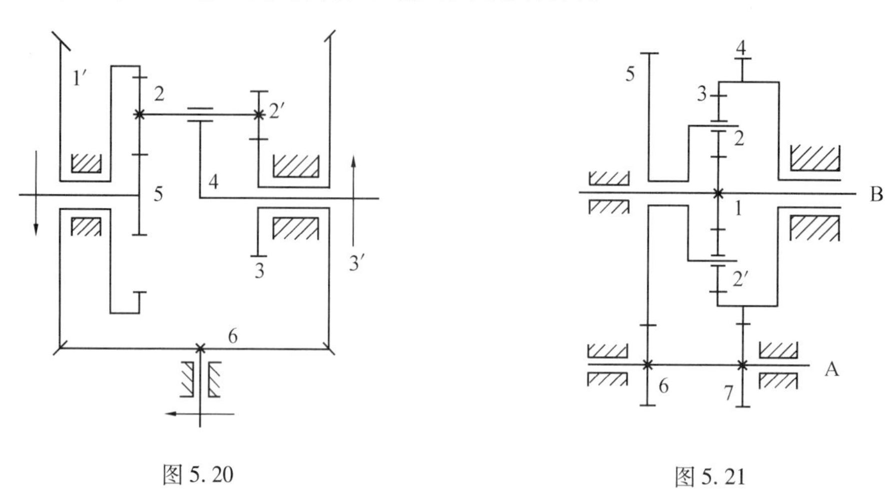

图 5.20　　　　图 5.21

【题 5.6】 图 5.22 所示轮系中，已知各轮齿数为：$z_1=20$，$z_2=56$，$z_{2'}=35$，$z_3=35$，$z_4=76$。试求传动比 i_{AB}。

【题 5.7】 图 5.23 所示封闭式复合轮系中，已知各轮齿数，试求此轮系的传动比 i_{43}。

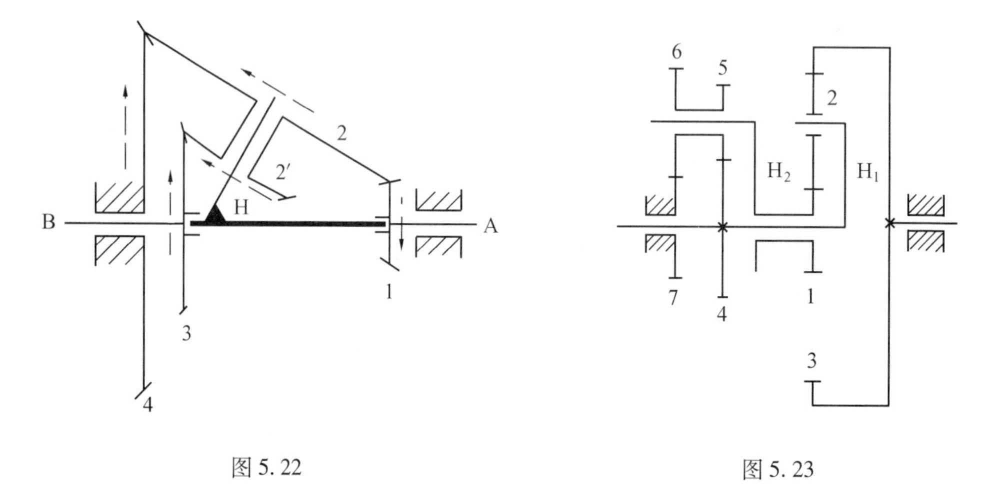

图 5.22　　　　图 5.23

【题 5.8】 图 5.24 所示封闭式复合轮系中，已知各轮齿数，试求此轮系的传动比 i_{15}。

【题 5.9】 图 5.25 所示复合轮系中，已知各轮齿数为：$z_1=20$，$z_2=20$，$z_{2'}=40$，$z_3=20$，$z_{3'}=40$，$z_4=20$，$z_5=60$，$z_6=30$，$z_{6'}=15$，$z_7=30$，$z_{7'}=30$，$z_8=15$，$z_9=60$，试求轮系的传动比 i_{1H}。

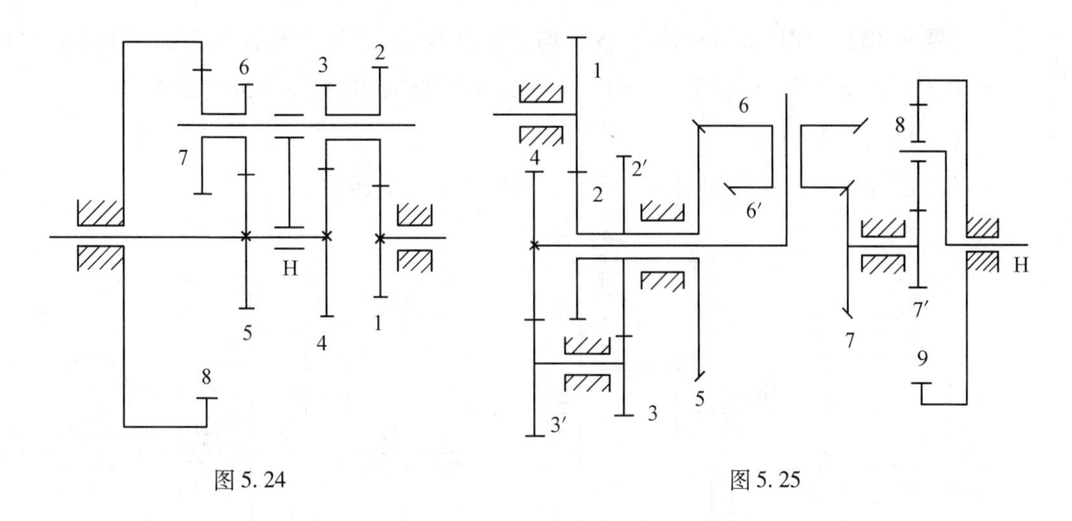

图5.24　　图5.25

【题5.10】　图5.26所示为双重行星轮系，已知各齿轮的齿数，求轮系传动比i_{1H}。

【题5.11】　如图5.27所示为龙门刨床工作台的变向机构。J、K皆为电磁制动器，它们可分别刹住构件2和构件3。设已知齿轮1、2、3、3′、4、5的齿数分别为z_1、z_2、z_3、$z_{3'}$、z_4、z_5。要求：(1)求当分别刹住构件2和构件3时的传动比i_{1H2}；(2)根据(1)的传动比结果分析得出刹住构件2和刹住构件3时该机构是处于何种行程状态？

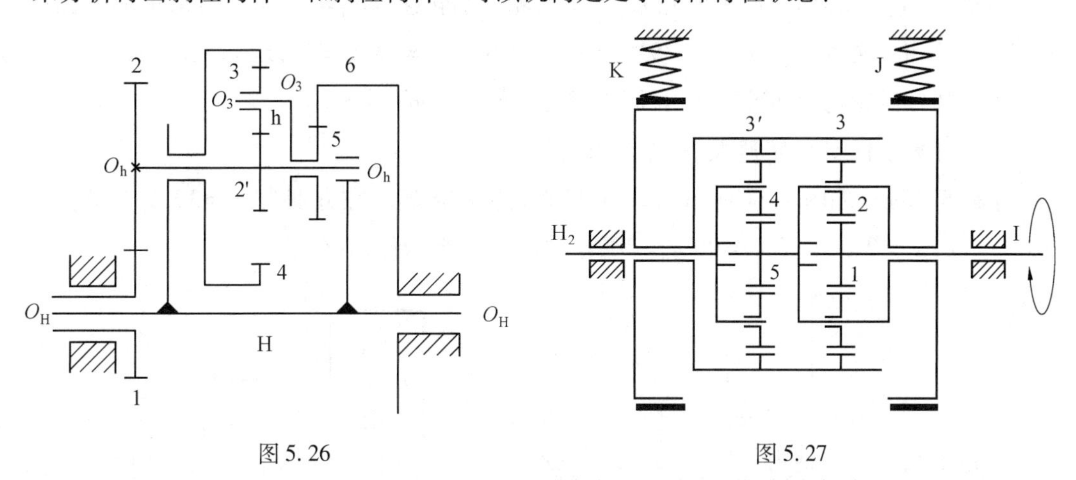

图5.26　　图5.27

【题5.12】　如图5.28所示为一小型起重机起升机构，一般工作情况下单头蜗杆5不运转，动力由电动机M输入，带动卷筒N转动。当电动机M发生故障或慢速吊重时，电动机M停转并刹住，动力由蜗杆5输入。已知：$z_1=53$，$z_{1'}=44$，$z_2=48$，$z_{2'}=53$，$z_3=58$，$z_{3'}=44$，$z_4=87$。请求出：

(1)该轮系在一般工作情况下的传动比i_{H4}及其转向关系。

(2)若蜗杆5为左旋，且顺时针方向旋转，求轮系慢速吊重时的传动比i_{54}，并指明卷筒的转向。

【题 5.13】 如图 5.29 所示,各轮均为标准齿轮,已知各轮齿数为:$z_1=18$,$z_{1'}=80$,$z_2=20$,$z_3=36$,$z_{3'}=24$,$z_4=70$,$z_{4'}=80$,$z_5=50$,$z_6=2$(旋向如图),$z_7=58$。试求:

(1)传动比 i_{17}。

(2)已知轮 1 的转向如图 5.29 所示,请标出轮 7 的转向。

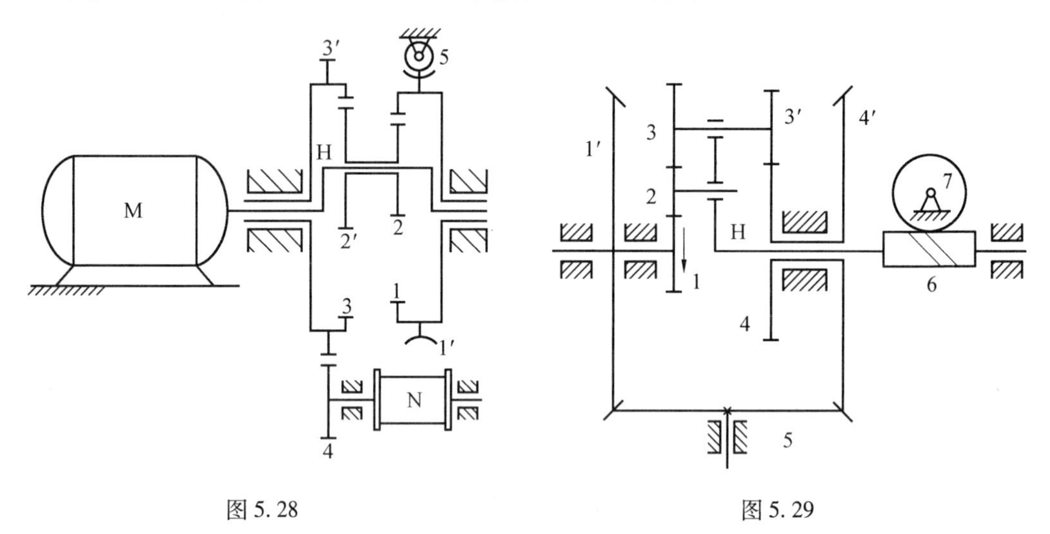

图 5.28　　　　图 5.29

【题 5.14】 如图 5.30 所示轮系,已知齿轮 1 的转速为 $n_1=1\ 500$ r/min,方向如图箭头所示。各轮齿数为:$z_1=18$,$z_3=39$,$z_{3'}=18$,$z_4=109$,$z_{4'}=33$,$z_5=22$,$z_{5'}=15$,$z_6=30$。

(1)如各齿轮均为标准齿轮,且同类型齿轮模数相同,求 z_2。

(2)计算系杆 H 的转速大小,并指明其转向。

【题 5.15】 如图 5.31 所示轮系中,已知各标准齿轮齿数分别为:$z_1=30$,$z_{1'}=35$,$z_2=18$,$z_3=71$,$z_{3'}=78$,$z_4=30$,$z_5=90$,$z_6=30$,$z_7=18$,求轮系的传动比 i_{1H}。

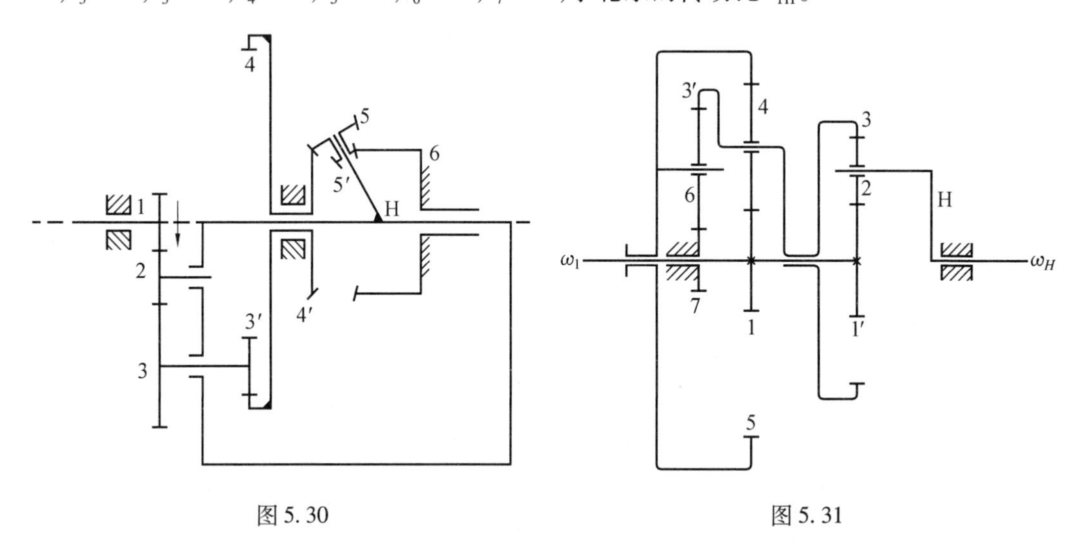

图 5.30　　　　图 5.31

【题5.16】 在如图5.32所示轮系中,已知各轮齿数为:$z_1=100$,$z_2=20$,$z_3=20$,$z_5=150$,$z_6=20$,$z_7=120$,$z_8=20$,$z_9=40$,$z_{10}=30$,$z_{11}=40$。各轮模数都相等,且均为标准直齿圆柱齿轮。试求轴A与轴B间的传动比$i_{AB}=n_A/n_B$。

【题5.17】 在如图5.33所示轮系中,各齿轮齿数为:$z_1=z_2=40$,$z_3=z_4=z_5=20$,$z_6=52$,$z_7=22$,$z_8=20$,$z_9=50$。各轮模数都相等,且均为标准直齿圆柱齿轮。试求传动比i_{1H}。

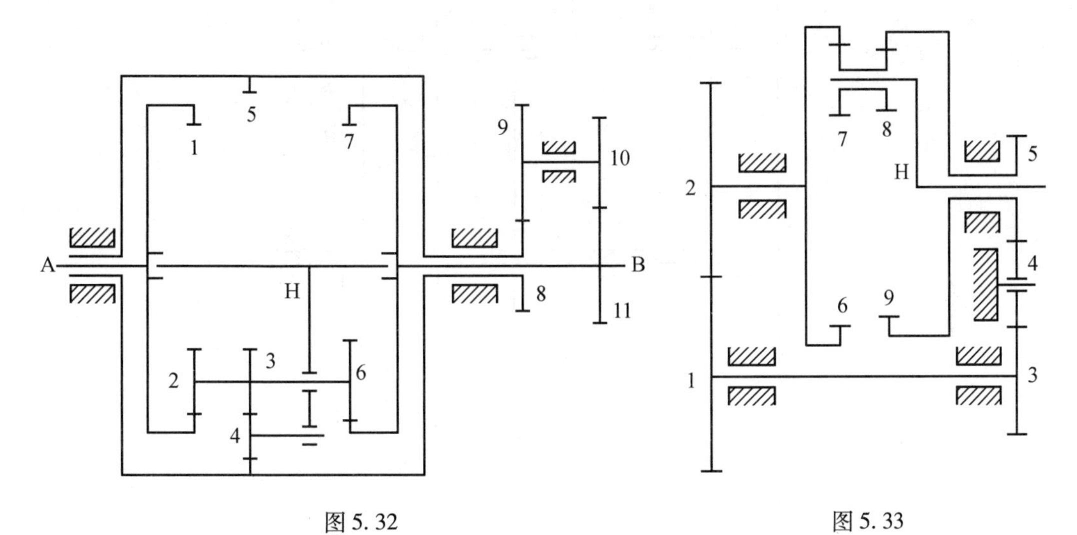

图5.32　　图5.33

【题5.18】 图示轮系,已知各轮齿数分别为:$z_1=20$,$z_2=40$,$z_3=35$,$z_4=20$,$z_5=75$,$z_{3'}=30$,$z_6=30$,$z_7=90$,$z_{5'}=80$,$z_8=30$,$z_9=20$,$z_{3''}=1$(蜗杆),$z_{10}=50$(蜗轮);齿轮1的转速为$n_1=100$ r/min,转向如图5.34所示,求蜗轮10的转速大小n_{10}及转动方向。

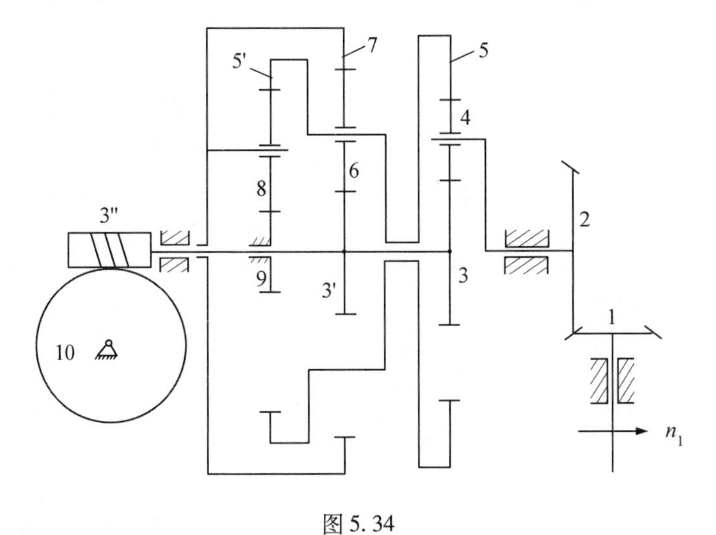

图5.34

【题 5.19】 如图 5.35 所示,各轮均为标准齿轮,已知各轮齿数为 $z_1=z_2=44$,$z_{2'}=24$,$z_3=64$,$z_4=24$,$z_{4'}=64$,$z_5=20$,$z_6=20$,$z_7=120$。求传动比 i_{1H}。

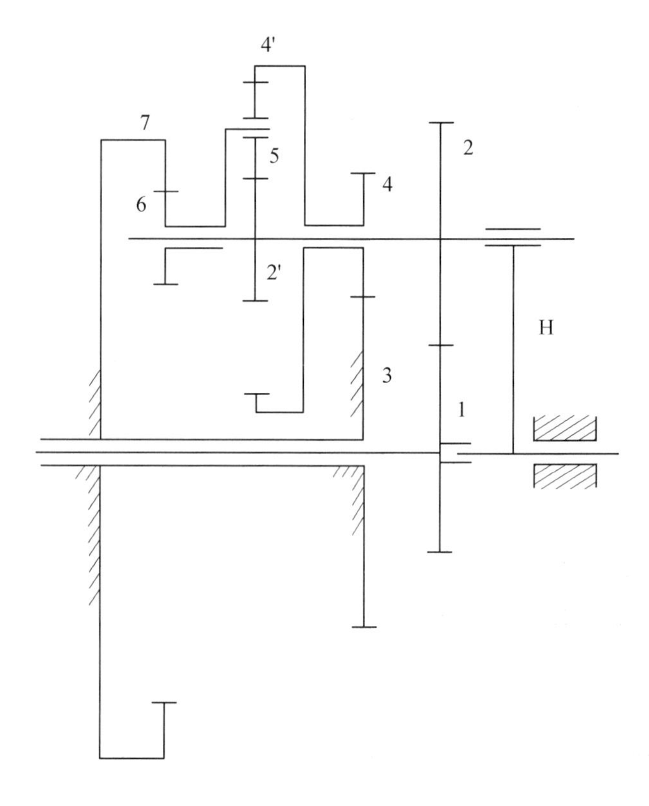

图 5.35

第6章　其他常用机构

6.1　基本要求

（1）掌握棘轮机构的工作原理、类型、特点和应用。

（2）掌握槽轮机构的组成、工作原理、类型和应用。

（3）掌握槽轮机构的运动系数、运动特性及槽轮机构几何尺寸的计算。

（4）掌握单万向联轴节的结构和运动特性；掌握双万向联轴节的结构和运动特性；万向联轴节的应用。

（5）了解不完全齿轮机构、螺旋机构、凸轮式间歇运动机构、非圆齿轮机构的工作原理及运动特点。

6.2　内容提要

6.2.1　本章重点

本章重点是棘轮机构、槽轮机构和万向铰链机构的组成、运动特点及其运动设计的要点。

1. 棘轮机构

齿式外啮合棘轮机构由摇杆、棘爪、棘轮、止动爪和机架组成，可将主动摇杆连续往复摆动变换为从动棘轮的单向间歇转动。其棘轮轴的动程可以在较大范围内调节，且具有结构简单、加工方便、运动可靠等特点；但冲击、噪声大，且运动精度低。

了解其他形式的齿式棘轮机构和摩擦式棘轮机构的工作原理和运动特点。

（1）棘轮转角的调节方法。常用棘轮转角的调节方法有：

① 改变摆杆摆角。

② 利用棘轮罩遮盖部分棘齿。

（2）棘轮机构的设计要点。

① 棘轮齿轮 z 和棘爪数目 j 的确定。棘轮齿数 z 由棘轮的最小转角 φ_{min} 来确定，即 $z \geqslant 2\pi/\varphi_{min}$，最常用的棘爪数目 $j=1$，但当棘爪摆杆的摆角小于棘轮的齿距角 $360°/z$ 时，必须采用多棘爪的棘轮机构，一般取 $j=1\sim3$。

② 棘轮的模数 m 和齿距 p 的确定：即 $m=d_a/z, p=\pi m$，其中 d_a 为棘轮的齿顶圆直径。

③ 棘轮齿面倾斜角 α 的确定：棘轮齿面倾斜角 α 为齿面与轮齿尖向径的夹角。为了使棘爪能顺利地进入棘轮齿间，则要求齿面总作用力 R 对棘爪轴心的力矩方向应迫使棘

爪进入棘轮齿底,即应满足条件:$\alpha>\varphi$,其中 φ 为摩擦角。

④ 棘轮齿形的选择:棘轮的齿形有双向作用的齿形和单向作用的齿形两种。双向作用的齿形一般都制成矩形,相应棘爪制成可翻转的或可提升并可转 180°的。而单向作用的齿形通常都用锐角齿形,其齿形角一般根据铣刀角度决定,常用 60°或 55°,相应棘爪可制成钩头或直的。

2. 槽轮机构

槽轮机构由主动拨盘、从动槽轮和机架组成。可将主动拨盘的连续转动变换为槽轮的间歇转动,并具有结构简单、尺寸小、机械效率高、能较平稳地间歇转位等特点。

(1) 槽轮机构的运动系数。在单销外槽轮机构中,当主动拨盘回转一周时,从动槽轮运动时间 t_d 与主动拨盘转一周的总时间 t 之比,称为槽轮机的运动系数,且用 k 表示,即

$$k=\frac{t_d}{t}=\frac{1}{2}-\frac{1}{z}$$

式中 z——槽轮的槽数。

如果在拨盘 1 上均匀分布有 n 个圆销,则该槽轮机构的运动系数为

$$k=n\left(\frac{1}{2}-\frac{1}{z}\right)$$

运动系数 k 必须大于 0 且小于 1。

(2) 外槽轮机构的运动特性。主动拨盘以等速度 ω_1 转动。当主动拨盘处在 φ_1 位置角时,从动槽轮所处的位置角 φ_2、角速度 ω_2 和角加速度 α_2 分别为

$$\varphi_2=\arctan[\lambda\sin\varphi_1/(1+\lambda\cos\varphi_1)]$$

$$\omega_2=\omega_1\lambda(\cos\varphi_1+\lambda)/(1+2\lambda\cos\varphi_1+\lambda^2)$$

$$\alpha_2=\omega_1^2\lambda(\lambda^2-1)\sin\varphi_1/(1+2\lambda\cos\varphi_1+\lambda^2)^2$$

式中
$$\lambda=R/a=\sin(\pi/z)$$

当拨盘的角速度 ω_1 一定时,槽轮的角速度及角加速度的变化取决于槽轮的槽数 z,且随槽数 z 的增多而减少。此外,圆销在啮入和啮出时,有柔性冲击,其冲击将随 z 减少而增大。

(3) 槽轮机构的设计要点。

① 槽轮槽数的选择。由式 $k=\frac{1}{2}-\frac{1}{z}$ 可知,槽轮槽数 z 越多,k 越大,即槽轮传动的时间增加,停歇的时间缩短。因 $k>0$,故槽数 $z\geqslant3$,但当 $z>12$ 时,k 值变化不大,故很少使用 $z>12$ 的槽轮。因此,一般取 $z=3\sim12$,而常用槽数为 3、4、6、8。

一般情况下,槽轮停歇时间为机器的工作行程时间;槽轮传动的时间则是空行程时间。为了提高生产率,要求机器的空行程时间尽量短,即 k 值要小,也就是槽数要少。由于 z 越少,槽轮机构运动和动力性能越差,故一般在设计槽轮机构时,应根据工作要求、受力情况、生产率等因素综合考虑,合理选择 k,再来确定槽数 z,一般多取 $z=4$ 或 6。

② 圆销数目的确定。单销外啮合槽轮机构的 k 值总是小于 0.5,即槽轮的运动时间总是小于其停歇时间。如果要求 $k>0.5$ 的间歇运动时,可以采用多销外啮合槽轮机构,其销数 n 应满足式

$$n<2z(z-2)$$

当 $z=3$ 时，$n=1\sim5$；当 $z=4$、5 时，$n=1\sim3$；当 $z\geqslant6$ 时，$n=1\sim2$。

至于槽轮机构的中心距 L 和圆销半径 r 应按受力情况和实际机械所允许的空间安装尺寸来确定。

3. 万向铰链机构

(1) 单万向铰链机构。单万向铰链机构由主动轴 1、从动轴 2、中间十字构件和机架组成，可用于轴夹角可变的两轴之间运动及动力的传递。

当两轴夹角为 α 时，若主动轴 1 以等角速度 ω_1 回转，则从动轴 2 的角速度 ω_2 将在一定范围内变化，即

$$\omega_1\cos\alpha\leqslant\omega_2\leqslant\omega_1/\cos\alpha$$

且变化幅度与两轴夹角 α 的大小有关。α 越大，ω_2 的变化幅度越大，故一般取 $\alpha\leqslant30°$。

(2) 双万向铰链机构。为了消除单万向铰链机构中从动轴变速转动的缺点，常采用由两个单万向铰链机构形成的双万向铰链机构。为了实现主、从动轴的角速度恒相等，其结构必须满足的条件为：

① 主动轴 1、从动轴 3 和中间轴 2 必须位于同一平面内。

② 主动轴 1、从动轴 3 与中间轴 2 的轴线之间的夹角相等。

③ 中间轴两端的叉平面应位于同一平面内。

6.2.2　本章难点

本章的难点是单万向铰链机构的运动分析，也就是主动轴和从动轴角速度关系公式的推导；组合机构的工作原理和运动特点。

6.3　例题精选与答题技巧

【例 6.1】 某自动机床有上一棘轮机构，棘爪往复摆动一次，使棘轮转过 18°，于是工件由一个工位转入另一个工位，已知棘轮的模数 $m=8$ mm，试计算该棘轮机构的主要几何尺寸。

解题要点：

棘轮机构基本几何尺寸的计算。

【解】 (1) 齿数 z。棘轮每次至少转过一个齿又必须转过 18°(一个工位)，故棘轮的最小齿数为

$$z_{\min}=\frac{360°}{18°}=20$$

棘轮每次转过的角度应该等于每个齿所对中心角的整数倍，即

$$18°=\frac{360°}{z}K\qquad K=1,2,3,\cdots$$

或

$$z=\frac{360°}{18°}K=20\ K$$

齿数 z 的选择除满足运动要求外,尚需考虑轮齿强度、转位精度、总体结构所允许的尺寸等因素。这里取 $K=2$,故选棘轮的齿数为

$$z=20K=20\times2=40$$

(2) 顶圆直径 d_a。$d_a=mz=8\ \text{mm}\times40=320\ \text{mm}$。

(3) 周节 t(弧长)。$t=\pi m$。

(4) 齿高 h。取 $h=0.75m=0.75\times8\ \text{mm}=6\ \text{mm}$。

(5) 齿顶弦长 a。取 $a=m=8\ \text{mm}$。

(6) 齿面倾斜角 φ。取 $\varphi=15°$。

(7) 齿根圆角半径 r_f。取 $r_f=1.5\ \text{mm}$。

(8) 轮齿宽度 b。$b=(1\sim4)m$,取 $b=16\ \text{mm}$。

(9) 工作面边长 h_1。取 $h_1=8\ \text{mm}$。

(10) 非工作面边长 a_1。取 $a_1=4\ \text{mm}$。

(11) 爪尖圆角半径 r_1。$r_1=2\ \text{mm}$。

(12) 齿形角 ψ_1。$\psi_1=60°$。

(13) 棘爪长度 l。$l=2p=2\times25.13\ \text{mm}=50.26\ \text{mm}$。

(14) 齿槽夹角 ψ。选 $\psi=60°$。

【例 6.2】 某装配自动线上有一工作台,工作台要求有六个工位,每个工位在工作台静止时间 $t_j=10\ \text{s}$ 内完成装配工序。当采用外槽轮机构时,试求:

(1) 该槽轮机构的运动系数 τ。

(2) 装圆柱销的主动构件(拨盘)的转动角速度 ω。

(3) 槽轮的转位时间 t_d。

解题要点:

明确槽轮机构运动系数的定义和计算方法;了解槽轮机构的运动过程。

【解】 因为工作台要求有六个工位,所以槽轮的槽数为 6,即 $z=6$。

(1) 槽轮机构的运动系数 τ。设一个运动循环的时间为 t,由槽轮机构运动系数的计算公式得

$$\tau=t_d/t=(t-t_j)/t=1/2-1/z=1/2-1/6=1/3$$

(2) 主动构件的转动角速度 ω。由上式得

$$t_j=t(1-1/2+1/z)=(2\pi/\omega)(1/2+1/z)$$

$$\omega=(2\pi/t_j)(1/2+1/z)=(2\pi/10\ \text{s})(1/2+1/6)=0.419\ \text{rad/s}$$

(3) 槽轮转位时间。

$$t_d=t-t_j=2\pi/\omega-t_j=2\pi/0.419\ \text{rad/s}-10\ \text{s}=5\ \text{s}$$

【例 6.3】 在单万向铰链机构中,主动轴 1 以 $n_1=1\ 000\ \text{r/min}$ 转动,从动轴 3 做匀速运动,其最低转速 $n_{3\min}=766\ \text{r/min}$。试求:

(1) 主动轴与从动轴的夹角 α,从动轴 3 的最高转速 $n_{3\max}$。

(2) 在轴 1 转动一转过程中,φ_1 角为何值时,两轴转速相等。

(3) 从动轴的速度波动不均匀系数 δ。

解题要点:

明确单万向铰链机构角速度之间的关系。

【解】 (1) 因为
$$n_3=\frac{\cos\alpha}{1-\sin^2\alpha\cos^2\varphi_1}n_1$$

当 $\varphi_1=90°$,即轴 1 的叉平面位于 1、3 两轴所在的垂直面内时,n_3 最小,有
$$n_{3\max}=n_1\cos\alpha$$

则
$$\alpha=\arccos(n_{3\min}/n_1)=\arccos(766\ \mathrm{r\cdot min^{-1}}/1\ 000\ \mathrm{r\cdot min^{-1}})=40°$$

当 $\varphi_1=0°$时,即轴 1 的叉平面位于 1、3 两轴所在平面内,n_3 最大,有
$$n_{3\max}=n_1/\cos\alpha=1\ 000\ \mathrm{r\cdot min^{-1}}/\cos 40°=1\ 305.4\ (\mathrm{r/min})$$

(2) 当 $n_1=n_3$ 时,即
$$\frac{\cos\alpha}{1-\sin^2\alpha\cos^2\varphi_1}=1$$

解得
$$\cos^2\varphi_1=\frac{1-\cos\alpha}{\sin^2\alpha}=\frac{1-\cos\alpha}{1-\cos^2\alpha}=\frac{1}{1+\cos\alpha}$$
$$\varphi_1=\arccos\left(\pm\sqrt{\frac{1}{1+\cos\alpha}}\right)=\arccos\left(\pm\sqrt{\frac{1}{1+\cos 40°}}\right)$$

当 $\varphi_1=42.941\ 4°$、$137.058\ 6°$、$222.941\ 4°$、$317.058\ 6°$时,两轴转速相等。

(3) 从动轴的速度波动不均系数。
$$\delta=\frac{n_{3\max}-n_{3\min}}{n_{3\mathrm{m}}}=\frac{n_1/\cos\alpha-n_1\cos\alpha}{n_1}=1/\cos 40°-\cos 40°=0.539\ 5$$

6.4　思考题与习题

6.4.1　思考题

(1) 棘轮机构的有几种类型？它们分别有什么特点？适用于什么场合？

(2) 棘轮机构的动程和动停比的调节方法有哪几种？

(3) 内槽轮机构和外槽轮机构相比有何优点？

(4) 槽轮机构的运动系数如何确定？运动系数 τ 为什么大于 0 且小于 1？

(5) 槽轮机构的槽数 z 和圆销数 n 的关系如何？

(6) 单万向联轴节和双万向联轴节的结构、运动特性和应用场合有何异同？

(7) 不完全齿轮机构和普通圆柱齿轮机构的啮合过程有何异同？

6.4.2　习题

【题 6.1】 设计一外啮合棘轮机构,已知棘轮的模数 $m=10$ mm,棘轮的最小转角 $\theta_{\min}=12°$,试求:

(1) 棘轮的 z、d_a、d_f、p。

(2) 棘爪的长度 L。

【题 6.2】 某自动机床工作台要求有六个工位,转台停歇时进行工艺动作,其中最长的工作时间为 30 s,拟采用外槽轮机构实现转位动作,试求:

(1) 试确定该槽轮机构的类型、槽数和圆销数。

(2) 槽轮机构的运动系数 τ。

(3) 主动拨盘的转速 n_1。

【题 6.3】 在单万向节中,已知主动轴 1 为等角速度回转,当两轴夹角 $\alpha=35°$,且瞬时传动比为 1.16 时,试求两轴转角 φ_1、φ_2。

第7章　机械的运转及其速度波动的调节

7.1　基本要求

（1）掌握机械的运转有哪三个阶段？机械系统的功、能量和原动件运动速度的特点。掌握确定作用在机械上的驱动力和生产阻力的方法。了解作用在机械上的外力和某些运动参数之间的关系。

（2）掌握建立单自由度机械系统的等效力学模型的基本思路及建立运动方程式的方法。掌握确定机械系统的等效质量、等效转动惯量、等效力、等效力矩的方法。

（3）掌握当等效力矩和等效转动惯量均是机构位置函数时，求解机械系统的真实运动规律。

（4）掌握机械的周期性速度波动的原因及飞轮调节周期性速度波动的基本原理。

（5）掌握机械周期性速度波动的平均角速度、速度不均匀系数和最大盈亏功的基本概念。掌握计算最大盈亏功的方法。

（6）掌握飞轮的转动惯量的计算方法及飞轮几何尺寸确定的方法。

（7）了解机械的非周期性速度波动的调节。

7.2　内容提要

7.2.1　本章重点

本章的重点是机械系统等效动力学模型的建立及其求解；机械运动速度波动及其调节方法。

1. 机械运转过程及其特征

一般机械运转过程都要经历启动、稳定运转、停车三个阶段。在启动阶段，驱动功大于阻抗功，机械的速度逐渐增加。机械的工作过程一般在稳定运转阶段，在该阶段，原动件的平均角速度保持稳定，但因每个瞬时的驱动功与阻抗功不相等，机械的速度会发生波动。在一个运动周期的始末，机械的速度却是相等的，其角速度在平均角速度上下波动。在停车阶段，一般已撤去驱动力，机械系统在阻抗力作用下，速度逐渐降低，最后停止。

2. 机械系统动力学模型的建立及求解

（1）机械系统等效动力学模型。为了简化机械系统的求解过程，取一个转动构件或移动构件，假想它具有等效转动惯量或等效质量，其上作用有等效力矩或等效力，这个构件称为等效构件。对于单自由度机械系统，以等效构件建立的动力学模型称为等效动力学模型。等效原则是等效构件所具有的动能等于原机械系统的动能,其上作用的力或力矩的瞬时功率等于作用在原机械系统上的所有外力(力矩)在同一瞬时功率的代数和。该等效构件的转动惯量(质量)称为等效转动惯量(等效质量);作用在此等效构件上的力矩(力)称为等效力矩(等效力)。

如果取转动构件为等效构件,等效转动惯量按下式计算:

$$J = \sum_{i=1}^{n} m_i\left(\frac{v_{ci}}{\omega}\right)^2 + \sum_{i=1}^{n} J_{ci}\left(\frac{\omega_i}{\omega}\right)^2 \tag{7.1}$$

等效力矩按下式计算:

$$M = \sum_{i=1}^{n} P_i \cos \alpha_i\left(\frac{v_{ci}}{\omega}\right) + \sum_{i=1}^{n}\left[\pm M_i\left(\frac{\omega_i}{\omega}\right)\right] \tag{7.2}$$

如果取移动构件为等效构件,等效质量按下式计算:

$$m = \sum_{i=1}^{n} m_i\left(\frac{v_{ci}}{v}\right)^2 + \sum_{i=1}^{n} J_{ci}\left(\frac{\omega_i}{v}\right)^2 \tag{7.3}$$

等效力按下式计算:

$$M = \sum_{i=1}^{n} P_i \cos \alpha_i\left(\frac{v_{ci}}{v}\right) + \sum_{i=1}^{n}\left[\pm M_i\left(\frac{\omega_i}{v}\right)\right] \tag{7.4}$$

(2) 机械运动方程式的求解。建立等效动力学模型后,机械系统的运动方程式简化为

$$\mathrm{d}(J_\mathrm{e}\omega^2/2) = M_\mathrm{e}\omega\,\mathrm{d}t = M_\mathrm{e}\mathrm{d}\varphi \tag{7.5}$$

对上式进行推演,可得力矩形式的机械运动方程式:

$$J_\mathrm{e}\frac{\mathrm{d}\omega}{\mathrm{d}t} + \frac{\omega^2}{2}\frac{\mathrm{d}J_\mathrm{e}}{\mathrm{d}\varphi} = M_\mathrm{e} \tag{7.6}$$

动能形式的机械运动方程式:

$$\frac{1}{2}J_\mathrm{e}\omega^2 - \frac{1}{2}J_{\mathrm{e}0}\omega_0^2 = \int_{\varphi_0}^{\varphi} M_\mathrm{e}\mathrm{d}\varphi \tag{7.7}$$

对于不同的机械系统,等效转动惯量是机构位置的函数(或常数),而等效力矩可能是位置、速度或时间的函数。求解时,可视具体情况,利用式(7.5)、(7.6)或式(7.7)来进行求解。

若等效力矩 M_e 为常数,等效转动惯量 J_e 为常数,则由式(7.6)得

$$\varepsilon = \frac{\mathrm{d}\omega}{\mathrm{d}t} = M_\mathrm{e}/J_\mathrm{e} \tag{7.8}$$

如果已知初始条件为当 $t=t_0$ 时,$\varphi=\varphi_0$,$\omega=\omega_0$,则得

$$\omega = \omega_0 + \varepsilon t \tag{7.9}$$

$$\varphi = \varphi_0 + \omega_0 t + \frac{1}{2}\varepsilon t^2 \tag{7.10}$$

3. 机械运转的速度波动及其调节方法

(1) 机械运转的速度波动的原因。作用在机械上的驱动力(力矩)和阻抗力(力矩)通常是变化的,在某一瞬时,其所做的驱动功与阻抗功一般是不相等的,即出现盈功或亏功,从而使机械的速度增加或减小,产生速度的波动。

若等效力矩 M_{ed}、M_{er}的变化是周期性的,在 M_{ed}、M_{er}和等效转动惯量 J_e 变化的公共周期内,驱动功等于阻抗功,机械动能增量为零,则等效构件的角速度在公共周期的始末是相等的,机械运转的速度波动将呈现周期性。

若等效力矩 M_{ed}、M_{er}的变化是非周期性的,则机械运转的速度波动将呈现非周期性。

(2) 机械运转的速度波动的调节。对于周期性速度波动,在等效力矩一定的情况下,加大等效构件的转动惯量,将会使等效构件的角加速度 ε 减小,可以使机构的运转趋于均匀。因此,对于周期性速度波动,可以通过安装具有很大转动惯量的回转构件——飞轮来调节。

对于非周期性速度波动,其调节就是设法使驱动力矩 M_{ed}和阻力矩 M_{er}恢复平衡关系。对于选用电动机作为原动机的机械,其本身有自调性,即本身就可以使驱动力矩和工作阻力矩协调一致,能自动地重新建立能量平衡关系。而对于蒸汽机、内燃机等为原动机的机械,其调节非周期性速度波动的方法是安装调速器。

(3) 飞轮转动惯量的计算。机械周期性速度波动的程度可用机械运转速度不均匀系数 δ 来表示,其定义为,角速度波动的幅度 $\omega_{max}-\omega_{min}$ 与平均角速度 ω_m 之比,即:$\delta=(\omega_{max}-\omega_{min})/\omega_m$,其中 ω_m 为平均角速度,且 $\omega_m=(\omega_{max}+\omega_{min})/2$。

设计时,应使 δ 小于其允许值,即 $\delta\leqslant[\delta]$。为此所需的飞轮转动惯量为

$$J_F\geqslant\Delta W_{max}/\omega_m^2[\delta]-J_e \tag{7.11}$$

若 J_e 远小于 J_F,J_e 可忽略不计,则有

$$J_F\geqslant\Delta W_{max}/\omega_m^2[\delta]=900\Delta W_{max}/(\pi^2n^2[\delta]) \tag{7.12}$$

式中　ΔW_{max}——最大盈亏功,$\Delta W_{max}=E_{max}-E_{min}$;

　　n——额定转速(r/min)。

7.2.2　本章难点

本章难点如下:

(1) 等效转动惯量、等效力矩、等效质量和等效力的概念及求解方法。

(2) 最大盈亏功 ΔW_{max}的概念和求解方法。最大盈亏功 ΔW_{max}是指机械系统在一个运动循环中动能变化的最大差值,其大小不一定等于系统盈功或亏功的最大值,应根据能量指示图来确定。

7.3　例题精选与答题技巧

【例7.1】　如图7.1所示为曲柄滑块机构组成的振动机构。滑块的质量为2 kg,$AB=0.3$ m,$BC=0.9$ m,$e=0.15$ m。若以曲柄为等效构件,试求载荷 Q 的等效力矩。

解题要点:

机构运动分析及等效力矩的求法。

【解】　设曲柄为 $r=AB=0.3$ m,连杆为 $L=BC=0.9$ m,曲柄的转角为 φ,偏距 $e=0.15$ m,滑块的载荷 $Q=mg=2\text{ kg}\times10\text{ N/kg}=20\text{ N}$。

由图7.1可以写出滑块 C 的位移方程式:

$$s=r\cos\varphi+\sqrt{L^2-e^2-r^2\sin^2\varphi-2er\sin\varphi}$$

将上式对时间求导一次，可得滑块 C 的速度方程式为

$$v=\frac{\mathrm{d}s}{\mathrm{d}t}=-r\omega_1\left[\sin\varphi+\frac{r\sin 2\varphi+2e\cos\varphi}{2\sqrt{L^2-e^2-r^2\sin^2\varphi-2er\sin\varphi}}\right]$$

因而
$$\frac{v}{\omega_1}=-r\left[\sin\varphi+\frac{r\sin 2\varphi+2e\cos\varphi}{2\sqrt{L^2-e^2-r^2\sin^2\varphi-2er\sin\varphi}}\right]$$

所以作用于等效构件上的等效力矩为

$$M_e=Q\frac{v}{\omega_1}=-Qr\left[\sin\varphi+\frac{r\sin 2\varphi+2e\cos\varphi}{2\sqrt{L^2-e^2-r^2\sin^2\varphi-2er\sin\varphi}}\right]$$

将载荷 Q、曲柄长 r、连杆长 L 及偏距 e 的具体数值代入上式，则等效力矩为

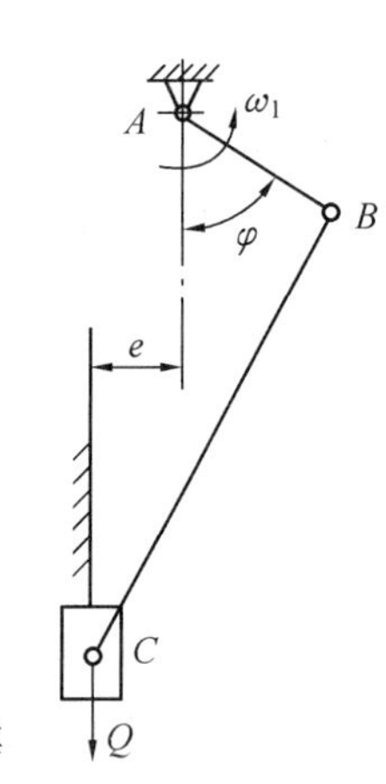

图 7.1

$$M_e=-6\left[\sin\varphi+\frac{r\sin 2\varphi+2\cos\varphi}{2\sqrt{8.75-\sin^2\varphi-\sin\varphi}}\right]$$

【例 7.2】 如图 7.2 所示的六杆机构中，已知滑块 5 的质量 $m=20$ kg，$L_{AB}=L_{DE}=100$ mm，$L_{BC}=L_{CD}=L_{EF}=200$ mm，$\varphi_1=\varphi_2=\varphi_3=90°$，作用在滑块 5 上的力 $P=500$ N。当曲柄 AB 为等效构件时，求轮系在图示位置时的等效转动惯量和力 $\boldsymbol{P}$ 的等效力矩。

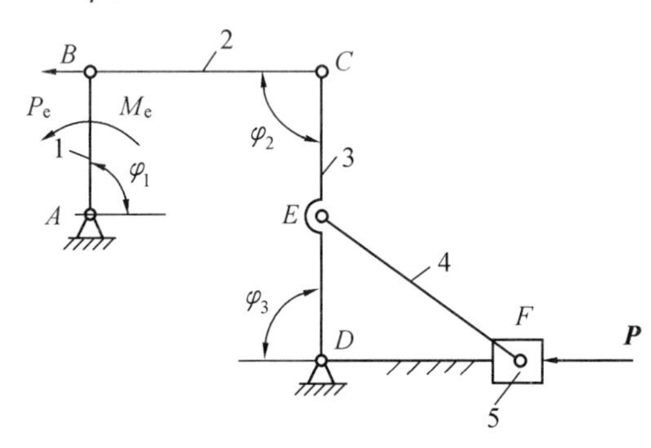

图 7.2

解题要点：

熟悉等效构件的等效动力学模型及等效原则。即等效构件所具有的动能等于原机械系统的动能，其上作用的力或力矩的瞬时功率等于作用在原机械系统上的所有外力或力矩在同一瞬时功率的代数和。

【解】 由速度分析可知

$$v_F=v_E,\quad v_B=v_C=v_E\frac{L_{CD}}{L_{DE}}=2v_E=2v_F$$

设 P 等效到点 B 的等效力为 P_e，进行力的转化时，瞬时功率应保持不变，即

$$P_e v_B=Pv_F$$

$$P_e=P\frac{v_F}{v_B}=\frac{P}{2}=\frac{500}{2}=250\ (\mathrm{N})$$

滑块质量 m 等效到曲柄 AB 上的等效质量为 m_e，因转化时应保持动能不变，即

$$\frac{1}{2}m_e v_B^2=\frac{1}{2}mv_F^2$$

$$m_e=m\left(\frac{v_F}{v_B}\right)^2=\frac{m}{4}=\frac{20}{4}=5\ (\mathrm{kg})$$

于是，滑块质量 m 等效到曲柄 AB 上的等效转动惯量 J_e 为

$$J_e = m_e L_{AB}^2 = 5\times0.1^2 = 0.05\ (\mathrm{kg\cdot m^2})$$

【例 7.3】　如图 7.3 所示的轮系中，已知各轮齿数 $z_1 = z_{2'} = 20$、$z_2 = z_3 = 40$，作用在轴 O_3 上的阻力矩 $M_3 = 40\ \mathrm{N\cdot m}$，$J_1 = J_{2'} = 0.01\ \mathrm{kg\cdot m^2}$，$J_2 = J_3 = 0.04\ \mathrm{kg\cdot m^2}$。当取齿轮 1 为等效构件时，试求轮系的等效转动惯量和阻力矩 M_3 的等效力矩。

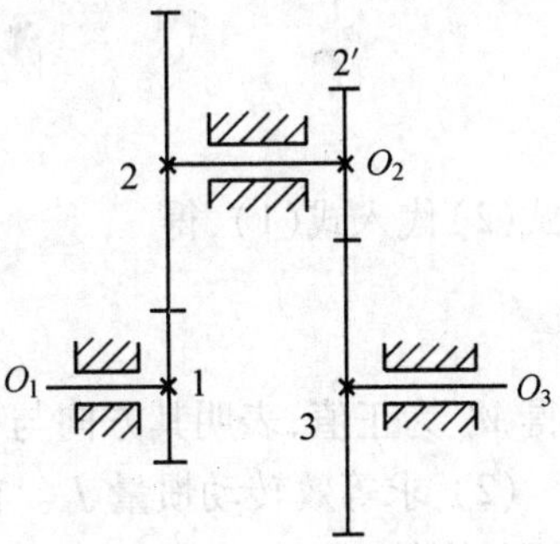

图 7.3

解题要点：

等效转动惯量和等效力矩的概念和求解方法。

【解】　设齿轮 1、2、2′的角速度分别为 ω_1、ω_2、ω_3，该轮系等效到齿轮 1 的等效转动惯量为 J_e，即

$$\frac{1}{2}J_e\omega_1^2 = \frac{1}{2}J_1\omega_1^2 + \frac{1}{2}(J_2 + J'_2)\ \omega_2^2 + \frac{1}{2}J_3\omega_3^2$$

于是

$$J_e = J_1 + (J_2 + J'_2)\left(\frac{\omega_2}{\omega_1}\right)^2 + J_3\left(\frac{\omega_3}{\omega_1}\right)^2 = J_1 + (J_2 + J'_2)\left(\frac{z_1}{z_2}\right)^2 + J_3\left(\frac{z_1\ z_{2'}}{z_2 z_3}\right)^2$$

$$= 0.01 + (0.04 + 0.01)\times\frac{1}{4} + 0.04\times\frac{1}{16} = 0.025\ (\mathrm{kg\cdot m^2})$$

设阻力矩 M_3 等效到齿轮 1 轴上的等效力矩为 M_e，即

$$M_e\omega_1 = M_3\omega_3$$

于是

$$M_e = M_3\ \frac{\omega_3}{\omega_1} = M_3\ \frac{z_1 z_{2'}}{z_2 z_3} = 40\times\frac{1}{4} = 10\ (\mathrm{N\cdot m})$$

M_e 的方向应与齿轮 1 的转动方向相反。

【例 7.4】　如图 7.4 所示的行星轮系中，已知各轮的齿数为 $z_1 = z_2 = 20$、$z_3 = 60$，各构件的质心均在其相对回转轴线上，转动惯量为 $J_1 = J_2 = 0.01\ \mathrm{kg\cdot m^2}$、$J_H = 0.16\ \mathrm{kg\cdot m^2}$，行星轮 2 的质量 $m_2 = 2\ \mathrm{kg}$，模数 $m = 10\ \mathrm{mm}$，作用在行星架 H 上的力矩 $M_H = 40\ \mathrm{N\cdot m}$。

试求构件 1 为等效构件时的等效力矩 M_e 和等效转动惯量 J_e。

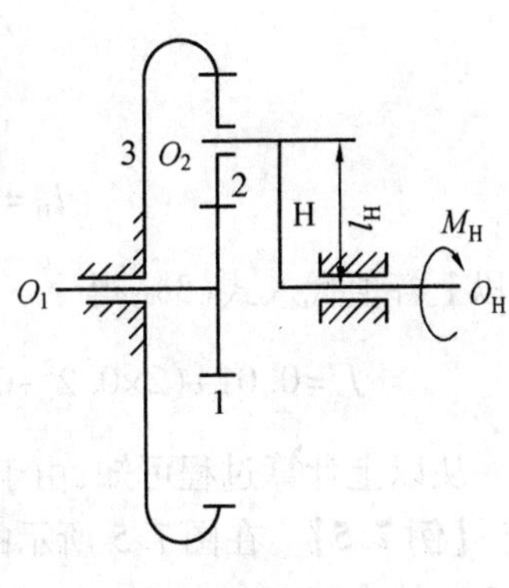

图 7.4

解题要点：

等效转动惯量和等效力矩的概念和求解方法；行星轮系传动比的计算。

【解】　(1) 求等效力矩。根据功率等效的原则，有

$$M_e = M_H\frac{\omega_H}{\omega_1} \tag{1}$$

问题归结为求速比$\dfrac{\omega_H}{\omega_1}$。在该行星轮系中，$\omega_3 = 0$，则其转化机构的传动比为

$$i_{13}^H = \frac{\omega_1 - \omega_H}{0 - \omega_H} = 1 - \frac{\omega_1}{\omega_H} = -\frac{z_3}{z_1} = -\frac{60}{20} = -3$$

则

$$\frac{\omega_1}{\omega_H}=1+3=4$$

即

$$\frac{\omega_H}{\omega_1}=\frac{1}{4} \tag{2}$$

将式(2)代入式(1),得

$$M_e=40\times\frac{1}{4}=10\ (\text{N}\cdot\text{m})$$

求得 M_e 为正值,表明其方向与 M_H 相同。

(2) 求等效转动惯量 J_e。在轮系中,轮 1 与系杆 H 为定轴转动构件,而齿轮 2 为平面运动构件。因而在求 J_e 的计算公式中,轮 2 的动能应包括两部分:轮 2 绕自身轴线做相对转动所具有的动能以及质心绕 O_H 轴转动所具有的动能,故得

$$\begin{aligned}J_e&=J_1\left(\frac{\omega_1}{\omega_1}\right)^2+J_2\left(\frac{\omega_2}{\omega_1}\right)^2+m_2\left(\frac{v_{O_2}}{\omega_1}\right)^2+J_H\left(\frac{\omega_H}{\omega_1}\right)^2\\&=J_1+(m_2l_H^2+J_H)\left(\frac{\omega_H}{\omega_1}\right)^2+J_2\left(\frac{\omega_2}{\omega_1}\right)^2\end{aligned} \tag{3}$$

式中$\frac{\omega_H}{\omega_1}=\frac{1}{4}$已经求出。又因

$$i_{23}^H=\frac{\omega_2-\omega_H}{0-\omega_H}=1-\frac{\omega_2}{\omega_H}=\frac{z_3}{z_2}=\frac{60}{20}=3$$

故$\frac{\omega_2}{\omega_H}=-2$,因此

$$\frac{\omega_2}{\omega_1}=\frac{\omega_2\omega_H}{\omega_H\omega_1}=-2\times\frac{1}{4}=-\frac{1}{2}$$

又

$$l_H=\frac{z_1+z_2}{2}m=\frac{20+20}{2}\times10=200\ (\text{mm})$$

将以上各值代入式(3),得

$$J_e=0.01+(2\times0.2^2+0.16)\times\left(\frac{1}{4}\right)^2+0.01\times\left(-\frac{1}{2}\right)^2=0.0275\ (\text{kg}\cdot\text{m}^2)$$

从以上计算过程可知,由于该机构的传动比不变,故 M_e 和 J_e 均为常数。

【例 7.5】 在图 7.5 所示的轮系中,已知加于轮 1 和轮 3 上的力矩 $M_1=80$ N·m 和 $M_3=100$ N·m,各轮的转动惯量 $J_1=0.1$ kg·m^2、$J_2=0.225$ kg·m^2、$J_3=0.4$ kg·m^2,各轮的齿数 $z_1=20$、$z_2=30$、$z_3=40$,以及在开始的瞬时轮 1 的角速度等于 0。试求在运动开始后经过 0.5 s时轮 1 的角加速度 ε_1 和角速度 ω_1。

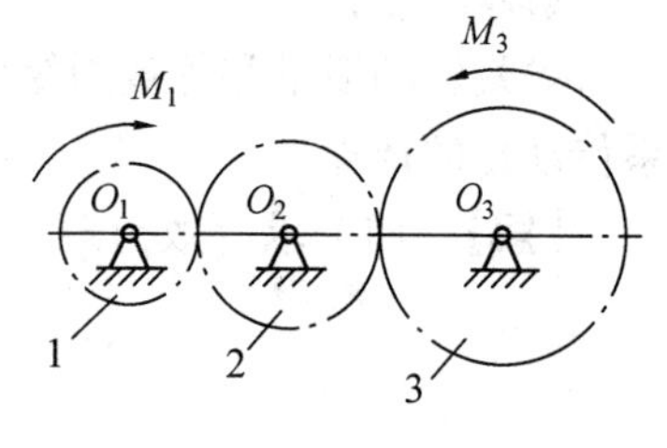

图 7.5

解题要点:

等效转动惯量和等效力矩的概念和求法;当等效转动惯量和等效力矩均为常数时,力矩形式的机械运动方程式。

【解】 取轮 1 为等效构件,则其等效转动惯量为

$$J_e=J_1+J_2\left(\frac{\omega_2}{\omega_1}\right)^2+J_3\left(\frac{\omega_3}{\omega_1}\right)^2=J_1+J_2\left(\frac{z_1}{z_2}\right)^2+J_3\left(\frac{z_1}{z_3}\right)^2$$

$$=0.1+0.225\times\left(\frac{20}{30}\right)^2+0.4\times\left(\frac{20}{40}\right)^2=0.3\ (\mathrm{kg\cdot m^2})$$

而其等效力矩为

$$M_e=M_1-M_3\left(\frac{\omega_3}{\omega_1}\right)=M_1-M_3\left(\frac{z_1}{z_3}\right)=80-100\times\frac{20}{40}=30\ (\mathrm{N\cdot m})$$

由力矩形式的机械运动方程式

$$J_e\frac{\mathrm{d}\omega_1}{\mathrm{d}t}+\frac{\omega_1^2}{2}\frac{\mathrm{d}J_e}{\mathrm{d}\varphi}=M_e$$

可知,当等效转动惯量 J_e 和等效力矩 M_e 均为常数时

$$M_e=J_e\varepsilon_1$$

$$\varepsilon_1=M_e/J_e=\frac{30}{0.3}=100\ (\mathrm{rad/s})$$

$$\omega_1=\omega_0+\varepsilon_1 t=100\times0.5=50\ (\mathrm{rad/s})$$

【例7.6】 某机械做稳定运转时,它的一个循环对应于 A 轴一转,切向的阻力 P_r 变化如图7.6(a)所示,切向驱动力 P_d 在稳定运转的整个循环中为常数,点 B 的平均线速度 $v_B=2.5$ m/s,曲柄长度 $L_{AB}=100$ mm。求当运转的不均匀系数 $\delta\leqslant0.05$ 时所需装在 A 轴上的飞轮转动惯量 J_F;又飞轮的平均直径 $D=500$ mm,问装在 A 轴上的飞轮的质量 Q_f。

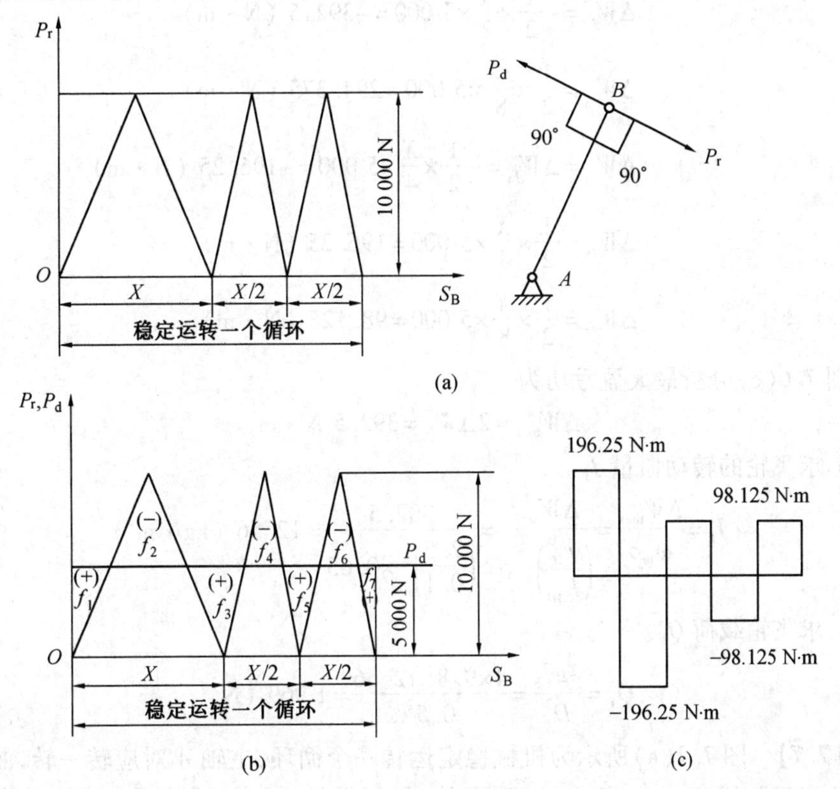

图7.6

解题要点：

最大盈亏功及飞轮转动惯量的求解方法。

【解】 由题知，机器稳定运转的一个循环对应于 A 轴的一转，则

$$2X=2\pi L_{AB}$$

$$X=\pi L_{AB}=3.14\times0.1=0.314\ (\mathrm{m})$$

式中 $2X$——圆周长度。

（1）求驱动力 P_d。如图 7.6(b)所示，因在机器稳定运转的一个运动循环内，等效驱动力所做的功应等于等效阻抗力矩所做的功，即

$$W_d=W_r$$

$$W_d=W_r=\left(\frac{X}{2}+\frac{1}{2}\times\frac{X}{2}+\frac{1}{2}\times\frac{X}{2}\right)\times10\ 000$$

$$=10\ 000\times X=10\ 000\times0.314=3\ 140\ (\mathrm{N\cdot m})$$

又

$$W_d=2XP_d$$

$$P_d=\frac{W_d}{2X}=\frac{W_r}{2X}=\frac{3\ 140}{2\times0.314}=5\ 000\ (\mathrm{N})$$

（2）求最大盈亏功 ΔW_{max}。

$$\Delta W_{f_1}=\frac{1}{2}\times\frac{X}{4}\times5\ 000=196.25\ (\mathrm{N\cdot m})$$

$$\Delta W_{f_2}=-\frac{1}{2}\times\frac{X}{2}\times5\ 000=-392.5\ (\mathrm{N\cdot m})$$

$$\Delta W_{f_3}=\frac{1}{2}\times\frac{3X}{8}\times5\ 000=294.375\ (\mathrm{N\cdot m})$$

$$\Delta W_{f_4}=\Delta W_{f_4}=-\frac{1}{2}\times\frac{X}{4}\times5\ 000=-196.25\ (\mathrm{N\cdot m})$$

$$\Delta W_{f_5}=\frac{1}{2}\times\frac{X}{4}\times5\ 000=196.25\ (\mathrm{N\cdot m})$$

$$\Delta W_{f_7}=\frac{1}{2}\times\frac{X}{8}\times5\ 000=98.125\ (\mathrm{N\cdot m})$$

由图 7.6(c)分析最大盈亏功为

$$\Delta W_{max}=2\Delta W_{f_1}=392.5\ \mathrm{N\cdot m}$$

（3）求飞轮的转动惯量 J_F。

$$J_F=\frac{\Delta W_{max}}{\omega_m^2\delta}=\frac{\Delta W_{max}}{\left(\frac{v_B}{L_{AB}}\right)^2\delta}=\frac{392.5}{\left(\frac{2.5}{0.1}\right)^2\times0.05}=12.56\ (\mathrm{kg\cdot m^2})$$

（4）求飞轮载荷 Q_F。

$$Q_F=\frac{4gJ_F}{D^2}=\frac{4\times9.8\times12.56}{0.5^2}=1\ 969\ (\mathrm{N})$$

【例 7.7】 图 7.7(a)所示为机械稳定运转一个循环，主轴 A 对应转一转，曲柄销切向阻力的变化曲线 P_r-S_B，而切向驱动力（包括惯性力）P_d 为常数，主轴平均角速度

$\omega_m=25$ rad/s,不均匀系数$\delta\leqslant0.02$,曲柄长度$L_{AB}=0.5$ m,求装在主轴上的飞轮矩,又若飞轮装在辅助轴上,辅助轴转速为主轴转速的 2 倍,则飞轮矩该为多少?

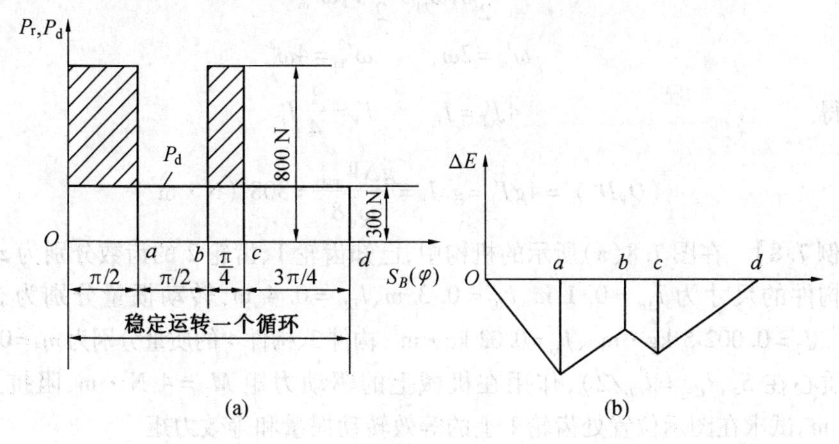

图 7.7

解题要点:

最大盈亏功及飞轮转动惯量的求解方法。

【解】　由题意知,机器稳定运转一个循环对应于主轴 A 转一转。

(1) 求驱动力 P_d。因在一个循环中驱动力所做的功等于阻抗力所做的功,即

$$W_d=W_r$$

因此

$$P_d 2\pi L_{AB}=P_r\left(\frac{\pi}{2}+\frac{\pi}{4}\right)L_{AB}$$

$$P_d=\frac{3}{8}P_r=\frac{3}{8}\times800=300\ (\mathrm{N})$$

(2) 求最大盈亏功 ΔW_{max}。

$$\Delta E_{Oa}=-500\times\frac{\pi}{2}\times L_{AB}=-500\times\frac{\pi}{2}\times0.5=-125\pi\ (\mathrm{N\cdot m})$$

$$\Delta E_{Ob}=\Delta E_{Oa}+300\times\frac{\pi}{2}\times L_{AB}=-125\pi+300\ \mathrm{N}\times\frac{\pi}{2}\times0.5=-50\pi\ (\mathrm{N\cdot m})$$

$$\Delta E_{Oc}=\Delta E_{Ob}+\left(-500\times\frac{\pi}{4}\times L_{AB}\right)=-112.5\pi\ (\mathrm{N\cdot m})$$

$$\Delta E_{Od}=\Delta E_{Ob}+300\times\frac{3\pi}{4}\times L_{AB}=0$$

所以

$$\Delta W_{max}=\Delta E_{max}-\Delta E_{min}=0-\Delta E_{Oa}=125\pi\ (\mathrm{N\cdot m})$$

(3) 求装在主轴 A 上的飞轮矩 $Q_F D^2$。

因

$$Q_F D^2=4gJ_F$$

又

$$J_F=\frac{\Delta W_{max}}{\omega_m^2\delta}$$

故

$$Q_f D^2=4g\,\frac{\Delta W_{max}}{\omega_m^2\delta}=4\times9.8\times125\pi/(25^2\times0.02)=1\ 231.5\ (\mathrm{N\cdot m^2})$$

(4) 求装在辅助轴上的飞轮矩$(Q_f D^2)'$。

因 $$\frac{1}{2}J_F\omega_m^2=\frac{1}{2}J'_F\omega'^2_m$$

又因 $$\omega'_m=2\omega_m \qquad \omega'^2_m=4\omega_m^2$$

代入,得 $$4J'_F=J_F \qquad J'_F=\frac{1}{4}J_F$$

$$(Q_F D^2)'=4gJ'_F=g\ J_F=\frac{g\Delta W_{max}}{\omega_m^2\delta}=308\ (\mathrm{N\cdot m^2})$$

【例7.8】 在图7.8(a)所示的机构中,已知齿轮1、齿轮2的齿数分别为$z_1=20$、$z_2=40$,各构件的尺寸为$l_{AB}=0.1$ m、$l_{AC}=0.3$ m、$l_{CD}=0.4$ m,转动惯量分别为$J_1=0.001$ kg·m²、$J_2=0.0025$ kg·m²、$J_{S_4}=0.02$ kg·m²,构件3、构件4的质量分别为$m_3=0.5$ kg、$m_4=2$ kg(质心在S_4,$l_{CS_4}=l_{CD}/2$),作用在机械上的驱动力矩$M_1=4$ N·m、阻抗力矩$M_4=25$ N·m。试求在图示位置处齿轮1上的等效转动惯量和等效力矩。

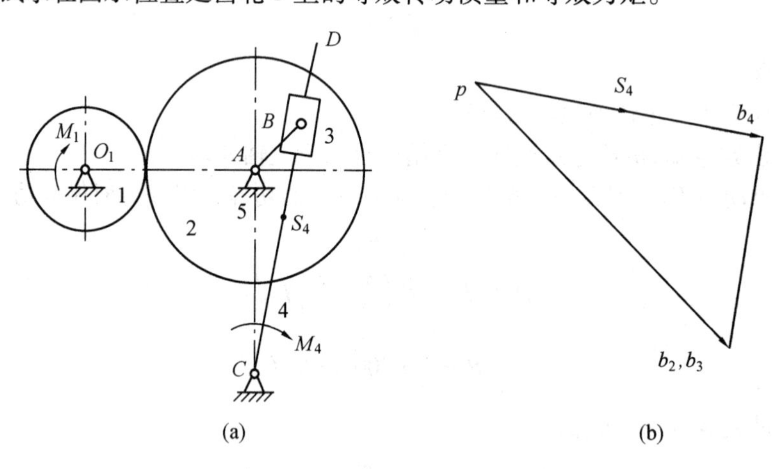

图7.8

解题要点:

等效转动惯量和等效力矩的求法。

【解】 取$\mu_l=0.01$ m/mm作机构的运动简图。任选比例尺μ_v作速度多边形,如图7.8(b)所示。

$$\frac{\omega_3}{\omega_1}=\frac{\omega_2\omega_3}{\omega_1\omega_2}=\frac{1}{2}\frac{v_{B_4}/l_{BC}}{v_{B_2}/l_{AB}}=\frac{1}{2}\frac{l_{AB}\overline{pb_4}}{l_{BC}\overline{pb_2}}=\frac{1}{2}\times\frac{10}{38}\times\frac{24.2}{29.5}=0.11$$

$$\frac{\omega_4}{\omega_1}=\frac{\omega_3}{\omega_1}=0.11$$

$$\frac{v_{B_2}}{\omega_1}=\frac{\omega_2 v_{B_2}}{\omega_1\omega_2}=\frac{1}{2}l_{AB}=0.05\ (\mathrm{m})$$

$$\frac{v_{S_4}}{\omega_1}=\frac{\omega_2 v_{S_4}}{\omega_1\omega_2}=\frac{1}{2}\times\frac{\overline{pS_4}}{\overline{pb_2}/l_{AB}}=\frac{1}{2}\times0.1\times\frac{13}{29.5}=0.022\ (\mathrm{m})$$

故以齿轮1为等效构件时的等效转动惯量为

$$J_{e1}=J_1+J_2\left(\frac{\omega_2}{\omega_1}\right)^2+m_3\left(\frac{v_{B_2}}{\omega_1}\right)^2+J_{S_4}\left(\frac{\omega_4}{\omega_1}\right)^2+m_4\left(\frac{v_{S_4}}{\omega_1}\right)^2$$

$$=0.001+0.0025\times\left(\frac{1}{2}\right)^2+0.5\times0.05^2+$$

$$0.02\times0.11^2+2\times0.022^2=0.004\ (\text{kg}\cdot\text{m}^2)$$

等效力矩为

$$M_{e1}=M_1-M_4\left(\frac{\omega_4}{\omega_1}\right)=4-25\times0.11=1.25\ (\text{N}\cdot\text{m})$$

从本题可以看出,等效转动惯量和等效力矩与机构的传动比(如 ω_4/ω_1、v_{B_2}/ω_1 等)有关,当机构的位置发生变化时,机构的传动比也将变化,则等效转动惯量和等效力矩也将变化。另外,从本题可以看出,等效转动惯量和等效力矩与各构件的真实速度大小无关,即使原动件的角速度发生变化,J_e、M_e 也不会随之变化。

【例 7.9】 某机器的等效驱动力矩 M_d、等效阻力矩 M_r 和等效转动惯量 J_e 如图7.9所示。

(1) 此等效构件能否做周期性速度波动?为什么?

(2) 假设当 $\varphi=0$ 时等效构件的角速度为 100 rad/s,试求该等效构件的角速度 ω_{max}、ω_{min}的值,并指出其出现的位置。

(3) 求该机器的运转速度不均匀系数 δ。

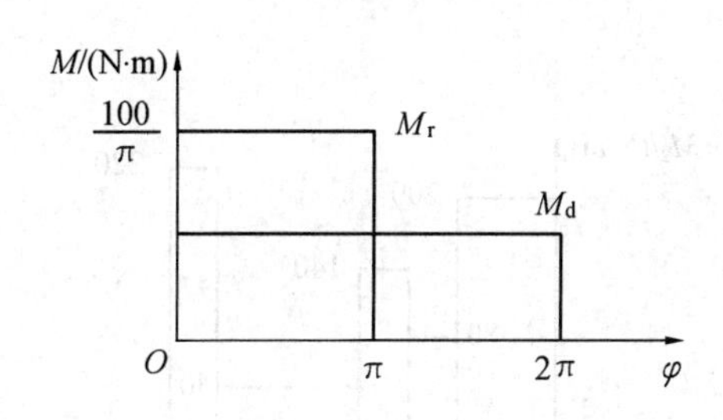

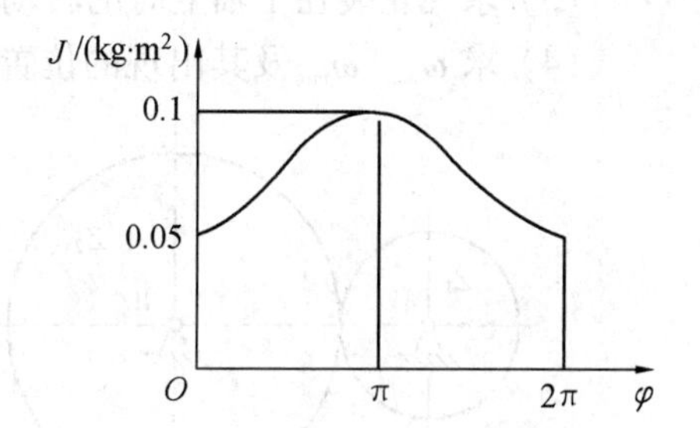

图 7.9

解题要点:

机器能量最高点和最低点发生位置的分析。

【解】 (1) 因为 M_d、M_r 均为周期性变化,变化周期为 2π,而 J_e 也为周期性变化,变化周期也为 2π,所以该等效构件的速度波动是周期性的,变化的周期为 2π。

(2) 因 M_d、M_r、J_e 均为 φ 的函数,求等效构件的角速度 ω 可用式(7.4)。当 $\varphi=0\sim\pi$ 时,$M_r>M_d$,将出现亏功;而当 $\varphi=\pi\sim2\pi$ 时,$M_d>M_r=0$,将出现盈功。所以该机器能量的最高点(即速度的最高点)将出现在 $\varphi=0$ 或 2π 时,而能量的最低点(即速度的最低点)将出现在 $\varphi=\pi$ 时。

因 $\varphi=0$ 时,$\omega=100$ rad/s,故 $\omega_{max}=100$ rad/s,有

$$\frac{1}{2}J_e(\varphi)\omega^2=\frac{1}{2}J_{e0}\omega_0^2+\int_{\varphi_0}^{\varphi}M_e(\varphi)\mathrm{d}\varphi$$

从而可得

$$\omega=\sqrt{\frac{J_{e0}}{J_e(\varphi)}\omega_0^2+\frac{2}{J_e(\varphi)}\int_{\varphi_0}^{\varphi}M_e(\varphi)\mathrm{d}\varphi}$$

所以

$$\omega_{\min}=\sqrt{\frac{J_{e0}}{J_e(\varphi)}\omega_0^2+\frac{2}{J_e(\varphi)}\int_{\varphi_0}^{\varphi}(M_d-M_r)\mathrm{d}\varphi}$$

$$=\sqrt{\frac{0.05}{0.1}\times100^2+\frac{2}{0.1}\left(-\frac{100}{2\pi}\right)\pi}=63.24\ (\text{rad/s})$$

运转不均匀系数

$$\delta=\frac{\omega_{\max}-\omega_{\min}}{\omega_m}=\frac{100-63.24}{81.62}=0.45$$

【例 7.10】 在图 7.10(a)所示的齿轮传动中,已知 $z_1=20$、$z_2=40$,轮 1 为主动轮,在轮 1 上施加力矩 M_1 为常数,作用在轮 2 上的阻抗力矩 M_2 的变化规律如图 7.10(a)所示(右图);两齿轮绕各自回转中心的转动惯量分别为 $J_1=0.01\ \text{kg}\cdot\text{m}^2$、$J_2=0.02\ \text{kg}\cdot\text{m}^2$。轮 1 的平均角速度为 $\omega_m=100$ rad/s。若已知运转不均匀系数 $\delta=1/50$。

(1) 画出以构件 1 为等效构件时的等效阻力矩 $M_{re}-\varphi_1$ 图。

(2) 求 M_1 的值。

(3) 求飞轮装在Ⅰ轴上时的转动惯量 J_F,并说明飞轮装在Ⅰ轴上还是装在Ⅱ轴上好。

(4) 求 $\omega_{\max}$、$\omega_{\min}$ 及其出现的位置。

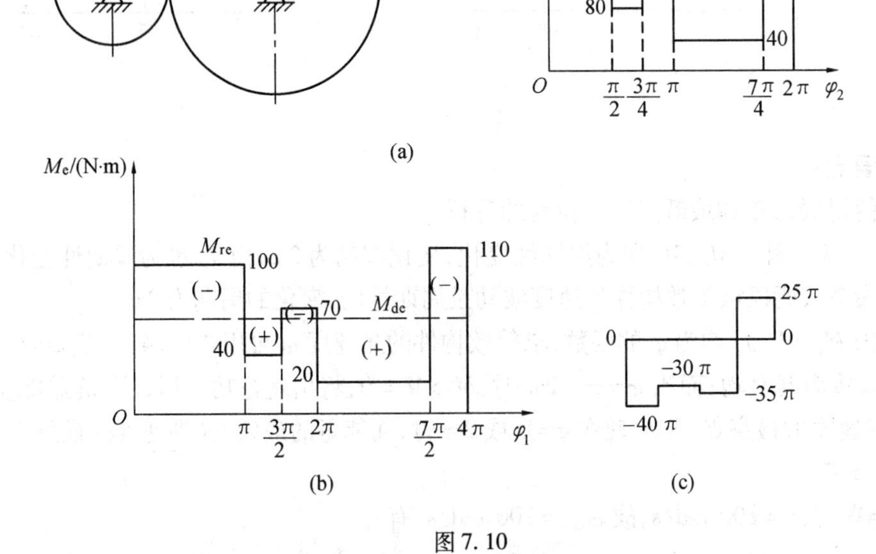

图 7.10

解题要点：

等效力矩、等效转动惯量和最大盈亏功的求解。

【解】 (1) 求以构件1为等效构件时的等效阻力矩 M_{re}。

$$M_{re}=M_2\left(\frac{\omega_2}{\omega_1}\right)=\frac{1}{2}M_2$$

又因 $\varphi_1=2\varphi_2$，由此可作出 M_{re}-φ_1 图，如图7.10(b)所示。

(2) 求轮1上的驱动力矩 M_1。

对轮1来说，$M_{de}=M_1$。在一个周期(即4π)内，总驱动功应等于总阻抗功。所以

$$M_{de}\times4\pi=100\times\pi+40\times\frac{\pi}{2}+70\times\frac{\pi}{2}+20\times\frac{3\pi}{2}+110\times\frac{\pi}{2}$$

可得

$$M_1=M_{de}=60\ \text{N}\cdot\text{m}$$

(3) 求 J_F。因转动惯量 J_F 与 ω_m 的平方成反比，所以 ω_m 越大，所求得的飞轮的转动惯量 J_F 将越小，因而飞轮的尺寸和质量也将大大减小，所以飞轮一般装在高速轴上，即装在Ⅰ轴上。

以轮1为等效构件时，等效转动惯量 J_e 为

$$J_e=J_1+J_2\left(\frac{\omega_2}{\omega_1}\right)^2=J_1+J_2\left(\frac{1}{2}\right)^2=0.015\ \text{kg}\cdot\text{m}^2$$

在一个周期内，各阶段的盈、亏功可分别求得，即

在0～π内为亏功

$$\Delta W_1=(60-100)\pi=-40\pi\ (\text{N}\cdot\text{m})$$

在 $\pi\sim\frac{3\pi}{2}$ 内为盈功

$$\Delta W_2=(60-40)\frac{\pi}{2}=10\pi\ (\text{N}\cdot\text{m})$$

在 $\frac{3\pi}{2}\sim2\pi$ 内为亏功

$$\Delta W_3=(60-70)\frac{\pi}{2}=-5\pi\ (\text{N}\cdot\text{m})$$

在 $2\pi\sim\frac{7\pi}{2}$ 内为盈功

$$\Delta W_4=(60-20)\frac{3\pi}{2}=60\pi\ (\text{N}\cdot\text{m})$$

在 $\frac{7\pi}{2}\sim4\pi$ 内为亏功

$$\Delta W_5=(60-110)\frac{\pi}{2}=-25\pi\ (\text{N}\cdot\text{m})$$

画出一个周期内的能量指示如图7.10(c)所示，可求得最大盈亏功为

$$\Delta W_{max}=25\pi-(-40\pi)=65\pi\ (\text{N}\cdot\text{m})$$

飞轮的转动惯量为

$$J_F = \Delta W_{max} / \delta\omega_m^2 - J_e = 1.0055\ \text{kg} \cdot \text{m}^2$$

(4) 求 ω_{max}、ω_{min}。

因

$$\omega_m = (\omega_{max} + \omega_{min})/2$$

而

$$\delta = (\omega_{max} - \omega_{min})/\omega_m$$

所以,可求得

$$\omega_{max} = \frac{1}{2}(2\omega_m + \omega_m\delta) = 101\ (\text{rad/s})$$

$$\omega_{min} = \frac{1}{2}(2\omega_m - \omega_m\delta) = 99\ (\text{rad/s})$$

由图 7.11(c)可以看出,当 $\varphi_1 = \pi$ 时,系统的能量最低,此时齿轮 1 的角速度最低,而当 $\varphi_1 = 7\pi/2$ 时,系统的能量最高,此时齿轮 1 的角速度最高。

从本例可以看出,最大盈亏功并不是所有盈亏功的最大值,即 $\Delta W \neq \max\{\Delta W_1, \Delta W_2, \Delta W_3, \Delta W_4, \Delta W_5\}$,而 $\Delta W_{max} = E_{max} - E_{min}$,即等于速度最高处($E_{max}$处)与速度最低处($E_{min}$处)之间盈功和亏功的代数和,即

$$\Delta W_{max} = \Delta W_2 - \Delta W_3 + \Delta W_4 = (10 - 5 + 60)\pi = 65\pi\ (\text{N} \cdot \text{m})$$

或

$$\Delta W_{max} = -\Delta W_1 - \Delta W_5 = 65\pi\ (\text{N} \cdot \text{m})$$

为了减小速度的波动,可以加大飞轮转动惯量 J_F,但 δ 越小,J_F 越大,所以不能过分追求机械运转的均匀性;同时,因 J_F 不可能无穷大,机械运转的速度波动也就不可能通过加飞轮而消除;还可以看出,J_F 与 ω_m 的平方成反比,为了减小 J_F,尽可能将飞轮装在高速轴上。本例中将飞轮装在了Ⅰ轴上。

7.4 思考题与习题

7.4.1 思考题

(1) 一般机械运转过程分为哪三个阶段?在这三个阶段中,输入功、输出功、总损耗、动能及速度之间的关系各有什么特点?

(2) 为什么要建立机械系统等效动力学模型?建立时应遵循的原则是什么?

(3) 在机械系统的真实运动规律尚属未知的情况下,能否求出其等效力矩和等效转动惯量?为什么?

(4) 机械的运转为什么会有速度波动?为什么要调节机械速度的波动?

(5) 飞轮的调速原理是什么?为什么说飞轮在调速的同时还能起到节约能源的作用?

(6) 何谓机械运转的“平均速度”和“不均匀系数”?

(7) 飞轮设计的基本原则是什么?为什么飞轮应尽量装在机械系统的高速轴上?系统装上飞轮后是否可以得到绝对的匀速运动?

(8) 什么是最大盈亏功?如何求最大盈亏功?

(9) 如何求机械系统一个运动周期最大角速度ω_{max}与最小角速度ω_{min}所在位置?

(10) 什么机械会出现非周期速度波动,如何进行调节?

(11) 机械系统在加飞轮前后的运动特性和动力特性有何异同(比较主轴的ω_m、ω_{max},选用的原动机功率、启动时间、停车时间,系统中主轴的运动循环周期、系统总动能)?

7.4.2　习题

【题7.1】　在图7.11所示一单排行星轮系中,中心轮1为36齿,转动惯量为52.5×10^{-4} kg·m²,三个行星轮2的齿数为12,对其中心的转动惯量为9×10^{-4} kg·m²,质量为0.91 kg;系杆H的半径$R_H=0.067$ m,它对中心的转动惯量为0.084 kg·m²,固定的内齿轮3的齿数为60。中心轮1为驱动轮,作用在系杆H上的工作阻力矩为常数,即$M_H=0.735$ N·m,不计其他阻力。设中心轮1在某一瞬时角速度为15 rad/s,角加速度为60 rad/s²,求此时的驱动力矩M_d。

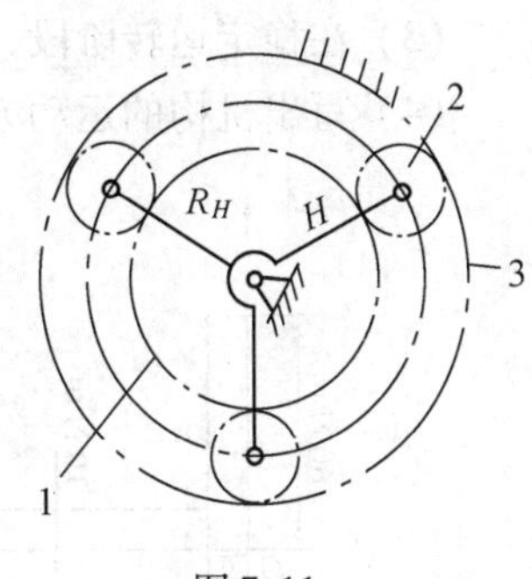

图7.11

【题7.2】　在图7.12所示的齿轮机构中,齿轮的齿数分别为$z_1=20$、$z_2=40$,齿轮1、2的转动惯量为$J_1=0.01$ kg·m²、$J_2=0.04$ kg·m²,作用在齿轮1上的力矩$M_1=10$ N·m,齿轮2上的阻力矩为0。设齿轮2上的角加速度为常数,试求齿轮2从角速度$(\omega_2)_0=0$上升到$(\omega_2)_t=100$ rad/s时所需的时间t。

【题7.3】　在图7.13所示的轮系中,已知:各轮的齿数为$z_1=25$、$z_2=37$、$z_3=100$,模数$m=10$ mm,轮1、2为标准齿轮,行星轮数目为$K=2$,对称安装,行星轮质量$G=10$ kg,各转动构件绕各自中心的转动惯量分别为$J_1=0.005$ kg·m²、$J_2=0.01$ kg·m²、$J_H=0.02$ kg·m²。当系杆在$\omega_H=100$ rad/s时停止驱动,同时用制动器T制动,要求系杆在1周内停下来。试问应加的制动力矩M_T应为多大?

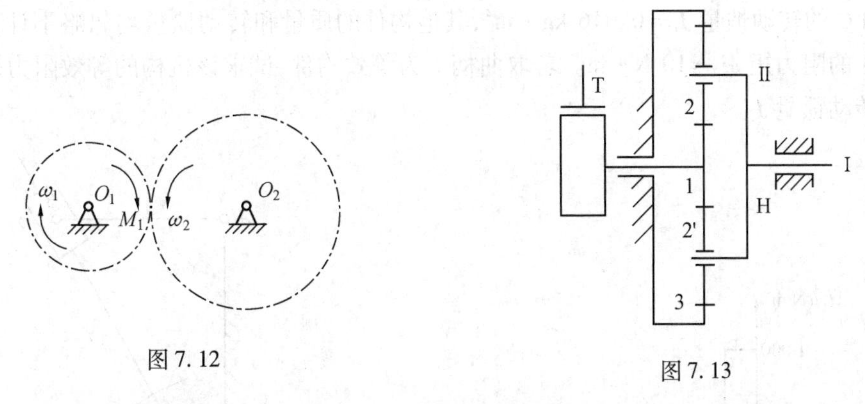

图7.12　　图7.13

【题7.4】　设已知等效阻抗力矩M_r的变化规律如图7.14所示。等效驱动力矩假定为常数。机器主轴的转速为1 000 r/min。试求当运转不均匀系数δ不超过0.05时所需飞轮的转动惯量J_F(飞轮安装在机器主轴上,机器其余构件的转动惯量忽略不计)。

【题7.5】　在图7.15所示机构中,滑块3的质量为m_3,曲柄AB长为r,滑块3的速度$v_3=\omega_1 r\sin\theta$,ω_1为曲柄的角速度。当$\theta=0°\sim180°$时,阻力F为常数;当$\theta=180°\sim360°$

时,阻力 $F=0$。驱动力矩 M 为常数。曲柄 AB 绕 A 轴的转动惯量为 J_A,不计构件 2 的质量及各运动副中的摩擦。设在 $\theta=0°$时,曲柄的角速度为 ω。试求:

(1) 曲柄为等效构件时的等效驱动力矩 M_d 和等效阻力矩 M_r。

(2) 等效转动惯量 J。

(3) 在稳定运转阶段,作用在曲柄上的驱动力矩 M。

(4) 写出机构的运动方程式。

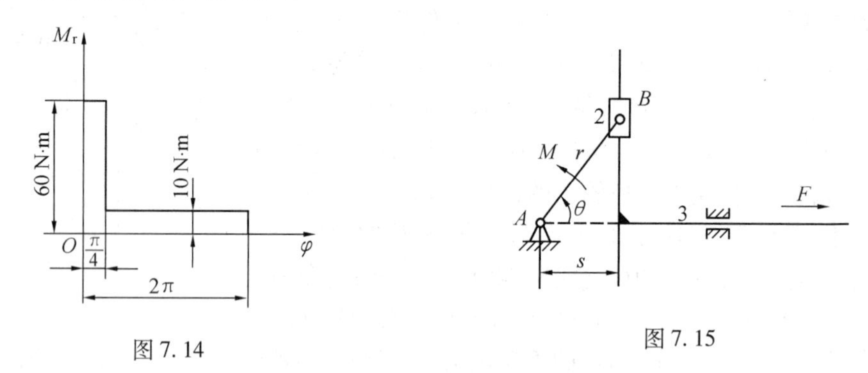

图 7.14　　图 7.15

【题 7.6】 已知某机械一个稳定运动循环内的等效力矩 M_r 如图 7.16 所示,等效驱动力矩 M_d 为常数,等效构件的最大及最小角速度分别为 $\omega_{max}=200$ rad/s 及 $\omega_{min}=180$ rad/s。试求:

(1) 等效驱动力矩 M_d 的大小。

(2) 运转速度不均匀系数 δ。

(3) 当要求 $\delta=0.05$ 时,并不计其余构件的转动惯量时,应装在等效构件上的飞轮的转动惯量 J_F。

【题 7.7】 如图 7.17 所示的导杆机构中,已知:$l_{AB}=100$ mm,$\varphi_1=90°$,$\varphi_3=30°$;导杆 3 对轴 C 的转动惯量 $J_C=0.016$ kg · m^2,其他构件的质量和转动惯量均忽略不计;作用在导杆 3 的阻力矩 $M_3=10$ N · m。若取曲柄 1 为等效构件,试求该机构的等效阻力矩 M_r 和等效转动惯量 J_e。

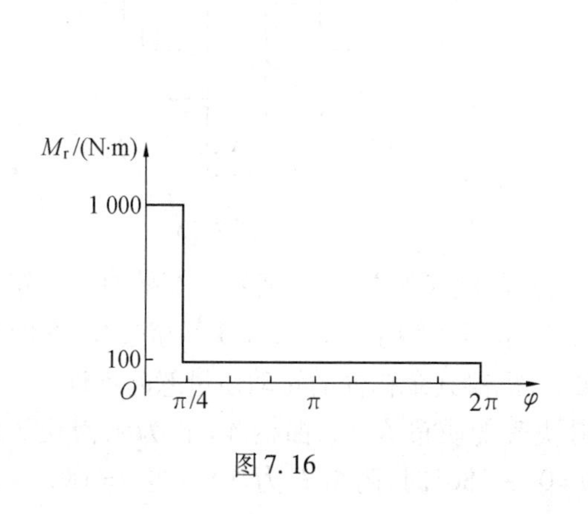

图 7.16

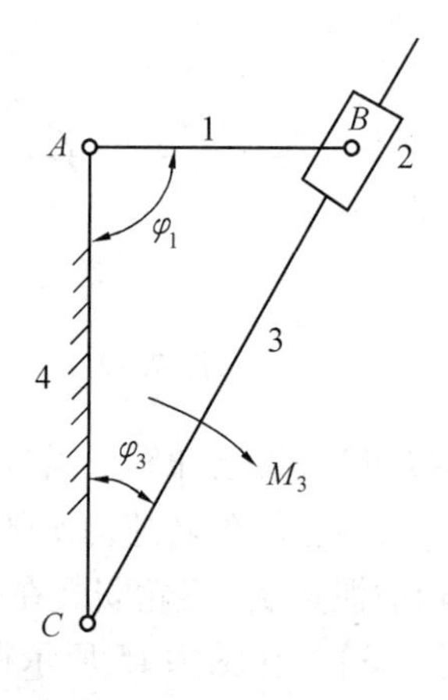

图 7.17

【题 7.8】　一台电动机在原动机的剪床机械系统中，电动机的转速为 $n_m = 1\ 500$ r/min。已知折算到电机轴上的等效阻力矩 M_r 的曲线如图 7.18 所示，电动机的驱动力矩为常数；机械系统本身构件的转动惯量均忽略不计。当要求该系统的速度不均匀系数 $\delta \leqslant 0.05$ 时，求安装在电机轴上的飞轮所需的转动惯量 J_F。

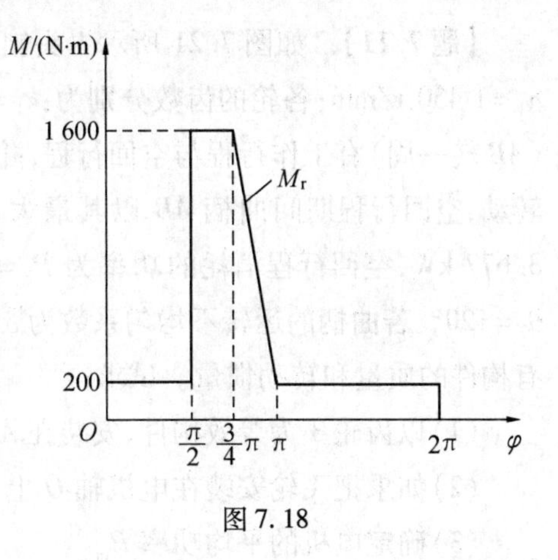

图 7.18

【题 7.9】　在图 7.19 所示的正弦机构中，已知曲柄 1 的长度为 l_1，曲柄 1 绕轴 A 的转动惯量为 J_1，滑块 2 和滑块 3 的质量分别为 m_2 和 m_3，设取曲柄为等效构件，要求：

(1)机构的等效转动惯量 J。

(2)又已知作用在滑块 3 上的阻力 $P_3 = Av_{c3}$（A 为一常数，单位为(N · s)/m)，试求阻力 P_3 的等效阻力力矩 M_r。

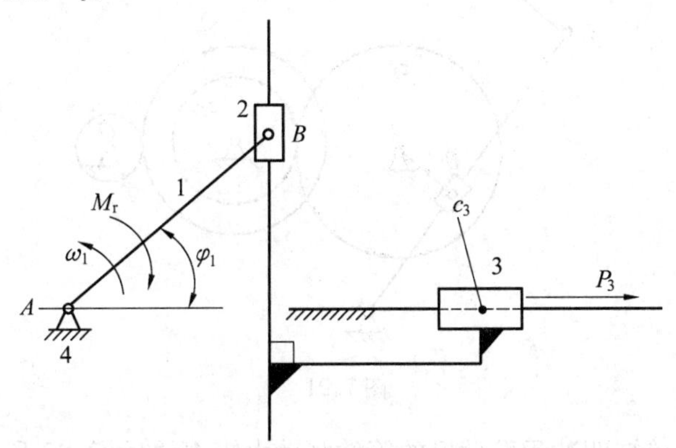

图 7.19

【题 7.10】　图 7.20 所示位置为机构起动位置，$AB \perp BC$。若机构在水平面内运转，AB 杆长 $l_{AB} = 0.2$ m，杆 1 受驱动力矩 $M_1 = 9$ N · m，杆 3 受阻力矩 $M_3 = 8$ N · m，又知杆 1 绕 A 的转动惯量 $J_{1A} = 0.01$ kg · m^2，杆 3 绕 C 的转动惯量 $J_{3C} = 0.03$ kg · m^2，构件 2 的质量 $m_2 = 0.5$ kg，其绕质心的转动惯量 $J_{S2} = 0.02$ kg · m^2（构件 2 质心在 B 点）。试求：

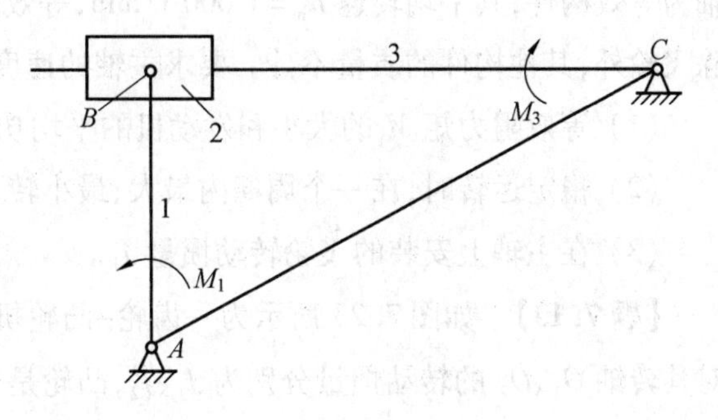

图 7.20

(1)标出机构在该位置时的所有速度瞬心。

(2)机构转化到构件 1 上绕 A 点的等效转动惯量 J_{eA}。

(3)起动时构件 1 的角加速度 ε_1。

【题7.11】 如图7.21所示牛头刨床机构中，齿轮1安装在电机轴上，其平均转速为$n_1=1\ 450$ r/min；各轮的齿数分别为：$z_1=20$，$z_2=58$，$z_{2'}=25$，$z_3=100$。刨床一个工作循环（AB转一周）有工作行程与空回行程，并认为工作行程期间曲柄AB以其最小角速度匀速转动，空回行程期间曲柄AB以其最大角速度匀速转动。工作行程消耗的功率为$P_1=3.677$ kW，空回行程消耗的功率为$P_2=0.367\ 7$ kW。空回行程对应的曲柄AB转角为$\theta_2=120°$。若曲柄的运转不均匀系数为$\delta=0.05$，且认为其驱动力矩为常数，忽略机构中所有构件的质量和转动惯量。试求：

（1）以齿轮3为等效构件，安装在A轴上飞轮的转动惯量J_A。

（2）如果把飞轮安装在电机轴O上，求飞轮的转动惯量J_O。

（3）确定电机的平均功率P_m。

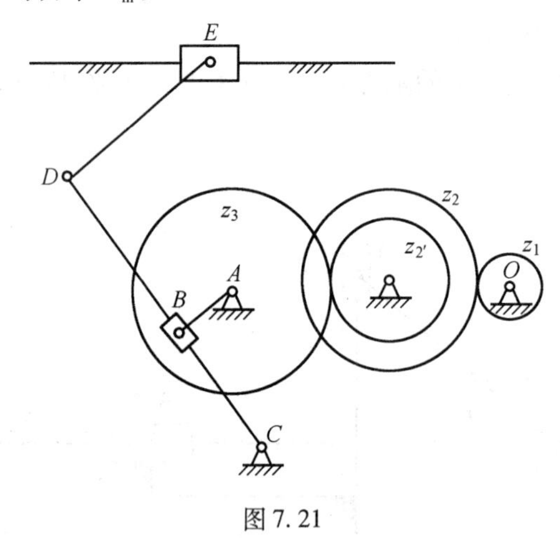

图7.21

【题7.12】 某单缸四冲程发动机的等效驱动力矩M_d如图7.22所示，周期为4π。主轴为等效构件，其平均转速$n_m=1\ 000$ r/min，等效阻力矩M_r为常数。飞轮安装在主轴上，除飞轮外，其他构件的质量不计。要求主轴的速度不均匀系数$[\delta]=0.05$，试求：

（1）等效阻力矩M_r的大小和发动机的平均功率。

（2）稳定运转时，在一个周期内最大、最小转速的大小及发生位置。

（3）在主轴上安装的飞轮转动惯量J_F。

【题7.13】 如图7.23所示为一齿轮-凸轮机构，已知：齿轮1、2的齿数z_1、z_2和它们对其转轴O_1、O_2的转动惯量分别为J_1、J_2，凸轮是一偏距为e的圆盘，与齿轮2相连，凸轮对其质心S_3的转动惯量为J_3，其质量为m_3，从动杆4的质量为m_4，作用在齿轮1上的驱动力矩$M_1=M(\omega_0)$，作用在从动杆上的压力为Q。若以轴Q_2上的构件（即齿轮2和凸轮）为等效构件。试求在图示位置时：

（1）等效转动惯量。

（2）等效力矩。

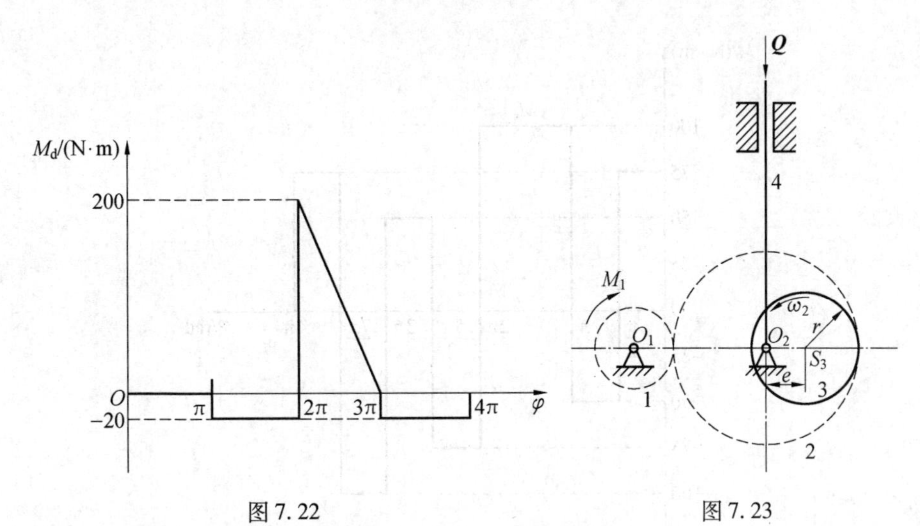

图7.22　　　　图7.23

【题7.14】　图7.24所示为某机械系统的等效驱动力矩M_{ed}及等效阻抗力矩M_{er}对转角φ的变化曲线,φ_T为其变化的周期转角。已知在一个运动周期内,由M_{ed}与M_{er}合围的面积分别为:$A_{ab}=200\ mm^2$,$A_{bc}=260\ mm^2$,$A_{cd}=100\ mm^2$,$A_{de}=190\ mm^2$,$A_{ef}=320\ mm^2$,$A_{fg}=220\ mm^2$,$A_{ga'}=50\ mm^2$,单位面积所代表的功为$\mu_A=10\ (N\cdot m)/mm^2$。且其等效构件的平均转速为$n_m=1\ 000\ r/min$,等效转动惯量为$J_e=5\ kg\cdot m^2$。试求:

(1)该系统的最大盈亏功ΔW_{max}。

(2)该系统的最大转速n_{max}和最小转速n_{min}。

(3)指出最大转速及最小转速出现的位置。

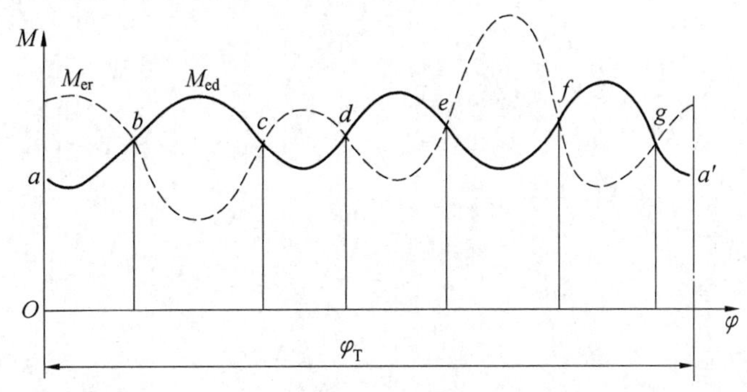

图7.24

【题7.15】　一台发动机驱动的机械系统,以曲柄为等效构件,等效驱动力矩M_d的变化规律如图7.25所示。等效阻力矩M_r为常数,不计机械中其他构件的质量,而只考虑飞轮的转动惯量。当速度不均匀系数$\delta=0.02$,平均转速$n=1\ 000\ r/min$时,试求:

(1)等效阻力矩M_r。

(2)曲柄的最大角速度ω_{max}和曲柄的最小角速度ω_{min}。

(3)曲柄的最大角速度ω_{max}和最小角速度ω_{min}发生在何处?

(4)最大盈亏功ΔW_{max}。

(5)飞轮的等效转动惯量J_F。

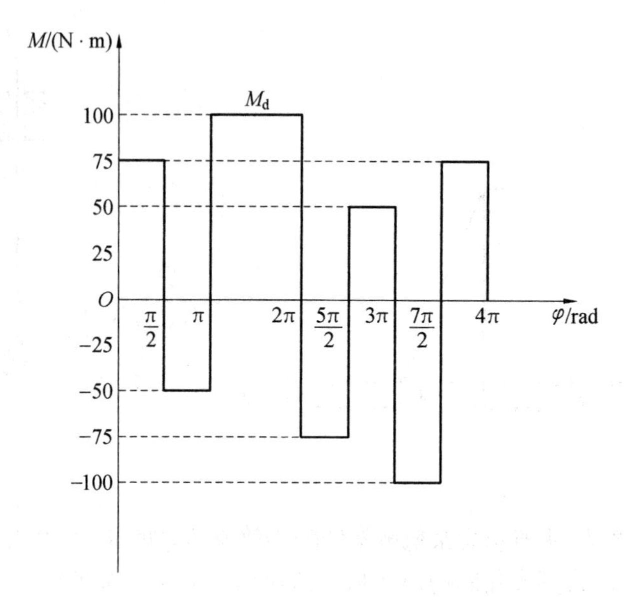

图 7.25

第8章　机械的平衡

8.1　基本要求

(1) 了解机械平衡的目的及其分类,掌握机械平衡的方法。

(2) 掌握刚性转子的平衡设计方法。掌握刚性转子的静平衡计算方法和动平衡计算方法。

(3) 掌握刚性转子的平衡实验原理及方法。

(4) 了解柔性转子的特点及其与刚性转子的主要区别。

(5) 了解挠性转子动平衡的特点、原理和方法。

(6) 了解机构平衡的原理和方法。

8.2　内容提要

8.2.1　本章重点

本章重点是刚性转子的静平衡、动平衡的原理及计算方法。

1. 机械平衡的目的及平衡问题

机械在运转时,构件所产生的惯性力和惯性力矩在运动副上引起了大小和方向不断变化的动压力,这种动压力不仅会降低机械效率和使用寿命,而且会引起机械及其基础产生强迫振动以及可能产生其他不良现象。机械平衡的目的是尽可能消除或减少惯性力对机械的不良影响,借助于增加和减少校正质量将不平衡惯性力和惯性力矩加以消除或减少。

构件的运动形式不同,所产生的惯性力的平衡方法也不同。对于绕固定轴转动的回转构件(即转子),可以就其本身加以平衡;对于做往复移动或平面运动的构件,必须就整个机构进行研究。所以,机械的平衡问题分为转子的平衡和机构在机座上的平衡两类。

2. 刚性转子的静平衡和动平衡

刚性转子的平衡问题分为静平衡与动平衡两种。

(1) 静平衡。对于轴向尺寸较小(宽径比 $b/D<0.2$)的盘类转子,其所有质量都可以认为在垂直于轴线的同一平面内。这种转子的不平衡是因为其质心位置不在回转轴线上,且其不平衡现象在转子静止时,就能够显示出来。对于这种不平衡转子,只需重新分布其质量,使质心移到回转轴线上,即可达到平衡,这种平衡称为静平衡。由此可知,刚性转子的静平衡条件为:其惯性力的矢量和应等于零或质径积的矢量和应等于零,即

$$\sum P = 0 \qquad 或 \qquad \sum M_i r_i = 0$$

凡满足这一条件的构件就称为静平衡构件。

(2) 动平衡。对于轴向尺寸较大($b/D \geqslant 0.2$)的转子,其质量就不能再被认为分布在同一平面内。这种转子的不平衡,除了存在静不平衡外,还会存在力矩的不平衡。这种不平衡在转子运转的情况下才能完全显示出来。对于动不平衡的转子,须选择两个垂直于轴线的平衡基面,并在这两个面上适当加上(或除去)两个平衡质量,使转子所产生的惯性力和惯性力矩都达到平衡,这种平衡称为动平衡。由此可知,刚性转子动平衡的条件为:其惯性力的矢量和等于零,其惯性力矩的矢量和也等于零,即

$$\sum P = 0 \qquad 或 \qquad \sum M_i = 0$$

凡满足这一条件的转子就称为动平衡转子。

实际上,一般的回转构件既是动不平衡又是静不平衡,只有满足动平衡的条件,才能达到完全平衡。因此,动平衡是转子平衡的基本方法,而静平衡只能解决盘类转子的平衡问题。

3. 转子的平衡计算及平衡实验

造成转子的质量分布不均匀而引起不平衡的原因是多种多样的。但可归结为两种情况:一是结构的原因;二是制造的原因。对于因结构不对称而引起不平衡的转子,其平衡是先根据其结构确定出各不平衡质量的大小及方位,再用计算的方法求出转子平衡质量的大小和方位来加以平衡的,即设计出理论上完全平衡的构件。对于结构上是对称的,即理论上是平衡的转子,由于制造的不准确、安装的误差及材料不均匀等原因,也会引起不平衡,而这种不平衡是无法计算出来的,只能在平衡机上通过实验的方法来解决,故所有转子均须通过实验的方法才能予以平衡。

(1) 平衡计算。

① 转子的静平衡计算。对于结构不对称的盘形转子,先按其结构形状及尺寸确定出各不平衡质量的大小及位置后,根据静平衡条件列出包含平衡质量的质径积平衡方程式,然后用图解法(即取质径积比例尺μ((kg · cm)/mm),作质径积矢量多边形进行求解)或解析法求出应加的平衡质量的大小和方位。

② 转子的动平衡计算。对于结构不对称的动不平衡转子,先按其结构形状及尺寸确定出各不平衡质量的大小和方位(包括所在平面的位置),然后,选择两个平衡基面,并根据力的平行分解原理,将各不平衡质量的质径积分别等效到两平衡基面上,再分别按每个平衡基面建立质径积的平衡方程式,最后用图解法或解析法求解出两平衡基面的平衡质量的大小和方位。由此可见,动平衡计算是通过简化为两个平衡基面的静平衡问题来进行计算的。

(2) 平衡实验。转子的静平衡实验是借助于静平衡实验装置将转子的静不平衡现象较容易地显示出来,然后再经过反复试加平衡质量直至转子的静不平衡现象消失为止,即转子已达到静平衡。转子的动平衡实验则需在专用的动平衡机上进行,目前使用较多的动平衡机是根据振动原理设计的,并且利用测振传感器将由转子转动所引起的振动信号经过电子线路加以处理和放大后,再由电子仪器依次显出转子的两平衡基面上应加平衡

质量的大小和方位。而转子的平衡精度是用转子的许用不平衡量来控制的。因此,除要搞清楚平衡实验原理和方法外,还应搞清楚转子的许用不平衡量的表示方法。

4. 机构的平衡

对于存在有平面运动和往复运动的一般平面机构,它们的惯性力和惯性力矩不能在构件内部平衡,只能在机架上对整个机构进行平衡。本章主要掌握平面机构惯性力的完全和部分平衡方法

8.2.2　本章难点

本章难点是转子动平衡和平面机构平衡的原理和计算方法。

8.3　例题精选与答题技巧

【例 8.1】　如图 8.1(a)所示,转盘具有四个圆孔,其直径和位置为:$d_1=70$ mm,$d_2=120$ mm,$d_3=100$ mm,$d_4=150$ mm,$r_1=240$ mm,$r_2=180$ mm,$r_3=250$ mm,$r_4=190$ mm;$\alpha_{12}=50°$,$\alpha_{23}=70°$,$\alpha_{34}=80°$;$D=780$ mm,$t=40$ mm。今在其上再制一个圆孔使之平衡,其回转半径 $r=300$ mm,求该圆孔的直径和位置角。

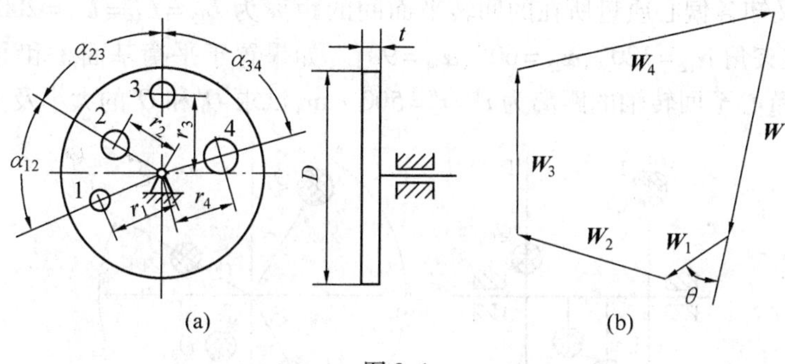

图 8.1

解题要点:

刚性转子静平衡的概念和平衡条件。

【解】　要使转盘达到平衡,应使

$$\sum Q_i r_i = \frac{\pi t \rho}{4}(d_1^2 r_1 + d_2^2 r_2 + d_3^2 r_3 + d_4^2 r_4 + d^2 r) = 0$$

式中　ρ——转盘材料的相对密度。

计算各圆孔的直径平方与向径值的相乘积为

$$d_1^2 r_1 = 7^2 \times 24 = 1\ 176\ (\text{cm}^3) \quad d_2^2 r_2 = 12^2 \times 18 = 2\ 592\ (\text{cm}^3)$$

$$d_3^2 r_3 = 10^2 \times 25 = 2\ 500\ (\text{cm}^3) \quad d_4^2 r_4 = 15^2 \times 19 = 4\ 275\ (\text{cm}^3)$$

取比例尺 $\mu_W = 100\ \text{cm}^3/\text{mm}$,分别算出代表各圆孔的直径平方与其向径值相乘积的图上长度为

$$W_1 = \frac{d_1^2 r_1}{\mu_W} = \frac{1\ 176}{100} = 11.76\ (\text{mm})$$

$$W_2=\frac{d_2^2 r_2}{\mu_W}=\frac{2\ 592}{100}=25.92\ (\text{mm})$$

$$W_3=\frac{d_3^2 r_3}{\mu_W}=\frac{2\ 500}{100}=25\ (\text{mm})$$

$$W_4=\frac{d_4^2 r_4}{\mu_W}=\frac{4\ 275}{100}=42.75\ (\text{mm})$$

作矢量多边形(图 8.1(b)),则封闭矢量 $\boldsymbol{W}$ 即代表应减去的圆孔直径平方与其向径值的相乘积,由矢量图得 $W=36$ mm,故得

$$d^2 r=\mu_W\cdot W=100\times 36=3\ 600\ (\text{cm}^3)$$

已知 $r=30$ cm,则

$$d=\sqrt{\frac{\mu_W W}{r}}=\sqrt{\frac{3\ 600}{30}}\approx 11\ (\text{cm})$$

该圆孔中心径向线的方位角亦由该矢量图量得,即

$$\theta=47°50'\quad(\text{由 } \boldsymbol{W} \text{ 沿顺时针方向量到 } \boldsymbol{W}_1 \text{ 的角})$$

【例 8.2】 在图 8.2 所示的回转体中,已知:各偏心质量 $Q_1=10$ kg、$Q_2=15$ kg、$Q_3=20$ kg、$Q_4=10$ kg,它们的重心至回转轴的距离分别为 $r_1=400$ mm、$r_2=r_4=300$ mm、$r_3=200$ mm,又知各偏心质量所在的回转平面间的距离为 $L_{12}=L_{23}=L_{34}=200$ mm,各偏心质量间的方位夹角 $\alpha_{12}=120°$、$\alpha_{23}=60°$、$\alpha_{34}=90°$。如果置于平衡基面Ⅰ和Ⅱ中的平衡质量 Q'和 Q''的重心至回转轴的距离为 $r'=r''=500$ mm,试求 Q'和 Q''的大小及方位。

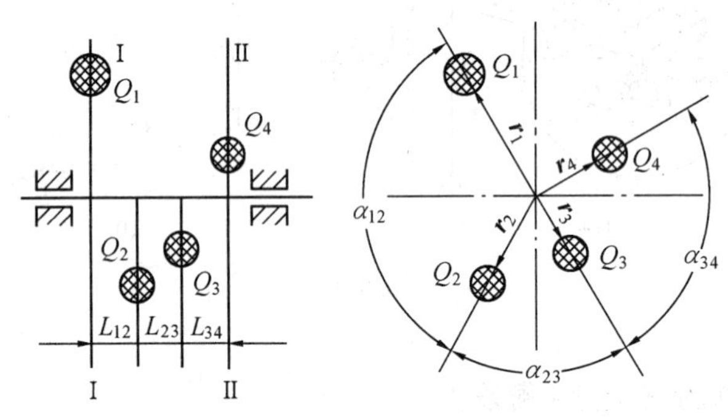

图 8.2

解题要点:

刚性转子动平衡概念和平衡设计方法。

【解】 在平衡基面Ⅰ内:设平衡质量 Q'的向径与 Q_1r_1 向量逆时针的夹角为 θ'则

$$F_1'=Q_1r_1=10\times 400=4\ 000\ (\text{kg}\cdot\text{mm})$$

$$F_2'=Q_2r_2\frac{l_2+l_3}{l_1+l_2+l_3}=15\times 300\times\frac{400}{600}=3\ 000\ (\text{kg}\cdot\text{mm})$$

$$F_3'=Q_3r_3\frac{l_3}{l_1+l_2+l_3}=20\times 200\times\frac{200}{600}=1\ 333.33\ (\text{kg}\cdot\text{mm})$$

沿 Q_1r_1 方向:

$$F_1'-F_2'\sin(\alpha_{12}-90°)-F_3'+Q'r'\cos\theta'=0$$

$$Q'r'\cos\theta' = -F_1' - F_2'\sin(\alpha_{12}-90°) + F_3'$$
$$= -4\ 000 + 3\ 000\sin 30° + 1\ 333.33$$
$$= -1\ 166.67\ (\text{kg}\cdot\text{mm})$$

垂直于 Q_1r_1 方向：

$$F_2'\cos(\alpha_{12}-90°) + Q'r'\sin\theta' = 0$$

$$Q'r'\sin\theta' = -F_2'\cos(\alpha_{12}-90°) = -3\ 000\cos 30° = -2\ 598.08\ (\text{mm})$$

所以平衡质量

$$Q' = \frac{\sqrt{(-1\ 166.67)^2 + (-2\ 598.08)^2}}{500} = \frac{2\ 848.006}{500} = 5.70\ (\text{kg})$$

$$\sin\theta' = \frac{-2\ 598.08}{Q'r'} = \frac{-2\ 598.08}{5.70\times 500} = -0.912$$

平衡质量的方位角为 $\theta' = -114°$。

在平衡基面 II 内：设平衡质量 Q''的向径与 Q_4r_4 向量的逆时针夹角为 θ''则

$$F_2'' = Q_2r_2\frac{l_1}{l_1+l_2+l_3} = 15\times 300\times\frac{200}{600} = 1\ 500\ (\text{kg}\cdot\text{mm})$$

$$F_3'' = Q_3r_3\frac{l_1+l_2}{l_1+l_2+l_3} = 20\times 200\times\frac{400}{600} = 2\ 666.67\ (\text{kg}\cdot\text{mm})$$

$$F_4'' = Q_4r_4 = 10\times 300 = 3\ 000\ (\text{kg}\cdot\text{mm})$$

沿 Q_4r_4 方向：

$$Q''r''\cos\theta + F_4'' - F_2''\cos(\alpha_{12}-90°) = 0$$

$$Q''r''\cos\theta = F_2''\cos(\alpha_{12}-90°) - F_4'' = 1\ 500\cos 30° - 3\ 000 = -1\ 700.96\ (\text{kg}\cdot\text{mm})$$

垂直于 Q_4r_4 方向：

$$Q''r''\sin\theta - F_2''\sin(\alpha_{12}-90°) - F_3'' = 0$$

$$Q''r''\sin\theta = F_2''\sin(\alpha_{12}-90°) + F_3'' = 1\ 500\sin 30° + 2\ 666.67 = 3\ 416.67\ (\text{kg}\cdot\text{mm})$$

所以平衡质量

$$Q'' = \frac{\sqrt{(-1\ 700.96)^2 + (3\ 416.67)^2}}{500} = \frac{3\ 816.66}{500} = 7.63\ (\text{kg})$$

$$\sin\theta'' = \frac{3\ 416.67}{Q''r''} = \frac{3\ 416.67}{7.63\times 500} = 0.896$$

平衡质量的方位角为 $\theta'' = 116°$

【例 8.3】　如图 8.3 所示的三根曲轴结构中，已知 $Q_1 = Q_2 = Q_3 = Q_4 = Q$，$r_1 = r_2 = r_3 = r_4 = r$，$L_{12} = L_{23} = L_{34} = L$，且曲轴在同一平面中，试判断何者已达静平衡，何者已达动平衡。

解题要点：

刚性转子动平衡概念和平衡设计方法。

【解】　如图 8.3(a)所示的曲轴为静平衡，而动不平衡。因为

$$\sum \boldsymbol{P}_{\text{I}} = \frac{\omega^2}{g}(Q_1\boldsymbol{r}_1 + Q_2\boldsymbol{r}_2 - Q_3\boldsymbol{r}_3 - Q_4\boldsymbol{r}_4) = \frac{\omega^2}{g}(2Q\boldsymbol{r} - 2Q\boldsymbol{r}) = \boldsymbol{0}$$

若对平面 Ⅰ—Ⅰ 取矩，即

$$\sum \boldsymbol{M}_{\mathrm{I}} = \frac{\omega^2}{g}[Q_2\boldsymbol{r}_2L_{12} - Q_3\boldsymbol{r}_3(L_{12} + L_{23}) - Q_4\boldsymbol{r}_4(L_{12} + L_{23} + L_{34})] =$$

$$\frac{\omega^2}{g}[Q\boldsymbol{r}L - 2Q\boldsymbol{r}L - 3Q\boldsymbol{r}L] = -4 \cdot \frac{\omega^2}{g}Q\boldsymbol{r}L \neq \boldsymbol{0}$$

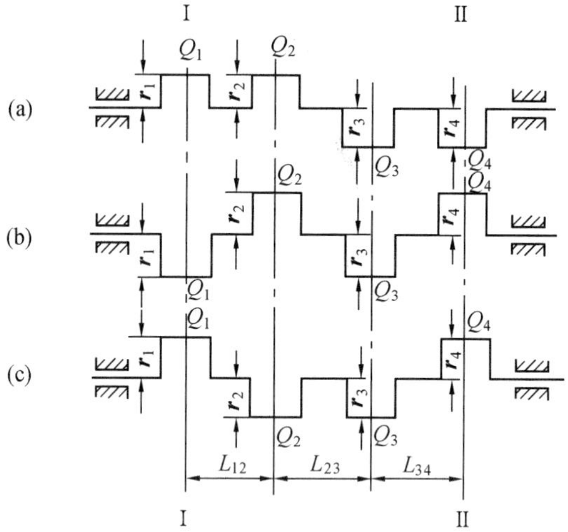

图 8.3

如图 8.3(b) 所示的曲轴为静平衡,而动不平衡。因为

$$\sum \boldsymbol{P}_{\mathrm{I}} = \frac{\omega^2}{g}(Q_1\boldsymbol{r}_1 - Q_2\boldsymbol{r}_2 + Q_3\boldsymbol{r}_3 - Q_4\boldsymbol{r}_4) = \frac{\omega^2}{g}(2Q\boldsymbol{r} - 2Q\boldsymbol{r}) = \boldsymbol{0}$$

若对平面 Ⅰ—Ⅰ 取矩,即

$$\sum \boldsymbol{M}_{\mathrm{I}} = \frac{\omega^2}{g}[Q_2\boldsymbol{r}_2L_{12} - Q_3\boldsymbol{r}_3(L_{12} + L_{23}) + Q_4\boldsymbol{r}_4(L_{12} + L_{23} + L_{34})] =$$

$$\frac{\omega^2}{g}[Q\boldsymbol{r}L - 2Q\boldsymbol{r}L + 3Q\boldsymbol{r}L] = 2\frac{\omega^2}{g}Q\boldsymbol{r}L \neq \boldsymbol{0}$$

如图 8.3(c) 所示的曲轴为静平衡,又为动平衡,即完全平衡。因为

$$\sum \boldsymbol{P}_{\mathrm{I}} = \frac{\omega^2}{g}(Q_1\boldsymbol{r}_1 - Q_2\boldsymbol{r}_2 + Q_3\boldsymbol{r}_3 - Q_4\boldsymbol{r}_4) = \frac{\omega^2}{g}(2Q\boldsymbol{r} - 2Q\boldsymbol{r}) = \boldsymbol{0}$$

若对平面 Ⅰ—Ⅰ 取矩,即

$$\sum \boldsymbol{M}_{\mathrm{I}} = \frac{\omega^2}{g}[Q_2\boldsymbol{r}_2L_{12} + Q_3\boldsymbol{r}_3(L_{12} + L_{23}) - Q_4\boldsymbol{r}_4(L_{12} + L_{23} + L_{34})] =$$

$$\frac{\omega^2}{g}[Q\boldsymbol{r}L + 2Q\boldsymbol{r}L - 3Q\boldsymbol{r}L] = \boldsymbol{0}$$

【例 8.4】 如图 8.4(a) 所示鼓轮因有重块 A 和重块 B 的关系而失去平衡。已知质量 $Q_A = 4.5$ kg 和 $Q_B = 2.25$ kg,其位置如图所示。在其左端面 T' 和中间平面 T'' 的圆周表面上各加一平衡质量,使其达到完全动平衡,求该平衡质量 Q' 和 Q'' 的大小和位置。

解题要点:

刚性转子动平衡概念和平衡设计方法。注意不平衡质量在平衡基面上情况下动平衡的计算方法。

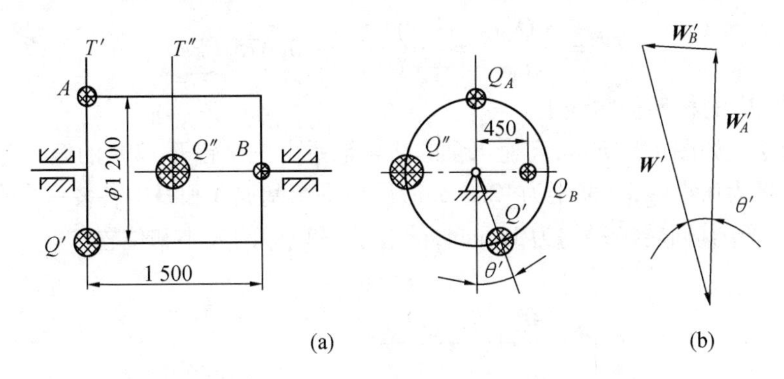

图 8.4

【解】（1）将重块 A 和重块 B 的质量 Q_A 和 Q_B 分解到平衡平面 T′ 和 T″。

在平衡平面 T′ 中各质量的分量为

$$Q'_A = Q_A = 4.5\ \text{kg} \qquad Q'_B = Q_B = 2.25\ \text{kg}\quad（在\ Q_B\ 的对侧）$$

在平衡平面 T″ 中各质量的分量为

$$Q''_A = 0 \qquad Q''_B = Q_B \frac{1.5}{0.75} = 4.5\ \text{kg}\quad（在\ Q_B\ 的同侧）$$

（2）求平衡平面 T′ 中的平衡质量 Q′。在平衡基面 T′ 中加了平衡质量 Q′ 达到平衡，应使

$$\sum Q'_i r'_i = Q'_A r'_A + Q'_B r'_B + Q' r_A = \mathbf{0}$$

取比例尺 $\mu_W = 10(\text{kg}\cdot\text{cm})/\text{mm}$，分别算出代表质径积分量的图上长度为

$$W'_A = \frac{Q'_A r_A}{\mu_W} = \frac{4.5 \times 60}{10} = 27\ (\text{mm})$$

$$W'_B = \frac{Q'_B r_B}{\mu_W} = \frac{2.25 \times 45}{10} = 10.125\ (\text{mm})$$

作矢量多边形（图 8.4（b）），则封闭矢量 $\boldsymbol{W}'$ 即代表在平衡平面 T′ 中应加的平衡质量 Q′ 的质径积，由矢量图量得 $W' = 28.9$ mm，故得

$$Q' r_A = \mu_W \cdot W' = 10 \times 28.9 = 289\ (\text{kg}\cdot\text{cm})$$

已知 $r_A = 60$ cm，则

$$Q' = \frac{\mu_W W'}{r_A} = \frac{289}{60} = 4.81\ (\text{kg})$$

$Q' \boldsymbol{r}_A$ 的方位角可由该矢量图量得或通过计算来确定

$$\theta' = \arctan \frac{W'_B}{W'_A} = \arctan \frac{10.125}{27} = 20°33'$$

（3）求平衡平面 T″ 中的平衡质量 Q″。在平衡基面 T″ 中加了平衡质量 Q″ 达到平衡，应使

$$\sum Q''_i \boldsymbol{r}''_i = Q''_A \boldsymbol{r}''_A + Q''_B \boldsymbol{r}''_B + Q'' \boldsymbol{r}_A = \mathbf{0}$$

$$Q''_A r_A = \mathbf{0} \qquad Q'' r_A = -Q''_B r_B = -4.5 \times 45 = -202.5\ (\text{kg}\cdot\text{cm})$$

已知 $r_A = 60$ cm，则

$$Q'' = \frac{-Q''_B r_B}{r_A} = -\frac{202.5}{60} = -3.375\ (\text{kg})$$

Q'' 位于重块 Q_B 的相反径向线上。

【例8.5】 如图8.5所示，高速水泵的凸轮轴系由三个错开120°的偏心轮所组成，每一偏心轮质量为0.4 kg，其偏距为12.7 mm，设在平衡基面A和B中各装一个平衡质量Q_A和Q_B使之平衡，其回转半径均为10 mm，试求Q_A和Q_B的大小和位置。

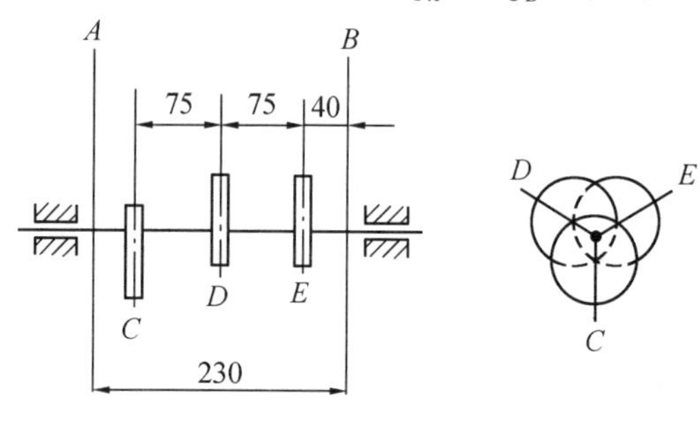

图8.5

解题要点：

刚性转子的动平衡条件和求解方法。

【解】 将不平衡质量在两平衡基面A和B上分解：

在平衡基面A内：设平衡质量Q_A的向径与$Q_C r_C$向量逆时针的夹角为θ_{AC}则，在平衡基面A中各质径积分量为

$$M_{AC} = Q_C r_C \frac{40+75+75}{230} = 0.4 \times 12.7 \times \frac{190}{230} = 4.2\ (\text{kg} \cdot \text{mm})$$

$$M_{AD} = Q_D r_D \frac{40+75}{230} = 0.4 \times 12.7 \times \frac{115}{230} = 2.54\ (\text{kg} \cdot \text{mm})$$

$$M_{AE} = Q_E r_E \frac{40}{230} = 0.4 \times 12.7 \times \frac{40}{230} = 0.88\ (\text{kg} \cdot \text{mm})$$

则沿$Q_C r_C$方向有

$$M_{AC} + Q_A r_A \cos\theta_{AC} - M_{AE}\cos 60° - M_{AD}\cos 60° = 0$$

$$Q_A r_A \cos\theta_{AC} = -4.2 + 0.88\cos 60° + 2.54\cos 60° = -2.49\ (\text{kg} \cdot \text{mm})$$

垂直于$Q_C r_C$方向有

$$Q_A r_A \sin\theta_{AC} + M_{AE}\sin 60° - M_{AD}\sin 60° = 0$$

$$Q_A r_A \sin\theta_{AC} = 2.54\sin 60° - 0.88\sin 60° = 1.44\ (\text{kg} \cdot \text{mm})$$

所以平衡质量

$$Q_A = \frac{\sqrt{(-2.49)^2 + 1.44^2}}{10} = 0.287\ (\text{kg})$$

$$\cos\theta_{AC} = \frac{-2.49}{2.87} = -0.868$$

平衡质量的方位角$\theta_{AC} = 150°$。

在平衡基面B内：设平衡质量Q_B的向径与$Q_C r_C$向量逆时针的夹角为θ_{BC}则，在平衡

基面 B 中各质径积分量为

$$M_{BC}=Q_C r_C\frac{230-40-75-75}{230}=0.4\times 12.7\times\frac{40}{230}=0.88\ (\text{kg}\cdot\text{mm})$$

$$M_{BD}=Q_D r_D\frac{40+75}{230}=0.4\times 12.7\times\frac{115}{230}=2.54\ (\text{kg}\cdot\text{mm})$$

$$M_{BE}=Q_E r_E\frac{230-40}{230}=0.4\times 12.7\times\frac{190}{230}=4.2\ (\text{kg}\cdot\text{mm})$$

则沿 $Q_C r_C$ 方向有

$$M_{AC}+Q_B r_B\cos\theta_{BC}-M_{BE}\cos 60^\circ-M_{BD}\cos 60^\circ=0$$

$$Q_B r_B\cos\theta_{BC}=-0.88+4.2\cos 60^\circ+2.54\cos 60^\circ=2.49\ (\text{kg}\cdot\text{mm})$$

垂直于 $Q_C r_C$ 方向有

$$Q_B r_B\sin\theta_{BC}+M_{BE}\sin 60^\circ-M_{BD}\sin 60^\circ=0$$

$$Q_B r_B\sin\theta_{BC}=2.54\sin 60^\circ-4.2\sin 60^\circ=-1.44\ (\text{kg}\cdot\text{mm})$$

所以平衡质量

$$Q_B=\frac{\sqrt{2.49^2+(-1.44)^2}}{10}=0.287\ (\text{kg})$$

$$\cos\theta_{AC}=\frac{2.49}{2.87}=0.868$$

平衡质量的方位角 $\theta_{AC}=-30^\circ$。

【例 8.6】　如图 8.6 所示,一质量为 200 kg 的转子铸件安装在机床的顶尖上待加工,其重心为 C。设用重块 A 和重块 B 使其静平衡。已知尺寸 $L_{O_2A}=100$ mm,$L_{AC}=400$ mm,$L_{BC}=500$ mm 及 $L_{O_1B}=200$ mm;质量 $Q_B=9$ kg 和 $Q_A=11$ kg;回转半径 $r_B=380$ mm 和 $r_A=460$ mm,r_A 和 r_B 互相垂直,求该转子偏距的大小和方向。又若该转子的转速为 50 r/min,试求作用在机床两顶尖上的动压力。

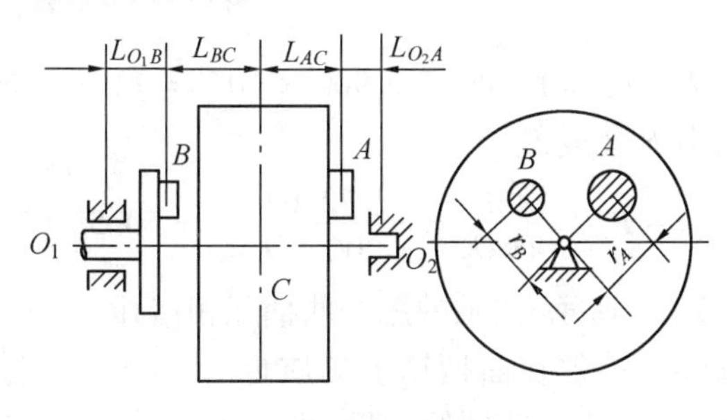

图 8.6

解题要点:

刚性转子的动平衡条件和求解方法。

【解】　(1) 求铸件转子重心偏距的大小和方位,要使铸件达到静平衡,应使

$$\sum Q_i r_i=Q_A r_A+Q_B r_B+Q_C r_C=0$$

在基面 C 内:设转子质量 Q_C 的向径与 $Q_A r_A$ 向量逆时针的夹角为 θ,则在平衡基面 C 中各质径积分量为

$$W_A = Q_A r_A = 11 \times 460 = 5\ 060\ (\text{kg} \cdot \text{mm})$$
$$W_B = Q_B r_B = 9 \times 380 = 3\ 420\ (\text{kg} \cdot \text{mm})$$

则由三向量平衡可知

$$W_C = \sqrt{W_A^{\ 2} + W_B^{\ 2}} = \sqrt{5\ 060^2 + 3\ 420^2} = 6\ 107\ (\text{kg} \cdot \text{mm})$$

已知 $Q_C = 200$ kg,所以

$$r_C = \frac{W_C}{Q_C} = \frac{6\ 107}{200} = 30.535\ (\text{mm})$$

则对于 Q_C 的方位角 θ,有

$$\theta = \arccos \frac{W_A}{W_C} = \arccos \frac{5\ 060}{6\ 107} = 145.95°$$

(2) 求 A 和 B 平面内的不平衡惯性力 P_A(或 P_B) 以及 A、B 平面间的惯性力矩 M,先将 Q_C 沿轴向静力分配到重块 A、B 所在的平面中去,得

$$Q_{CA} = Q_C \frac{L_{BC}}{L_{AC} + L_{BC}} = 200 \times \frac{500}{400 + 500} = 111.11\ (\text{kg})(\text{在} A \text{平面内})$$
$$Q_{CB} = Q_C \frac{L_{AC}}{L_{AC} + L_{BC}} = 200 \times \frac{400}{400 + 500} = 88.89\ (\text{kg})(\text{在} B \text{平面内})$$

则 A 平面中的不平衡质径积为

$$\begin{aligned} W' &= \sqrt{(Q_A r_A)^2 + (Q_{CA} r_C)^2 - 2 Q_A r_A Q_{CA} r_C \cos(180° - \theta)} \\ &= \sqrt{5\ 060^2 + (111.11 \times 30.535)^2 - 2 \times 5\ 060 \times 111.11 \times 30.535 \times \cos 34.05°} \\ &= 2\ 943.88\ (\text{kg} \cdot \text{mm}) \end{aligned}$$

故

$$P_A = -P_B = W'\omega^2 = 2\ 943.88 \times 10^{-3} \times (\frac{2\pi \times 50}{60})^2 = 80.7\ (\text{N})$$

所以 A、B 间的惯性力矩为

$$M = P_A(L_{AC} + L_{BC}) = 80.7 \times 900 \times 10^{-3} = 72.64\ (\text{N} \cdot \text{m})$$

即两顶尖上所受的动压力 P_{O_1}(或 P_{O_2})

$$P_{O_1} = -P_{O_2} = \frac{M}{O_1 O_2} = \frac{72.64}{1\ 200 \times 10^{-3}} = 60.53\ (\text{N})$$

【例8.7】 如图8.7(a)所示,曲轴的三个曲柄互相错开120°,其半径均为150 mm。等效在曲柄销上的质量为 $Q_1 = 27$ kg 及 $Q_2 = Q_3 = 36$ kg,设在1号曲柄的左板(平面 A)上加一平衡质量 Q_A 及在轮 B 上除掉一块材料来达到平衡,其回转半径为 $r_A = 230$ mm、$r_B = 760$ mm,求 Q_A 和 Q_B 的大小及它们相对于1号曲柄的相位角。

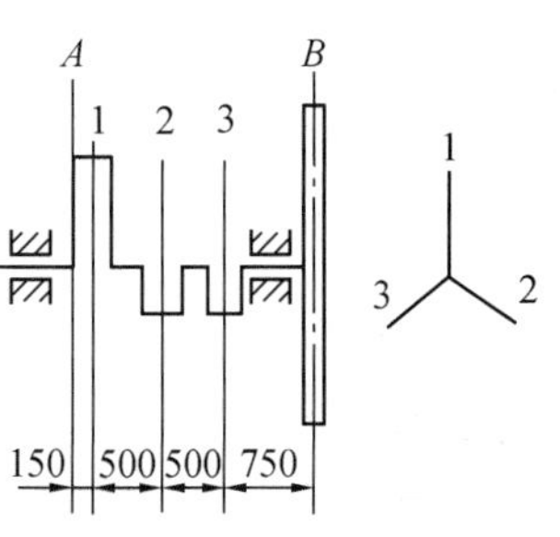

图8.7

解题要点:

刚性转子的动平衡条件和求解方法。

【解】 (1) 将各曲柄的质径积分别分解到平面 A 和平面 B,在左板平面 A 中各质径积的分量为

$$W_{1A}=Q_1r\frac{1\ 750}{1\ 900}=27\times150\times\frac{1\ 750}{1\ 900}=3\ 730.3\ (\mathrm{kg}\cdot\mathrm{mm})$$

$$W_{2A}=Q_2r\frac{1\ 250}{1\ 900}=36\times150\times\frac{1\ 250}{1\ 900}=3\ 552.6\ (\mathrm{kg}\cdot\mathrm{mm})$$

$$W_{3A}=Q_3r\frac{750}{1\ 900}=36\times150\times\frac{750}{1\ 900}=2\ 131.6\ (\mathrm{kg}\cdot\mathrm{mm})$$

在轮子平面 B 中各质径积的分量为

$$W_{1B}=Q_1r-W_{1A}=27\times150-3\ 730.3=319.7\ (\mathrm{kg}\cdot\mathrm{mm})$$

$$W_{2B}=Q_2r-W_{2A}=36\times150-3\ 552.6=1\ 847.4\ (\mathrm{kg}\cdot\mathrm{mm})$$

$$W_{3B}=Q_3r-W_{3A}=36\times150-2\ 131.6=3\ 268.4\ (\mathrm{kg}\cdot\mathrm{mm})$$

(2) 求左板平面 A 的平衡质量 Q_A。设在 Q_A 的向径与 1 号曲柄相位的逆时针方向的夹角为 θ_{1A}，则沿 1 号曲柄方向有

$$W_{1A}+Q_Ar_A\cos\theta_{1A}-W_{2A}\cos60°-W_{3A}\cos60°=0$$

计算可得

$$Q_A\cos\theta_{1A}=-3.86\ (\mathrm{kg})$$

同理，垂直于 1 号曲柄方向有

$$Q_Ar_A\sin\theta_{1A}+W_{2A}\sin60°-W_{3A}\sin60°=0$$

计算得

$$Q_A\sin\theta_{1A}=-5.35\ (\mathrm{kg})$$

于是

$$Q_A=\sqrt{(-3.86)^2+(-5.35)^2}=6.597\ (\mathrm{kg})$$

对于相位角 θ_{1A}，有

$$\theta_{1A}=\arccos\frac{-3.86}{6.597}=234.2°$$

(3) 求轮子平面 B 上的平衡质量 Q_B。设去除质量 Q_B 位置的向径与 1 号曲柄相位的逆时针方向的夹角为 θ_{1B}，则沿 1 号曲柄方向

$$W_{1B}-Q_Br_B\cos\theta_{1B}-W_{2B}\cos60°-W_{3B}\cos60°=0$$

带入数值计算可得

$$Q_B\cos\theta_{1B}=-2.945\ \mathrm{kg}$$

同理，垂直于 1 号曲柄方向

$$-Q_Br_B\sin\theta_{1B}+W_{2B}\sin60°-W_{3B}\sin60°=0$$

计算可得

$$Q_B\sin\theta_{1B}=-1.619\ (\mathrm{kg})$$

于是

$$Q_B=\sqrt{(-2.945)^2+(-1.619)^2}=3.36\ (\mathrm{kg})$$

对于相位角 θ_{1B}，有

$$\theta_{1B}=\arccos\frac{-2.945}{3.36}=208.8°$$

【例 8.8】 在图 8.8 曲柄连杆机构中，已知 $L_{AB}=50$ mm 和 $L_{BC}=240$ mm。构件 1 和构件 3 的重心 C_1、C_3 分别与 A、C 两点相重合，构件 2 的重心 C_2 位于 $L_{BC_2}=60$ mm 处；各构件质量 $Q_2=4$ kg、$Q_3=3$ kg。要使机构平衡，设在构件 2 的 $r''=60$ mm 处加平衡质量 Q''，在构件 1 的 $r'=50$ mm 处加平衡质量 Q'。试求 Q' 和 Q'' 的大小。

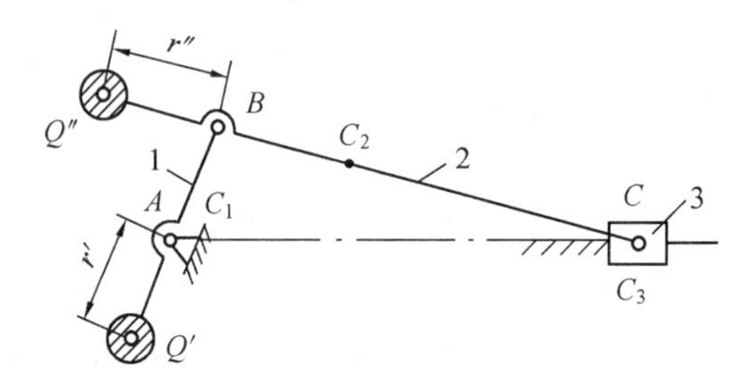

图 8.8

解题要点：

为使机构惯性力完全平衡，可采用质量静代换法对机构进行平衡。

【解】 (1) 将构件 2 的质量 Q_2 按静力分配到 B、C 两点进行代换，应满足下列两式：

$$Q_{2B}\cdot L_{BC}=Q_2(L_{BC}-L_{BC_2}) \tag{1}$$

$$Q_{2B}+Q_{2C}=Q_2 \tag{2}$$

联立解式(1)、式(2)，得

$$Q_{2B}=\frac{Q_2(L_{BC}-L_{BC_2})}{L_{BC}}=\frac{4\times(24-6)}{24}=3\ (\text{kg})$$

$$Q_{2C}=Q_2-Q_{2B}=4-3=1\ (\text{kg})$$

(2) 求加在构件 2 上 r'' 处的平衡质量 Q''。在构件 2 的 r'' 处加一平衡质量 Q''，应满足下列关系：

$$Q''r''=(Q_3+Q_{2C})\cdot L_{BC}$$

$$Q''=\frac{(Q_3+Q_{2C})\cdot L_{BC}}{r''}=\frac{(3+1)\times 24}{6}=16\ (\text{kg})$$

(3) 求加上构件 1 的 r' 处的平衡载荷 Q'。在构件 1 上 r' 处加一平衡质量 Q'，应满足下列关系：

$$Q'r'=(Q_2+Q_3+Q'')L_{AB}$$

$$Q'=\frac{(Q_2+Q_3+Q'')L_{AB}}{r'}=\frac{(4\ \text{kg}+3\ \text{kg}+16\ \text{kg})\times 5\ \text{cm}}{5\ \text{cm}}=23\ \text{kg}$$

【例 8.9】 在图 8.9 所示的曲柄滑块机构的平衡装置中，已知构件的尺寸和质量如下：$L_{AB}=100$ mm，$L_{BC}=400$ mm，$L_{AC_1}=30$ mm，$L_{BC_2}=100$ mm，$L_{CC_3}=0$，$r'=r''=50$ mm；$Q_1=25$ kg，$Q_2=10$ kg，$Q_3=30$ kg。齿轮 a 和 b 的大小相等。试求为平衡该机构所有回转质量的全部惯性力和移动质量的第一级惯性力而必须装在 a、b 两轮($r'=r''$)上的平衡质量 Q' 和 Q'' 的大小。

解题要点：

为了使机构惯性力完全平衡，可采用质量静代换法对机构进行平面机构平衡。

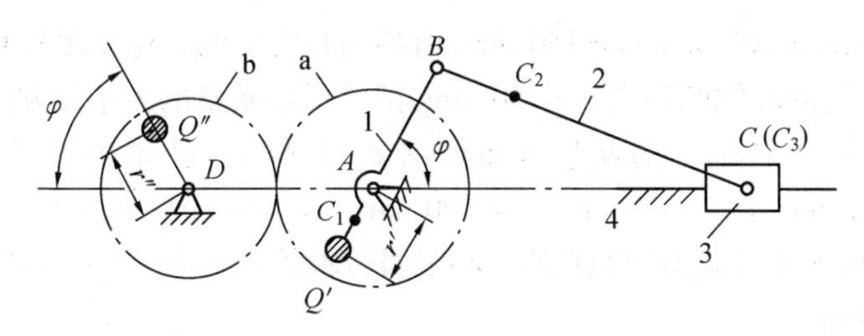

图 8.9

【**解**】（1）将曲柄1的质量 Q_1 按静力分配到 A、B 两点，并将连杆2的质量 Q_2 按静力分配到 B、C 两点，点 B 的集中质量为

$$Q_B = -Q_1 \frac{L_{AC_1}}{L_{AB}} + Q_2 \frac{(L_{BC} - L_{BC_2})}{L_{BC}} = -25 \times \frac{3}{10} + 10 \times \frac{40 - 10}{40} = 0$$

说明回转质量所产生的惯性力已经平衡。点 C 的集中质量为

$$Q_C = Q_2 \frac{L_{BC_2}}{L_{BC}} + Q_3 = 10 \times \frac{10}{40} + 30 = 32.5\ (\text{kg})$$

（2）求平衡移动质量 Q_C 所产生惯性力的平衡质量。

因为
$$\frac{Q' + Q''}{g}\omega^2 r' \cos \varphi = \frac{Q_C}{g}\omega^2 L_{AB} \cos \varphi$$

所以
$$Q' + Q'' = Q_C \frac{L_{AB}}{r'} = 32.5 \times \frac{10}{5} = 65\ (\text{kg})$$

要使垂直方向分力互相抵消，应使

$$Q' = Q'' = \frac{1}{2} \times 65 = 32.5\ (\text{kg})$$

8.4　思考题与习题

8.4.1　思考题

（1）机械平衡的目的是什么？造成机械不平衡的原因可能有哪些？

（2）机械平衡问题分为哪几类？何谓刚性转子与柔性转子？

（3）机械的平衡包括哪两种方法？它们的目的各是什么？

（4）刚性转子的平衡设计包括哪两种设计？

（5）挠性转子动平衡的特点和方法有哪些？

（6）什么是平面机构的完全平衡法？它有何特点？

（7）什么是平面机构的部分平衡法？为什么要这样处理？

8.4.2　习题

【**题 8.1**】　在图 8.10 所示的盘形回转体中，有四个偏心质量位于同一回转平面内。它们的大小及其重心至回转轴的距离分别为：$Q_1 = 5$ kg，$Q_2 = 7$ kg，$Q_3 = 8$ kg，$Q_4 = 10$ kg；

$r_1 = r_4 = 100$ mm,$r_2 = 200$ mm,$r_3 = 150$ mm,而各偏心质量的方位如图8.10所示。又设平衡质量 Q 的重心至回转轴的距离 $r = 150$ mm,试求平衡质量的大小及方位。

【题8.2】 一回转轴上的质量分布如图8.11所示,已知:$Q_1 = 1$ kg,$Q_2 = 2$ kg;$r_1 = 10$ mm,$r_2 = 5$ mm;$L_1 = 100$ mm,$L_2 = 300$ mm,$L = 400$ mm;$\alpha_{12} = 90°$。如果置于平衡基面 Ⅰ 和 Ⅱ 中的平衡质量 Q' 和 Q'' 的重心至回转轴的距离为 $r' = r'' = 10$ mm,试求 Q' 和 Q'' 的大小及方位角。

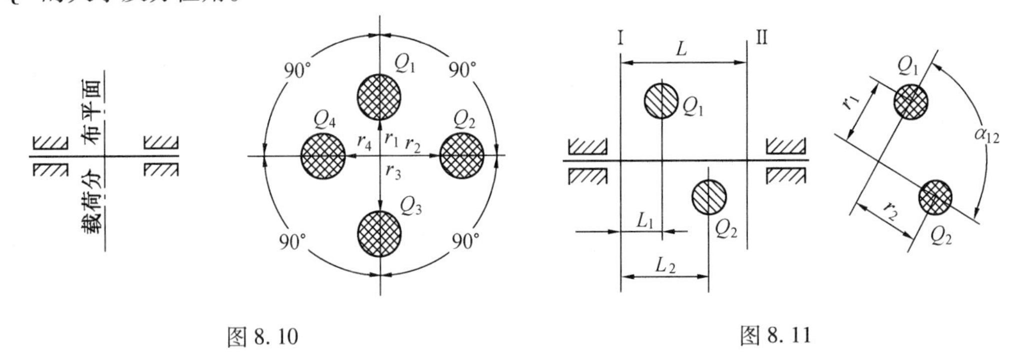

图8.10　　　　图8.11

【题8.3】 在图8.12所示的两根曲轴结构中,已知:$Q_1 = Q_2 = Q_3 = Q_4 = Q$;$r_1 = r_2 = r_3 = r_4 = r$;$L_{12} = L_{23} = L_{34} = L$,且曲拐的错开位置如图8.12所示。试判断何者已达静平衡,何者已达动平衡。

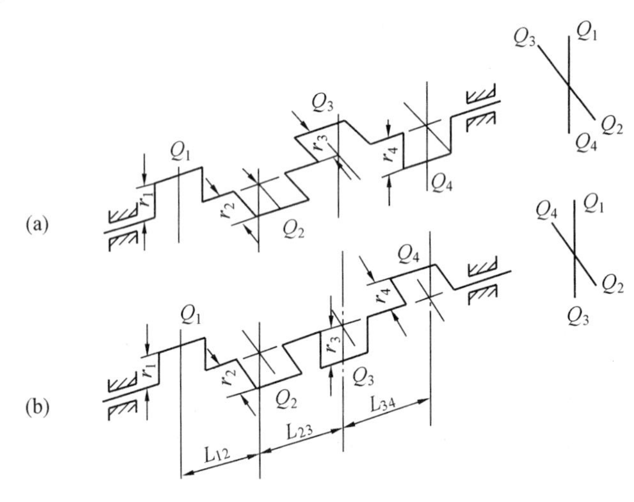

图8.12

【题8.4】 在图8.13所示的插齿机构中,已知:$L_{AB} = 70$ mm,$L_{BC} = 290$ mm,$L_{CD} = 280$ mm,$L_{AC_1} = 5$ mm,$L_{BC_2} = 145$ mm,$L_{DC_3} = 10$ mm,扇形齿轮的分度圆半径 $r = 140$ mm;质量 $m_1 = 5$ kg,$m_2 = 4$ kg,$m_3 = 5$ kg,$m_4 = 20$ kg。当曲柄1与连杆2拉成一直线时,摇杆3的倾角 $\alpha = 16°15'$。设在曲柄延长线上 $r' = 80$ mm 处装上一个平衡质量 Q' 及在摇杆上 $r'' = 80$ mm 处装上一个平衡质量 Q'' 来进行该机构的静平衡,求 Q' 和 Q'' 的大小。

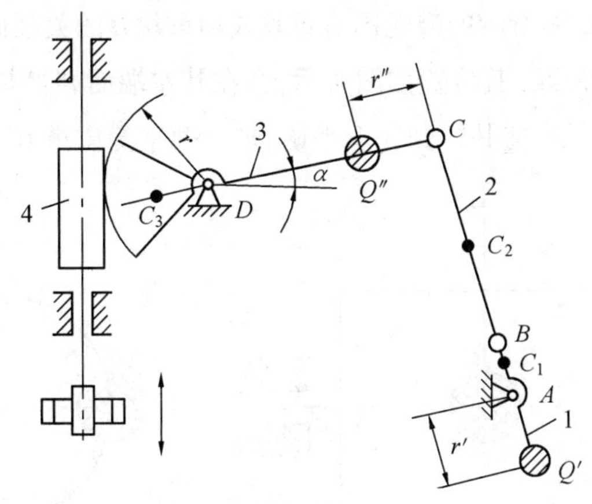

图 8.13

【题 8.5】　图 8.14 所示为一装有皮带轮的滚筒轴。已知皮带轮上有不平衡质量 m_1 =0.5 kg,滚筒上具有三个不平衡质量为 $m_2 = m_3 = m_4 = 0.4$ kg,$r_1 = 80$ cm,$r_2 = r_3 = r_4 = 100$ cm, 各不平衡质量的分布如图 8.15 所示。试对该滚筒轴进行平衡设计。

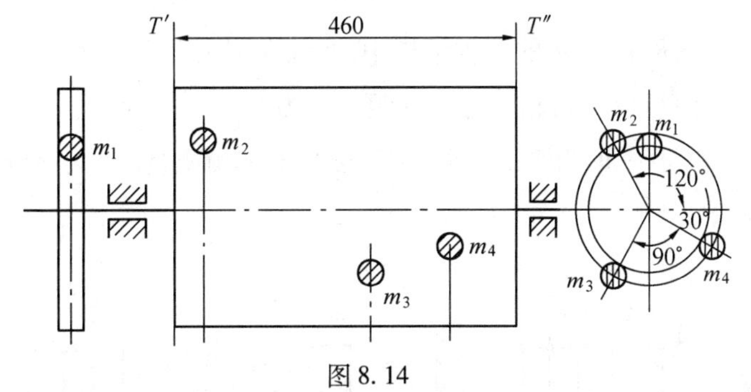

图 8.14

【题 8.6】　图 8.15 所示的三质量位于同一轴面内,其大小及其中心至回转轴的距离各为:$Q_1 = 10$ kg,$Q_2 = 15$ kg,$Q_3 = 20$ kg,$r_1 = r_3 = 100$ mm,$r_2 = 80$ mm。又各质量的回转平面及两平衡基面间的距离为:$L = 600$ mm,$L_1 = 200$ mm,$L_2 = 300$ mm,$L_3 = 400$ mm。如果置于平衡基面 Ⅰ 和 Ⅱ 中的平衡质量 Q' 和 Q'' 的重心至回转轴的距离为 $r' = r'' = 100$ mm, 试求 Q' 和 Q'' 的大小。

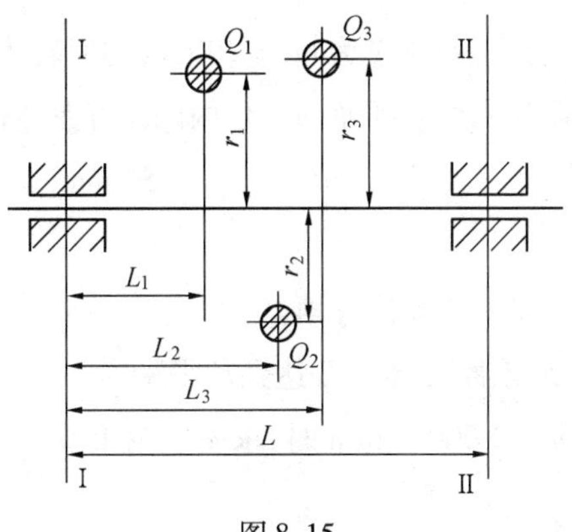

图 8.15

【题8.7】 如图8.16所示的鼓轮因有重块A和重块B的关系而失去平衡。已知质量G_A =4.5 kg和G_B = 2.25 kg，其位置如图所示，今在其左端面T'圆周上及中间平面T''的圆周表面上各加一平衡质量，使其达到完全平衡，求该两平衡质量G'和G''的大小及方位。

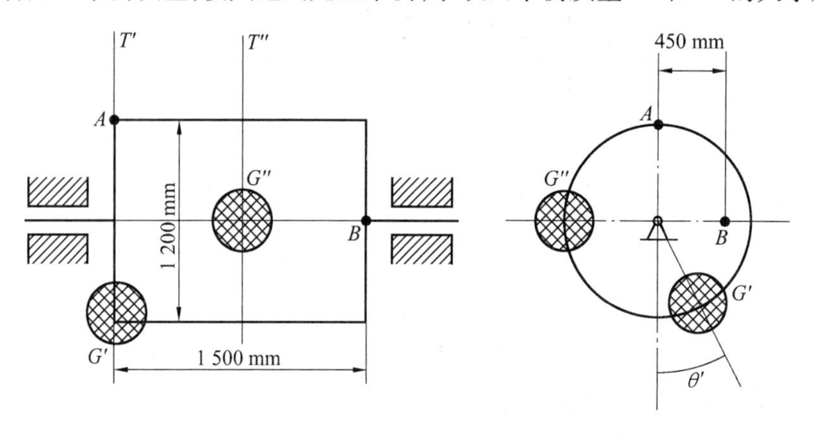

图8.16

【题8.8】 如图8.17所示的曲轴结构中，曲轴在同一平面中，转子存在6个不平衡质量，其质量均为m，向径均为r，相互之间的距离均为l。

选择Ⅰ－Ⅰ和Ⅱ－Ⅱ为平衡基面，求所需加的平衡质量的大小和方位（平衡质量的回转半径也为r）。

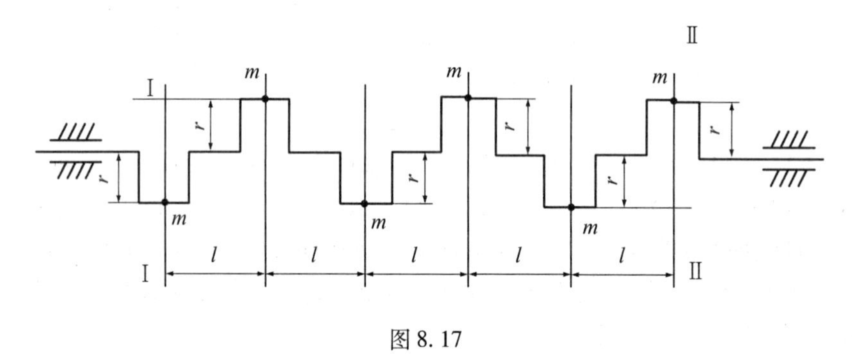

图8.17

【题8.9】 如图8.18所示，一质量为m_S = 200 kg的回转体，其质心S在平面Ⅲ与回转轴线有偏移。由于条件限制只能在平面Ⅰ、Ⅱ内两相互垂直的方向上安装重块A、重块B使其达到静平衡，$m_A = m_B$ = 2 kg，r_A = 200 mm，r_B = 150 mm，其他尺寸如图（单位：mm）。求：

（1）该回转体质心偏移量e及其位置角。

（2）加重块A、重块B后该回转体是否达到动平衡？

（3）当回转体转速为n = 3 000 r/min时，求安装两重块A、重块B后支承上所受的离心力。

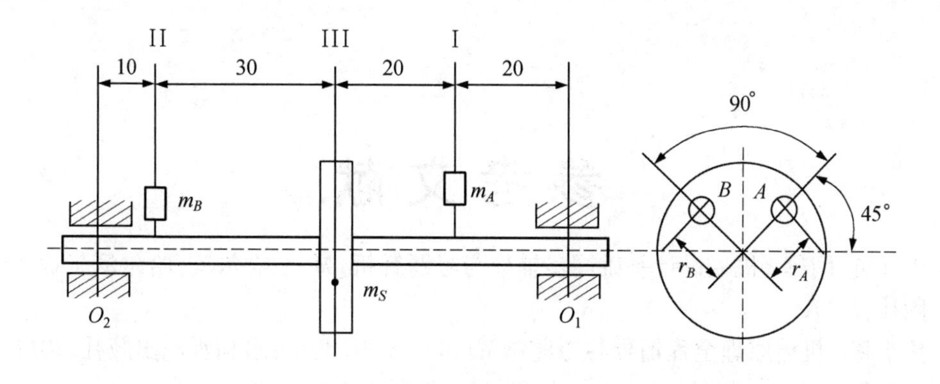

图 8.18

参 考 文 献

[1] 于红英,闫辉. 机械设计基础同步辅导与习题解析[M]. 哈尔滨:哈尔滨工业大学出版社,2017.

[2] 焦艳晖. 机械原理全程辅导与习题精解[M]. 8 版. 北京:水利水电出版社,2014.

[3] 王知行,刘廷荣. 机械原理[M]. 北京:高等教育出版社,2000.

[4] 孙桓,傅则绍. 机械原理[M]. 北京:高等教育出版社,1996.

[5] 上海交通大学机械原理教研室. 机械原理习题集[M]. 北京:高等教育出版社,1985.

[6] 葛文杰. 机械原理常见题型解析及模拟题[M]. 西安:西北工业大学出版社,1998.

[7] 申永胜. 机械原理辅导与习题[M]. 北京:清华大学出版社,1999.

[8] 曲继方. 机械原理习题集[M]. 哈尔滨:黑龙江科学技术出版社,1986.

[9] 天津大学. 机械原理[M]. 北京:人民教育出版社,1979.

[10] 彭文生,杨家军,王军荣. 机械设计与机械原理考研指导(上、下册)[M]. 武汉:华中科技大学出版社,2000.

[11] 陈晓南. 机械原理学习指导[M]. 西安:西安交通大学出版社,2001.

[12] 董海军. 机械原理典型题解析及自测试题[M]. 西安:西北工业大学出版社,2001.

[13] 孙志宏. 机械原理学习指导及习题集[M]. 上海:东华大学出版社,2019.

[14] 孙恒. 机械原理(第 8 版) 笔记和课后习题(含考研真题) 详解[M]. 北京:中国石化出版社,2020.

[15] 杨可桢. 机械设计基础笔记和课后习题(含考研真题) 详解[M]. 北京:中国石化出版社,2021.